De Cobitos, Jaibas y Lambe Ojos
Sobre La Personalidad
Colonizada en Puerto Rico

De Cobitos, Jaibas y Lambe Ojos Sobre La Personalidad Colonizada en Puerto Rico

DR. GUILLERMO GONZÁLEZ

Para pedidos de copias adicionales de este libro, por favor contacte con:
Palibrio
1663 Liberty Drive
Suite 200
Bloomington, IN 47403
Llamadas desde los EE.UU. 877.407.5847
Llamadas internacionales +1.812.671.9757
Fax: +1.812.355.1576
ventas@palibrio.com
378698

INDICE

INTRODUCCIÓN

Este libro es uno de seguimiento a mi primer libro, "Los Trajes del Gobernador", publicado en el año 2007. En este "Los Trajes", describí en detalles la personalidad colonizada en los puertorriqueños. También diseñé una escala de observaciones para la evaluación de la personalidad colonizada. Para que de esta manera todos pudiéramos entender consensualmente a que me refiero específicamente al hablar de este tipo de personalidad.

En aquel libro también hice claro el propósito último para hacer pública la descripción de la personalidad colonizada es para que todos pudiéramos corroborar la existencia de estos rasgos de personalidad en nuestro comportamiento, así como en el comportamiento ajeno de los demás puertorriqueños. He hecho énfasis en esta situación pues estoy convencido que el colonialismo en Puerto Rico ha existido y ha sido perpetuado con nuestra complicidad debido a la personalidad colonizada en nosotros.

Es mi opinión que el colonialismo perdurará en Puerto Rico hasta tanto y en cuanto nosotros aceptemos la responsabilidad de que nosotros somos cómplices activos de la presencia del estado colonial en Puerto Rico con nuestro comportamiento de sumisos colonizados. La personalidad es para el individuo como un filtro por el cual nuestros cerebros analizan la información proveniente del exterior y del interior de nuestros cuerpos.

En este libro presente he hecho lo que todo investigador hace con los conceptos estudiados. Esto es llevar a cabo su validación de manera práctica. He estado los pasados cinco años leyendo artículos de periódicos, analizándolos y escribiendo comentarios de cómo y cuándo el concepto de la personalidad colonizada está presente en el contenido del escrito así como la personalidad del escritor. En muchas ocasiones he provocado un diálogo con otros comentaristas haciéndoles ver cómo a mi manera actúan como sumisos colonizados por ende perpetuando con sus acciones y palabras el status colonial en Puerto Rico. Este libro es un compendio de cientos de artículos y comentarios alrededor del tema de la personalidad colonizada y sus efectos en la perpetuación del estado colonial en Puerto Rico.

Como próximamente verán según lean el contenido de este libro a diario, consistentemente y constantemente podemos observar los rasgos de la personalidad colonizada en todas las facetas de nuestra sociedad. Desde el estilo de liderato narcisista e individualista de los líderes políticos gubernamentales así como el funcionamiento de los departamentos de servicios como educación, salud, justicia y aún en la Universidad de Puerto Rico. Podrán observar cómo mantenemos nuestro país dividido basado en preferencias por tal o cual colonizador en detrimento de nuestra unidad e identidad nacional. Es esta falta de consenso y clara identidad como pueblo lo que han utilizado históricamente los conquistadores para mantener los territorios conquistados bajo su poder imperial.

La personalidad colonizada tiene como rasgo principal la negación de su realidad colonial y la falta de conciencia de que con esta negación se está sumisa y subordinadamente aceptando el poder imperial del conquistador. Estas realidades estratégicas de los colonizadores son datos y hechos confirmados históricamente y mundialmente estudiados y aceptados. En la personalidad colonizada son reprimidos a favor del poder del colonizador. Otro rasgo característico de la personalidad colonizada es ver su proyección y planes futuros en dependencia del colonizador. Este tipo de personalidad carece de criterio propio y no planifica sus futuro en función de sus habilidades, destrezas y recursos sino basados en los del colonizador.

La personalidad es difícil de observar y reconocer para el individuo. Es más fácil ver la personalidad de otros que la propia. Para muchos individuos su capacidad de actuar es infinita y raramente reconocen límites o restricciones en sus opciones. La realidad es lo contrario; la capacidad de actuar es finita y con observaciones sucesivas, consecuentes y válidas se puede definir y predecir patrones específicos de comportamiento para cada individuo.

La personalidad tiene un componente genético hereditario y un componente experiencial vivencial. Tenemos tendencias a actuar semejantes a nuestros padres pero las experiencias vividas por nosotros pueden cambiar de manera significativa nuestra personalidad y nuestro comportamiento. La personalidad del individuo son unos patrones específicos que hacen del individuo uno único y distinto a pesar de ser parte de unos estilos comunes de comportamientos de ciertos grupos diversos.

En nuestras personalidades están incluidas las huellas de nuestro pasado histórico, el pasado de nuestros progenitores y el pasado propio. Es dentro de este marco finito de opciones que respondemos a las exigencias de la vida y nuestras circunstancias. En mi primer libro describí la personalidad del colonizado en el abstracto y mediante conceptos existenciales de la vida del ser humano en la sociedad. Hice referencia y sigo afirmando que nuestra única experiencia histórica de ser la colonia más antigua del mundo en los tiempos presentes nos ha acondicionado a comportarnos como sumisos colonizados que ven en la subordinación personal el estado normal de la vida.

Mis conocimientos de lecturas y estudios científicos del comportamiento humano y mis experiencias como psiquiatra con más de treinta y ocho años en la práctica de la psiquiatría clínica me hacen concluir que los estados de subordinación interpersonal son conducentes a patología mental. Es por esta razón que siento un compromiso serio y profundo en lograr que los puertorriqueños entendamos que el colonialismo hay que erradicarlo en nuestra sociedad y en nuestro ser. Este es un derecho inalienable de cada pueblo ampliamente reconocido en el derecho internacional y claramente expuesto en la Carta de Derechos de las Naciones Unidas; el derecho a la autodeterminación política. Sin embargo, en el individuo es una prerrogativa individual cambiar o seguir siendo una personalidad colonizada.

Es una vergüenza que nuestros políticos nunca en consenso han reclamado la abolición del poder colonial en Puerto Rico y nuestro derecho a la autodeterminación política ante el Congreso de los Estados Unidos o en la Organización de las Naciones Unidas o en cualquier otro tribunal de derechos internacionales. Es por este hecho irrefutable que insisto en afirmar que la personalidad de sumisos, subordinados colonizados ha estado y está presente en todos los partidos políticos existentes en Puerto Rico.

Sólo unos pocos individuos se han rebelado contra esta injusticia social cometida contra el pueblo puertorriqueño tanto por los Estados Unidos así como por España. A diferencia del psiquiatra quien originalmente acuñó el término de la personalidad colonizada, Franz Fanón, yo no invito a la violencia contra el colonizador. Por lo contrario, yo ofrezco alternativas racionales y científicamente preparadas para identificar este mal y corregirlo en nuestra sociedad y comportamiento individual mediante dentro del marco de la participación popular en los procesos políticos y democráticos.

El cambio personal, institucional y social es lento y difícil, pues la fuerza del hábito nos lleva a preservar lo conocido y habitual. El cambio sólo es posible con los esfuerzos conscientes y sistemáticos para cambiar este patrón de subordinación y sumisión enfermiza que nos ha caracterizado por quinientos diez y siete años. La recompensa que la libertad de decidir nuestros futuros y la recompensa de un desarrollo y crecimiento diseñados por nosotros redundará en una sociedad más saludable con menor incidencia criminal.

El miedo a la libertad nos mantiene atados con nuestra condición colonial temerosos de fracasar si asumimos las riendas y responsabilidades de nuestras vidas. La estrategia imperialista de los tiempos de Alejandro el Grande con los territorios conquistados, "divide et imperas", funciona y ha funcionado a cabalidad en Puerto Rico y nos mantiene divididos nunca llegando a un consenso para darle fin al estado colonial en Puerto Rico.

El estado de negación sobre esta personalidad es un evento generalizado y difícil de demostrar de manera racional y convincente. Espero que al terminar de leer este libro, ustedes concluyan como yo que la personalidad colonizada es un padecimiento endémico que amerita nuestra urgente atención para así lograr el desarrollo nacional que todos los puertorriqueños tenemos derecho a tener y nos merecemos como buenos seres humanos víctimas de los procesos históricos del imperialismo prevaleciente en el mundo en tiempos recientes.

El daño mayor que la personalidad colonizada causa en el puertorriqueño es la falta de conciencia de una identidad social nacional común en todos nosotros. La personalidad colonizada es un prisma que distorsiona la percepción de la realidad objetiva de toda una población de individuos que viven en Puerto Rico que han tenido un pasado común, comparten un presente común y disfrutarán de un futuro común. La personalidad colonizada fragmenta la percepción del ser humano y la distorsiona de manera que se pierde el sentido de humanidad ajeno.

Es como un dispositivo de tipo paranoide donde todo lo que no sea propio es en contra de nosotros, va dirigido a hacernos daño y es percibido como un ataque a nuestra identidad e integridad personal. Este filtro de la personalidad colonizada nos enajena del mundo, la humanidad y nuestros semejantes. También nos enajena, hace débil, endeble y desintegrada la personalidad propia. En la superficie se manifiesta como una preferencia especial hacia uno u otro colonizador, el español o el norteamericano. En el análisis profundo, es un defecto intrínseco al individuo sobre los fundamentos y las bases de la personalidad propia. El proceso de subordinación y sometimiento al poder colonial es un arresto y obstáculo al crecimiento y desarrollo de nuestra personalidad individual y nacional.

CAPÍTULO UNO

Puerto Rico es una Colonia de los Estados Unidos

Puerto Rico, "la Isla del Encanto", es un territorio colonial que le pertenece a los Estados Unidos desde 1898. En ese año se firmó el Tratado de París.Esto fue cuando España, como parte del tratado de paz para acabar la Guerra Hispano Americana, le hizo el traspaso de propiedad a manos de los Estados Unidos de su posesión colonial territorial Puerto Rico.

La isla está ubicada en los paralelos Latitud; 18 15 N y Longitud; 66 30 W. Con un área geográfica de unas 3,508 millas aproximadas, es casi tres veces más grande que Rhode Island. Se encuentra entre el Mar Caribe por el sur y el Océano Atlántico por el norte. Es la más pequeña del conglomerado de las Antillas Mayores estando al este de la Republica Dominicana.

Su población decreciente es de aproximadamente 3,989,133 en el año 2011. Su población es mayormente blanca con un 76.2% mayormente descendientes de los españoles y un 6.9% negros de descendencia africana. Los puertorriqueños tienen una expectativa de vida de alrededor de 79 años pero si eres una puertorriqueña puedes esperar vivir hasta los 83 años. Los africanos fueron traídos a la isla como esclavos desde el año 1513. La población original de Puerto Rico, cuando fue descubierta en su segundo viaje a América por Cristóbal Colón el 19 de Noviembre de 1493, era mayormente de indios Tainos provenientes de Sur América. Los Tainos se rebelaron contra los españoles después de matar al español Diego Salcedo y darse cuenta de que los españoles no eran inmortales. Ponce de León, primer gobernador español en propiedad en la isla, le declaró la guerra a los Tainos y asesinó a más de 6,000 indios. Los restantes huyeron a las montañas o se fueron de Puerto Rico dando paso a la trata de esclavos para hacer los trabajos rudos necesarios en la Isla.

En el año 1505, el Capitán Vicente Yánez Pinzón fue nombrado por las Cortes Españolas Corregidor del territorio de San Juan Bautista y gobernador del fuerte que se construyó en la Isla de San Juan, isla próxima a la isla grande de Puerto Rico. En el año 1508 comenzó la colonización de Puerto Rico por los españoles. Ponce de León fundó el primer poblado español, Villa Caparra. En 1509, Ponce De León pasó a ser nombrado el primer gobernador de Puerto Rico; posición que pierde ante los reclamos de propiedad hacia Puerto Rico del hijo de Cristóbal Colón, Diego Colon, quien en el año 1511 sustituye a Ponce De León como gobernador de Puerto Rico.

Aunque históricamente se alega que el puertorriqueño es una mezcla de tainos, españoles y negros, la verdad es que nadie que no fuese español o de descendencia directa española tuvo algún control real y efectivo del gobierno en Puerto Rico. Puerto Rico fue gobernado desde sus comienzos desde Ponce de León hasta 1869 por los españoles en un gobierno militar, de corte dictatorial y monárquico. Es en el año 1869 que surgieron los primeros partidos políticos puertorriqueños. Originalmente fue un partido, el Partido Liberal Reformista, con dos facciones. Una facción a favor de la asimilación total con España denominado Partido Liberal Conservador. La otra facción de corte anti gobierno español llamado Partido Liberal Reformista.

En 1873, el estilo de gobierno español cambió por un período corto de la monarquía constitucional española a tener un gobierno de tipo republicano. En 1887, con la formación del Partido Autonomista Puertorriqueño, se dio el inicio legal de los verdaderos partidos políticos en Puerto Rico. Para 1898 Puerto Rico pasó a ser propiedad de los Estados Unidos. Hasta entonces los españoles tuvieron control casi total del gobierno en Puerto Rico y fue caracterizado como una administración de mano dura que llega al extremo del gobierno del Componte de Romualdo Palacios donde toda disidencia del poder español era subordinada mediante la violencia. He aquí el origen de la actitud psicológica mayoritaria y prevaleciente en los puertorriqueños contra todo lo que signifique gobierno y autoridad.

En un acto de guerra contra España, los Estados Unidos logró sacar el Imperio español de las Américas y lo devolvieron a su sitio de origen. Nosotros somos resultado de esa expansión del territorio norteamericano. Esa es una realidad innegable; por más adornos o disfraces que le pongamos,

allá en los Estados Unidos son los dueños del territorio no incorporado de
Puerto Rico. Puerto Rico es una propiedad de los Estados Unidos por virtud
del Tratado de París de 1898. Los puertorriqueños no somos dueños de la
Isla. Los puertorriqueños no tenemos la libertad de regular ni controlar el
territorio por aire, mar o tierra.

Si los americanos desean aterrizar sus aviones de guerra aquí en cualquier
momento lo pueden hacer porque el título de propiedad les concede la
libertad a ellos para hacerlo; ese mismo título nos niega la libertad a los
puertorriqueños de oponernos. Si deciden no sólo tener sus aviones aquí
sino llenarlos de nuestros hijos e hijas para librar batallas en el infierno
tienen la libertad de hacerlo. Nosotros no tenemos la libertad de decir no
voy, pues terminaremos en la cárcel acusados de insubordinación y desafío
a las leyes de los Estados Unidos.

Por lo general, la observación más común en los puertorriqueños es que
desconocen su realidad e historia socio-política. A pesar de que tres presidentes
de los Estados Unidos por escrito han descrito a Puerto Rico como un
territorio que les pertenece a ellos por virtud del tratado de paz firmado con
España para terminar la Guerra Hispano-Americana, muchos piensan que
Puerto Rico es un país independiente que les pertenece a ellos y que tienen
gobierno propio pero con ayudas federales de los Estados Unidos.

El reciente informe del Presidente Obama hace diáfanamente claro que
Puerto Rico, desde 1898, es gobernado por los Estados Unidos; hecho
manifiesto mediante decretos presidenciales y leyes diseñadas en el Congreso
de los Estados Unidos. En palabras sencillas y claras, pero que el Presidente
no dice explícitamente, Puerto Rico es propiedad de los Estados Unidos
desde 1898 como pactado en el Tratado de París.

Es sorprendente la ignorancia de este hecho histórico por la mayor parte de
los puertorriqueños que he tenido la oportunidad de dialogar e interactuar
sobre el tema. Este diálogo se ha dado principalmente en los foros públicos
de los periódicos en Puerto Rico y las subsiguientes páginas son ejemplo
de mis comentarios en reacción a escritos hechos en el periódico por
figuras conocidas en nuestro ambiente y otros comentarios hechos a otros
comentaristas que han reaccionado positiva o negativamente a mis propios
comentarios.

Mi experiencia y cúmulo de observaciones me indican que la mayor parte de los puertorriqueños desconocen el contenido específico del Tratado de París de 1898, la Ley Jones de 1917, la Ley Foraker de 1900 y la Ley de Relaciones Federales de 1952 (mejor conocida como Ley 600) y leyes internacionales que definen el colonialismo. También desconocen la definición y características de lo que es una colonia. Esta enajenación de las realidades históricas y jurídicas es causada por la presencia de la personalidad colonizada. Esta personalidad enajena al individuo de sus verdaderas circunstancias. Desgraciadamente los puertorriqueños en su mayoría no están conscientes de este tipo de personalidad en ellos y de cómo esta interfiere con la correcta percepción de la realidad. Este libro trata de varios años de interacción escrita con la población que se expresa en los foros del periódico sobre estos temas diariamente.

La personalidad colonizada en los puertorriqueños es un concepto que existe dentro del pensamiento y también son realidades de comportamientos de nuestro ser. El concepto es sólo una representación simbólica e imperfecta de realidades existentes en nuestro ser a ser validada mediante el consenso ínter subjetivo de todos nosotros y por la exploración y análisis de nuestras maneras específicas de comportamiento. El colonizado vive sus realidades enamorados de sus ideales en perenne masturbación intelectual y enajenación de su verdadera personalidad. El enamoramiento es con el propio ser y no con la realidad que se representa a través de la idea. Es un enamoramiento consigo mismo como única realidad existente. Esta perspectiva idealista de la vida en el colonizado es un mecanismo de defensa psicológico para escapar de las crueles realidades del proceso de colonización.

El colonizado es por lo tanto narcisista y egocéntrico y no acepta el consenso ínter-subjetivo para validar la realidad en que vive. Dentro de este contexto no puede establecer alianzas; pues su realidad pequeña está preñada de ideas, conceptos y frases carentes de valor práctico. Para el colonizado, la cultura y economía son cosas diferentes y no manifestaciones de una misma realidad; las sociedades de seres humanos. El nivel del pensamiento en el colonizado no va más allá de los conceptos; es la última realidad sin validación práctica. Para el colonizado la economía son preocupaciones triviales de unos pocos. El triángulo de las necesidades básicas del individuo se sustituye en el colonizado por el amor a las ideas. He aquí las bases del desconocimiento de las leyes que nos regulan y el desconocimiento de nuestra historia y realidades sociopolíticas.

Primero que todo, ¿cuántos puertorriqueños saben que Puerto Rico es una colonia de los Estados Unidos? Segundo, ¿cuántos puertorriqueños dependen del gobierno y los partidos políticos para entender sus realidades? Tercero, ¿cuántos puertorriqueños firmemente creen que tienen el derecho individual y poder para opinar y votar sobre los asuntos de la política entre PR y EEUU?" Todos estos son derechos dentro de un sistema democrático real. Históricamente, el derecho del pueblo de Puerto Rico de expresarse directamente con los Estados Unidos sobre nuestra relación jurídico política nunca ha sido reconocida por el Congreso de los Estados Unidos mediante un mecanismo de voto popular auspiciado por el Congreso de los Estados Unidos.

Luis Muñoz Marín, el primer gobernador de Puerto Rico puertorriqueño y electo por los puertorriqueños, tuvo el liderato y carisma para engañar a todo el pueblo de Puerto Rico de que el Estado Libre Asociado (ELA) no era una colonia y que solo pretendía ser un "status" temporero en vías de mejorarse por los propios puertorriqueños. Los norteamericanos, por su descripción diferente como un "Commonwealth", lograron enmascarar su posesión colonial ante la comunidad internacional como una aparente colaboración de riquezas entre ambos territorios. Internacionalmente y jurídicamente somos descritos como un territorio no incorporado de los EEUU. Para los que no entienden el español, somos una posesión sin voz ni voto proporcional y justo en el Congreso de los EEUU para intervenir, enmendar y crear las leyes a las cuales estamos sometidos desde 1898.

Es patético ver que seres inteligentes no conocen su historia e insisten en resucitar un muerto, Luis Muñoz Marín (LMM), como única alternativa de salvación; pues los vivos no saben para dónde coger. Insistentemente, nuestros políticos nos tratan de hacer creer que en los Estados Unidos nos escuchan y están conscientes de la falta de inherencia de nuestro pueblo para reglamentar nuestras vidas cuando esto no es cierto. El estado colonial significa que somos una propiedad de los Estados Unidos. Somos propiedad de los EEUU por virtud del Tratado de París cuando España cedió su territorio (PR). El hecho histórico de que hemos sido colonia por los pasados 517 años no es fortuito y al azahar. El estado de subordinación política hacia los Estados Unidos es reflejo de una compatibilidad de caracteres entre ambas poblaciones. De un lado, una sociedad militarista e imperialista que se jacta de su poderío militar y defensa de la democracia "dónde hay petróleo" y, de otro lado, una sociedad que sólo ha conocido en su historia la subordinación colonial.

Los 517 años de colonización nos han marcado con el carimbo tricolor partidista de una comunidad dividida en beneficio de la supremacía de los colonizadores. Comenzando por los líderes hasta el más humilde individuo, todos vivimos en Puerto Rico una fantasía de que no somos hermanos humanos todos, sino contrincantes. El espíritu de divisionismo permea toda instancia de conducta social e individual en nuestra sociedad del presente. El bien común y el humanismo hacia los demás se han suplantado por conflictos psicológicos externos a nosotros dirigidos hacia el colonizador, de amor u odio al colonizador de turno. La puertorriqueñidad en el colonizado se valida por su preferencia de amor u odio al colonizador español o el norteamericano y no a valores internos propios.

La agresión hacia el colonizador se proyecta externamente hacia los demás y sustituye el sentido de impotencia del colonizado de modificar la actitud autoritaria, arrogante, despectiva, prejuiciada, infrahumana y excluyente del colonizador hacia los colonizados. Las sociedades divididas y pobremente organizadas como la nuestra son el terreno fértil para la violencia social. El problema no es la desigualdad social, pues esa es la esencia de la sobrevivencia y la verdadera identidad de la naturaleza. La desigualdad ha sido la clave para la sobrevivencia humana. Es la falta de organización social hacia el bien común y respeto a la diferencia del otro ser humano el problema básico de la sociedad puertorriqueña. La raíz del problema se encuentra en nuestra historia colonial pero aun resolviendo de una vez y por todas internamente continuaremos comportándonos como colonizados en guerra contra nuestros hermanos. Es una lucha psicológica interna contra el carimbo divisionista que la colonización ha dejado en nosotros.

En la colonia no hay administradores buenos o malos; sólo administradores subordinados a los poderes plenarios del Congreso de los Estados Unidos sin poder alguno de regular el comercio o definir las necesidades y prioridades económicas del país. Lo contrario ha sido la demagogia que el Partido

Popular Democrático (PPD) ha pregonado por años para evadir discutir la situación colonial de Puerto Rico. Cada vez que un partido ha querido subir al poder, alega que el status no está en juego. Esto es una hipocresía politiquera; pues todos los estudios serios hechos sobre nuestra crisis económica aducen a nuestro status colonial como la causa fundamental de nuestros problemas económicos. Recordemos al informe de James Tobin para fines del 1975.

En lo que se refiriere a nosotros los puertorriqueños la carencia principal del sistema "cuasi-democrático implantado" por los norteamericanos en Puerto Rico es la ausencia del derecho al voto popular de los puertorriqueños sobre nuestra relación legal con los EEUU. Nunca hemos votado como pueblo ante el Congreso y no existe ningún registro de dicho voto en los EEUU; sólo votos "criollos" no auspiciados por el Congreso de los EEUU. Este es un derecho rogado que los negros y las mujeres lucharon con éxito y lo lograron en los Estados Unidos; los últimos en la lista somos los colonos. Ya la Cámara de Representantes en los EEUU lo aprobó en dos ocasiones pero no así en el Senado o algún Presidente de los Estados Unidos para ser ley.

Según aprobado por la Cámara de Representantes de los EEUU, la estadidad, la independencia, la libre asociación de pueblos soberanos, y la colonia por mutuo consentimiento están reconocidas dentro de sus posibles aceptables opciones del voto popular en proyectos de ley aprobados. El frente unido de todos los puertorriqueños debe ser a favor del voto popular de todos los puertorriqueños respecto a nuestra relación con los EEUU. ¿A qué le tememos todos? ¿No será que como buenos y sumisos colonizados esperamos a que la metrópolis decida qué es lo más que nos conviene a nosotros? Ninguna opción - estadidad, independencia o libre asociación - ha sido estudiada científicamente seriamente por nosotros sobre el impacto real que dichas opciones pudieran tener en nosotros. Sólo sabemos del "status quo" colonial y ahí nos quedamos.

El control de los asuntos fundamentales como la economía en una colonia reside en la metrópolis. La economía en la colonia depende del financiamiento o protectorado de la metrópolis. Con este financiamiento el Congreso de los Estados Unidos retiene su título de propiedad sobre Puerto Rico. Los planes de desarrollo económico en la colonia son reactivos a las ayudas federales; Ej. Los $5 mil millones del estímulo federal. La actividad tribalita se consume en la lucha por la administración de esos fondos y no en el diseño de un plan proactivo para estimular el desarrollo económico propio.

Las alternativas para resolver esta dependencia a ciegas con la metrópolis son sencillas y a la vez muy complicadas. Hay que salir de esta sumisión servil y dependiente del status colonial. La alternativa es sólo una - ganar mayor control sobre los asuntos económicos de Puerto Rico. Vislumbro sólo dos posibles soluciones: o ganamos mayor control político en el Congreso o asumimos nuestro propio control mediante la independencia o soberanía nacional. Cualquier cosa que no sea salir del status colonial es llover sobre mojado. La colonia no pare más y los números lo dicen claramente. Vivimos en el limbo haciéndonos creer que es cuestión de buena o mala administración. Todos sabemos que con todas las distintas pasadas y presentes administraciones la situación sigue igual.

Esta es la típica defensa del colonizado es la negación que es como el avestruz cuando se enfrenta al peligro y esconde la cabeza dentro de la arena para no ver el peligro. El elemento común de las tres crisis en Puerto Rico - el económico, la política y la emocional - es el estado de subordinación ante el Congreso de los EEUU. La realidad que no se quiere enfrentar es que somos un territorio no incorporado de los EEUU sujeto al poder final del Congreso. Esta condición de subordinación tiene como consecuencia problemas económicos, políticos y emocionales. El ELA ha perpetuado esta subordinación y los políticos la han fomentado a cambio de los dineros federales. El poder económico, el político y el emocional se han traicionado a cambio de dinero. Nadie lucha por este poder tampoco por acabar con este estado de subordinación porque esto conlleva pagar impuestos federales o dejar de recibir los dineros ayudas federales y todos los beneficios del Congreso entre ellos pero no sólo seguro social, defensa nacional, correo, seguros de los dineros bancarios por FDIC, pasaporte, etc. Es en esta encrucijada cuando se definen los individuos con principios de los buscones.

La visión idealista de la vida, la historia y sus componentes es característica de la personalidad del colonizado. Estrictamente desde el punto de vista del derecho de ley, Puerto Rico le pertenece a los Estados Unidos por virtud del Tratado de París de 1898. Es con ese derecho que intervienen en su propiedad. Nosotros históricamente como sociedad hemos consentido con este estado colonial con la creación eufemística del Estado Libre Asociado. Que de estado ni de libre, ni tampoco de asociado, tiene nada. Nosotros sólo somos una mera colonia por consentimiento mutuo.

El colonialismo tiene su dimensión emocional pero también su dimensión legal según el derecho internacional. Los estados se diferencian de las colonias en que los colonos no son dueños del territorio. Los estados le pertenecen al estado; los californianos son dueños legales de California. Puerto Rico legalmente le pertenece a los Estados Unidos. Me refiero al Tratado de París y a los informes al Congreso de los EEUU de su brazo investigativo referente a Puerto Rico de 2010. Estos no son cuentos; son realidades que han sido ocultadas a nosotros históricamente por los políticos nuestros y también por los políticos norteamericanos. Semejante así como por años las compañías tabacaleras ocultaron que la nicotina en sus cigarrillos es más adictiva que la heroína. Los EEUU nunca renunciará a intervenir en PR o en ninguna parte del mundo cuando sus intereses estén comprometidos, indistinto del status del país envuelto. Personalmente, yo prefiero tener voz y voto del proceso decisional que nos afecta a ser ciego, sumiso y subordinado de las decisiones del dueño de Puerto Rico, los Estados Unidos.

Puerto Rico está sentado entre el narcisismo, la megalomanía, las buenas intenciones y la retardación mental. La falta de confianza al colonizador se ha tornado en un ostracismo social donde todos vivimos escondidos en nuestro carapacho estilo como los cobitos. Si eres azul, no eres puertorriqueño; eres un lambe ojos del yanqui "pitiyanqui". Si eres verde, eres un melón cobarde temeroso de la independencia y, si eres rojo, eres un sumiso, subordinado demagogo especialista en jaiberías. Mientras sigamos sentados, pasivos, desconectados del resto del mundo y tirándonos a matar dentro de nuestra cueva isleña, mantendremos la idea y necesidad de esperar que Batman (EEUU) venga a rescatarnos. A los vagos colonizados no se les debe de mantener por toda la vida aunque sean hijos propios.

Hasta tanto y cuando el gobierno norteamericano sea honesto y defina la situación de Puerto Rico en los legítimos términos legales, seguiremos siendo colonia. Presidente tras presidente, Congreso tras Congreso, todos se han mantenido mudos para definir el ELA como colonia que es. El silencio es parte del encubrimiento de la posesión del territorio que adquirieron en los tiempos colonialistas. En nuestra isla, que de nuestra no tiene nada pues es una posesión de los Estados Unidos, partido tras partido en Puerto Rico se han hecho eco del silencio para ser parte del encubrimiento de la vergüenza colonial.

Todos somos parte protagonista de esta tragedia moderna. Sólo hasta que todos nosotros unidos le digamos no a él crimen colonialista, entonces albergaremos esperanza de superar la historia de la esclavitud colonial. Primero, Colón baja el dedo antes que tener consenso descolonizador entre nosotros. Sólo nos salva poner nuestras esperanzas en el primer presidente negro de los EEUU para de una vez defina clara y meridianamente que el ELA es una COLONIA y entonces poder comenzar un proceso de descolonización en Puerto Rico. La bola está en sus manos ya que el brazo investigativo del Congreso lo hizo. Está por verse si el Task Force de la Casa Blanca, co- presidido por un oficial del Departamento de Justicia y Cecilia Muñoz, tiene los oídos abiertos y la boca sincerada con el pueblo de Puerto Rico.

Todos somos culpables de hacerle el juego al colonizador de turno, para mantener ciego al Pueblo sobre su realidad colonial. Desde los tiempos de Alejandro el Grande y Julio César, la política del invasor para dominar sus territorios invadidos ha sido "divide et imperas". Ante la división del pueblo domina el conquistador evitando el rechazo colectivo al dominio plenario del Congreso. Esta es la triste realidad de la lucha tricolor puertorriqueña en la cual los partidos y sus líderes han acondicionado a todo un pueblo en beneficio del colonizador. El conflicto medular de la colonización se sustituye por ¿quién es el mejor administrador de los bienes del conquistador?

El que existan posiciones distintas en la política es bueno; es la esencia de la democracia y la ciencia. El proceso contradictorio dialéctico conduce a la búsqueda de mejores y más efectivas soluciones a los problemas. Lo triste de la realidad política en PR es que es una lucha de hermanos contra hermanos de carácter emocional, irracional, egoísta, arrogante y oportunista que entorpece el pleno desarrollo de la nacionalidad puertorriqueña. Somos tontos en creernos que el colonizador español es mejor o superior que el colonizador norteamericano y viceversa. Si todos tuviésemos en la mira el interés colectivo como pueblo y no el interés partidista, la lucha tricolor se convertiría en el Arco Iris Puertorriqueño. Taiwán es para China lo que Puerto Rico es para los Estados Unidos - una colonia. La gran diferencia es que en Taiwán no quieren seguir siendo colonia; en Puerto Rico queremos seguir siendo colonia. Tanto el gobierno chino como el norteamericano quieren mantener sus colonias.

La ciudadanía americana para los nacidos en Puerto Rico no es un mito, es una realidad. Lo que es un mito es que el ELA no es una colonia. Como acuerdo de paz entre España y los Estados Unidos, se firmó el Tratado de París en 1898. Su firma no se dio hasta 1899 debido a las discrepancias con sus términos. Finalmente, se acuerda que el título de propiedad de Puerto Rico, en manos de los españoles en ese momento histórico, es traspasado a los EEUU. Al día de hoy, todavía ese título de propiedad pertenece a los norteamericanos. En otras palabras, Puerto Rico NO le pertenece a los puertorriqueños.

Como parte del tratado, además de establecer la situación del territorio de PR, los EEUU se comprometieron a tratar de manera humanitaria a la población de la hasta entonces colonia española y se comprometieron a ayudar por el bienestar de la población de humanos que residían en el territorio. O sea que la custodia de los puertorriqueños también fue trasladada a los EEUU. Los colonos históricamente eran vistos por los colonizadores como infrahumanos y, en ese sentido semejante, a menores en custodia de sus padres. En cumplimiento de la obligación humanitaria hacia los colonos, los EEUU les otorgó la ciudadanía americana en 1917 a los puertorriqueños colonos para hacer posible el disfrute de los derechos y responsabilidades que tener la ciudadanía americana.

La personalidad colonizada es divisionista y narcisista y producto del proceso de colonización en Puerto Rico por los pasados 517 años. Esto le ha servido al colonizador de turno en mantener su hegemonía y poder político sobre nosotros. La tradicional lucha fratricida, tribalita, partidista, egoísta y egocéntrica es nuestra contribución individual al colonizador y a sus poderes plenarios. Mientras más subjetiva, escandalosa, insultante al prójimo, narcisista, individualista, infantil e inmaduro sea el comportamiento nuestro, mejor servicio al colonizador. Impedimos con estos comportamientos el desarrollo de un verdadero sentir nacional donde todos somos parte aunque veamos las cosas de manera diferente.

Somos todos puertorriqueños aunque veamos las realidades de manera diferente. Esto es un principio de psicología básica y existen tantas realidades como individuos que la describen. Ningún cerebro es perfecto, ni ningún individuo percibe la totalidad de la realidad. El colonizado vive en una fantasía de pensamiento mágico y narcisista cuando se cree que él o ella son los únicos en ver las realidades correctamente y los otros están equivocados. Hasta que no maduremos y tengamos una visión holística de nuestra realidad social que nos incluya a todos estaremos con estas acciones haciéndole el juego de "divide et imperas" del colonizador e impidiendo el desarrollo pleno de la nacionalidad puertorriqueña. Continuaremos con nuestra tradición de 517 años de ser sumisos, subordinados y obedientes colonizados.

La dependencia económica de Puerto Rico es primordialmente hacia el gobierno de los Estados Unidos. Distinto a los japoneses que se recuperaron de Hiroshima, todavía nosotros seguimos llorando tras la invasión militar de los EEUU en PR. Los EEUU poseen el título de propiedad de PR por virtud del Tratado de París de 1898.En lugar de reclamar este título mediante el pago de su valor, preferimos seguir llorando. Nos tiramos a los pisos como sumisos, subordinados e incapacitados colonizados para recibir la compensación económica por el sufrimiento de la invasión.

La correlación entre la economía de los EEUU y la economía de PR es casi perfecta. La recesión en PR correlaciona perfectamente con el déficit financiero federal. Los economistas en PR, al igual que el resto de la población, están cegatos por la lucha tribalista para conseguir igualas del gobierno que perpetúa la dependencia gubernamental y por ende la dependencia económica hacia los Estados Unidos. Nuestra economía debería tener motor propio y no depender tanto de la norteamericana. Nuestros economistas deberían de emplear más tiempo en el diseño de un motor propio para nuestra economía.

El sector privado en la economía norteamericana es el sostén principal de la economía; en PR es enano. Las ayudas federales históricamente no se han usado para el desarrollo de nuestra industria nativa sino para la creación de la clase política; un grupo de seguidores que a cambio de trabajos e igualas, le dan el éxito electoral a tal o cual partido de colonizados. La única salida de este proceso recensionaría económica es salir del colonialismo. El problema grande es que esto cuesta dinero - nuestro dinero - y nadie quiere invertir. Si decidimos por soberanía/independencia, tendremos que aumentar la producción nacional de manera que podamos pagar por todos los servicios necesarios para ser un país autosustentable. Si decidimos adquirir el título de propiedad mediante la estadidad, tendremos que pagar impuestos federales. Volvemos a la correlación perfecta; "no ticket, no laundry".

La historia de la abolición de esclavitud en los negros no se llevó a cabo en una Constituyente de los negros. Nosotros no necesitamos de una Asamblea Constituyente para abolir el colonialismo en PR. El colonialismo en Puerto Rico variante social de la de esclavitud es la esclavitud de una nación sometida por las fuerzas militares de los Estado Unidos. Puerto Rico es una colonia de los EEUU; un territorio no incorporado. La supremacía de las leyes del Congreso prevalece en Puerto Rico sin oportunidad para nosotros de participar con igualdad proporcional de oportunidades en la confección de esas leyes que nos rigen. Esto es el ELA.

La libertad a la autodeterminación es un derecho de toda nación en el mundo presente. Con este derecho se contraen unas obligaciones y eso es lo que nos mantiene divididos a los puertorriqueños. El antídoto para los consejos de Maquiavelo "divide e imperas" es el consenso nacional contra el colonialismo. Los que en este momento no se unen en una sola voz contra la subordinación hacia los Estados Unidos contra este aparato anacrónico y obsoleto para estos tiempos presentes el ELA están en el PPD. La historia dirá quiénes son los líderes colonialistas en PR.

La improvisación es lo único que los partidos políticos nos han ofrecido a través de los años en materia de economía. La dependencia a los ingresos federales resulta ser la solución única. Los planes siempre se caracterizan por promesas que pueden poner al partido en el poder y permitirles administrar los bienes del pueblo y las ayudas federales para su propio beneficio. Lo que nunca aparece en la discusión es una ética diferente hacia el trabajo. Tampoco aparece la necesidad del libre comercio internacional. Claro que con estas libertades la responsabilidad de una economía saludable reside en nosotros y nuestro trabajo. Sin una economía saludable la independencia ni la estadidad no serán factibles. Así que los verdaderos planes económicos para Puerto Rico continuarán siendo decididos en el Congreso de los Estados Unidos de América.

La mentalidad del colonizado es de carácter idealista y divisionista. La realidad de la identidad del puertorriqueño es de carácter complejo y diverso donde el devenir histórico ha plasmado una identidad única que es el compendio de las múltiples experiencias entre grupales de las diferentes etnias y las interacciones con los distintos colonizadores. La visión global se le escapa a la racionalidad del colonizado para conveniencia del colonizador. La supremacía del colonizador la auspiciamos todos quienes definimos la identidad propia y legítima del puertorriqueño en términos de la preferencia por tal o cual colonizador.

Aparentamos propuestas de alianzas políticas entre los partidos y movimientos políticos en PR pero sólo son maneras de añadir más divisiones a una sociedad dividida. Más secciones no hacen una unidad sino que aumentan la probabilidad de nunca lograr un consenso comunitario en contra de la colonización de Puerto Rico; en otras palabras, continuar siendo sumisos colonizados. Continuamos con la actitud infantil de que mi solución es mejor que la tuya. Si queremos ser autores de nuestro proceso de descolonización, necesitamos una unión de todos los partidos existentes y la comunidad puertorriqueña en general en un frente unido contra la dominación colonialista de los Estados Unidos.

El denominador común debe ser a favor de soluciones no colonialistas como lo son la Estadidad, La Independencia y la Libre Asociación de un país soberano. La simple razón por lo que esto nunca ha ocurrido entre nosotros es que le tememos a la descolonización, pues las soluciones anticolonialistas son mutuamente excluyentes y conllevan mayores responsabilidades individuales. Sólo somos todos marionetas, cobardes y sumisos que le jugamos el juego divisionista a los colonizadores.

La tal ingobernabilidad de Puerto Rico es una mentira. Puerto Rico no se gobierna así mismo. Ya el brazo investigativo del Congreso de los EEUU lo aceptó públicamente; una simple investigación en sus pronunciamientos hacia PR lo puede corroborar. Muy posiblemente el informe de la Casa Blanca incluya este dato. Lo que hace de PR una colonia es el hecho de que la máxima palabra de gobierno sobre PR reside en el Presidente, el Congreso y el Tribunal Supremo de los EEUU. Los 517 años de colonialismo nos han acondicionado a todos nosotros los puertorriqueños a sobrevivir con este estado de falta de gobernabilidad propia.

El culpable principal de esta situación es los EEUU, con la complicidad de los partidos políticos nuestros y todos nosotros los colonizados que hemos aprendido a sacar ventaja a esta condición político social colonial. Mi propuesta es consensualmente acabar con este status colonial. Las posibles soluciones de acuerdo al Derecho Internacional lo son la Independencia, la Libre Asociación o la Estadidad. Considero que es el pueblo de Puerto Rico quien debe decidir en primera instancia por mayoría nuestra preferencia.

Estoy opuesto a que sean los partidos políticos, pues ellos todos han sido cómplices históricos de este atropello. Mi advertencia es que, aun cambiando el "status", pasarán muchos años para dejar de comportarnos como colonizados. Asumir las responsabilidades que la libertad conlleva propicia la pelea pequeña entre nosotros hasta que el bienestar colectivo y la puertorriqueñidad inclusive de todos se desarrollen. Para mí, este es el efecto nocivo que tiene el colonialismo en la personalidad del individuo; la falta de aceptación de que todos somos puertorriqueños y debemos de luchar unidos por el bien común.

La partidocracia y el poder de los partidos políticos en la Comisión Electoral son evidencia clara que ser político en Puerto Rico es mucho más que ser servidores públicos. Los partidos políticos operan como grandes corporaciones y su negocio es manejar y disponer de los dineros del pueblo además de las ayudas federales. Es de conocimiento público que muchas de estas ayudas federales nunca llegan a dónde fueron destinadas sino que engruesan el bolsillo personal o el del partido político. Ninguna reforma que no atienda la raíz del problema en Puerto Rico tendrá éxito.

La situación colonial donde el Congreso de los EEUU tiene la última palabra en el gobierno de PR debe de acabar antes de poder reformar el sistema político en PR. Es sorprendente que a pesar de que la mayoría en Puerto Rico parece estar de acuerdo en esta necesidad de cambio, nunca en nuestra historia pasada ni presente nos hemos expresado en consenso en el Congreso de los EEUU para terminar esta situación de ingobernabilidad y poder establecer y participar con voz y voto en las decisiones de nuestra vida política como nación puertorriqueña que somos.

La mona aunque la vistas de seda, mona se queda. El gran mito es que Puerto Rico es un "Estado" "Libre" y "Asociado". La realidad es que Puerto Rico es una COLONIA de los Estados Unidos. Los investigadores del Congreso de los Estados Unidos así lo han declarado de camino a la consideración por el Senado norteamericano del proyecto de ley # HR 2499. Referencia *http://www.docuticker.com/?p=35970*.

En Puerto Rico contamos con la suficiente inteligencia de gente y pueblo para superar esta situación de sumisión y subordinación colonial. Sólo nos hace falta motivación y disposición para crear soluciones legales y aceptables que nos liberen de la esclavitud colonial a la cual hemos estado sometidos por los pasados 517 años en Puerto Rico. La rueda no es necesario re-inventarla; sólo aprender a usarla a nuestra conveniencia y necesidades.

La verdad depende del cristal con que se mira. Puerto Rico es una posesión territorial de los Estados Unidos desde 1898 por virtud del Tratado de París. Para engañar a la comunidad internacional que condena abiertamente el colonialismo, nos inventamos dos máscaras; en inglés somos "Commonwealth" y en español somos "Estado Libre Asociado" - eufemismos ambos para ocultar la realidad colonial. Todos somos responsables de mantener el colonialismo vivo en PR con nuestras actitudes divisionistas pretendiendo que la percepción personal sustituye la realidad legal del estado colonial y que sólo los favorecedores de nuestra preferencia personal son los únicos verdaderos no colonialistas. El divisionismo sólo lleva a la perpetuación de la colonia (ELA). Todos en consenso debemos crear un frente unido contra los EEUU en contra de la persistencia del colonialismo en PR. Sólo esta acción se puede considerar estar contra del colonialismo.

Las caricaturas van más allá de exagerar unos rasgos para hacer reír. La caricatura para llegar a ser popular capta el sentir emocional de un sector poblacional hacia el individuo representado. La Comisión Estatal de Elecciones en sí e históricamente ha sido una caricatura de los tres chiflados. Les pagamos a individuos para que mantengan la lucha libre política que tanto nos entretiene a los puertorriqueños. La política en Puerto Rico es sólo una caricatura; un tigre de papel. Pues, el poder verdadero reside en la metrópolis; en el presente Congreso de los Estados Unidos.

Los partidos políticos y sus seguidores en PR son una caricatura de lo que deben ser los ciudadanos responsables. Todos son una exageración de un ideal incomprensible para la mayoría pero defendida a puños y tiros como si fuese la verdad única. Las caricaturas captan la percepción emocional de unos individuos sobre la personalidad del representado. La aceptación de la personalidad propia es una de las tareas más difíciles para cualquier individuo. Mientras más rígido el individuo, más difícil es la tarea del psicoterapeuta en traer introspección en el individuo para hacerlo entender de cómo su personalidad contribuye al surgimiento y perpetuación de sus problemas interpersonales y sociales.

Puerto Rico necesita más caricaturas de nuestros políticos para así crear conciencia de lo absurdo que es nuestro comportamiento social para entonces poder cambiarlo y poder reírnos de nuestros errores. Pues, todos cometemos errores. Este horror de la Comisión Electoral y de su Presidente, el Juez Conty, al censurar la exhibición de las caricaturas de nuestros políticos merece una caricatura en sí mismo por lo ridículo de la decisión.

Las visitas presidenciales en Puerto Rico no son importantes para los presidentes de los Estados Unidos. Igualmente, el proyecto de la Cámara de Representantes, HR #2499, en el Congreso de los EEUU no les importa a los partidos políticos en los EEUU; ni a los congresistas de origen boricua en el Congreso de los EEUU porque todos son colonialistas. ¿A quién le amarga un dulce? Tienen la propiedad de un territorio y hacen lo que les venga en gana en el territorio, incluyendo bombardearlo o regarlo con NAPALM, sin consentimiento del pueblo es como quitarle un dulce a un nene.

Tampoco a los partidos políticos en Puerto Rico les importa mucho la expresión del pueblo de Puerto Rico mediante voto popular contra el colonialismo. La razón es simple - ningún partido político puede demostrar con datos objetivos que su preferencia de "status" le es más ventajosa al pueblo que el presente "status colonial". En ausencia de estos datos, prefieren el "status" presente. Todos luchan en su ignorancia de ser representantes auténticos de la presente situación política. Todos prefieren la relación colonial con los EEUU para obtener su turno de administrar los presupuestos del pueblo. Todos, incluyendo a los independentistas y soberanistas, carecen de un plan de desarrollo económico de Puerto Rico sin las ayudas económicas de los EEUU sólo basado en nuestros recursos y trabajo. Ninguno puede desbancar los beneficios de ser colonia.

Lo que es ilusorio e irrelevante es el histórico debate tripartito. Los tres partidos han embriagado al pueblo de Puerto Rico con demagogia ocultando la realidad de que los dueños de Puerto Rico son los Estados Unidos. Nada ha cambiado la realidad de Puerto Rico tan significativamente como el Tratado de París de 1898. Las olas van y vienen y el título de propiedad de PR se mantiene en el Congreso de los EEUU. Ellos lo esconden muy bien pues pregonan a nivel mundial los procesos democráticos excepto en su colonia. Para ellos, no es que ellos quieren la colonia sino que los puertorriqueños no quieren reclamar el título de propiedad y estamos contentos como estamos al presente. Históricamente, todos los partidos han apoyado que este título permanezca en los EEUU mediante la desconfianza entre ellos mismos y lo que pudiera hacer el partido contrario si fuésemos los puertorriqueños los dueños de PR. Los tres chiflados prefieren que los americanos sean los dueños porque si fuésemos nosotros la cagamos. La desconfianza entre nosotros nos ha impedido hacer un reclamo unitario contra el colonialismo. De una u otra forma con uno u otro argumento, los puertorriqueños hemos y seguimos prefiriendo que Puerto Rico sea propiedad del colonizador.

Los buenos colonizados puertorriqueños no se han dado cuenta que el poder de decisión en una relación es compartido por las partes. Esto de que decidan ustedes (EEUU), lo que van a dar y luego de esas opciones nosotros escogemos es un buen ejemplo de la sumisión y subordinación colonial. También es un ejercicio de sabotaje colonial decidir nosotros lo que queremos y esperar que la otra parte lo haga autoejecutable sin participación de la parte. La comunicación eficiente y efectiva es necesaria para que una relación cambie sus reglas de juego. En una relación es requisito que medie un proceso de comunicación eficiente entre las partes para hacer modificaciones de mutuo beneficio.

En el proceso de la comunicación es tan importante lo que se dice como lo que no se dice. El lenguaje no verbal dice sobre un 80% de la comunicación. Los 517 años de colonización en PR dicen claramente que los puertorriqueños en su mayoría prefieren ser colonizados. Realidad amarga que muchos no quieren aceptar. Los problemas existenciales que tenemos los puertorriqueños ante la posibilidad de cambio sólo se pueden atender aceptando dónde estamos parados para comenzar. Queremos estadidad pero a nuestra manera. La Federación de Estados y lo que ellos deseen no importa; ni se hacen esfuerzos por conocer sus condiciones para hacernos estado. Conozco sólo de una encuesta hecha por Fox News que ausculta el sentir del pueblo norteamericano hacia Puerto Rico donde la estadidad para PR sólo es favorecida por la tercera parte del pueblo norteamericano.

Queremos independencia que es sinónimo con soberanía, pero financiada por los contribuyentes norteamericanos. No podemos seguir siendo tan colonizados echándole la culpa al otro de la falta de comunicación. Hay que ser bien ingenuos en pensar que una nación imperialista como los Estados Unidos va a ceder la propiedad que actualmente poseen y pagar para perderla. También es ser ingenuos pensar que, de la noche a la mañana, quien no nos ha escuchado y al cual hemos estado sometidos por 113 años de momento va acatar nuestras órdenes y va a someterse a los deseos infantiles de los sometidos. Un proceso de continuo diálogo con envolvimiento masivo de las dos partes será necesario para poder lograr algún cambio. Nosotros tenemos que aceptar nuestra responsabilidad de mantenernos como colonia por 517 años. Es obvio por la raquítica y poco publicada participación en la pasada vista del Task Force del Presidente Obama en San Juan que las masas puertorriqueñas, los partidos y líderes políticos continúan siendo mudos sumisos colonizados.

Los principios y leyes que rigen la economía de la metrópolis son distintos a los que rigen en la colonia. Mientras en la metrópolis la libre empresa y el empresario pequeño son la médula del sistema, en la colonia el gobierno y la economía subterránea son la médula del sistema. Cualquier intento de reforma laboral enfrentará grandes obstáculos debido a estas diferencias. La filosofía populista de los gobiernos tradicionales en Puerto Rico ha establecido un sistema colonialista dirigido a crear una masa crítica de electores para su éxito electoral. El mensaje subyacente es el de promover la economía subterránea para así burlar al colonizador quién en última instancia es el dueño de la colonia. Una reforma laboral sin una reforma gubernamental y sin una reforma del título de propiedad de la colonia no tendrá éxito. Primero, tenemos que sentirnos dueños y parte para poder desarrollar un sentido de pertenencia y cuido por lo que es de nosotros y para con nuestros gobernantes.

Más claro no canta el gallo; no somos un país, somos un territorio no incorporado que es sinónimo con colonia. Sacarle el cuerpo a la discusión del derecho del pueblo a expresarse democráticamente mediante el voto popular de los puertorriqueños es la tradición norteamericana con o sin elecciones próximas. Republicanos y demócratas están en una encrucijada respecto a defender el derecho de los puertorriqueños a expresarse democráticamente. Irrespectivamente de las pugnas locales, históricamente ellos han optado por no proteger nuestros derechos democráticos constitucionalmente protegidos. La pugna local sólo les conviene a los políticos y sus fanáticos seguidores que se oponen al voto popular para continuar en el poder e impedir que sea el Pueblo quien resuelva el problema del "status". Los mayores responsables de la colonia somos nosotros al quedarnos callados. Digámosle NO a la colonia como pueblo y abandonemos la lucha partidista tribalista.

Nada de estéril; por lo contrario, muy revelador es la posición del presidente Obama de que cualquier cambio de la relación entre los EEUU y PR tiene que ser aprobado por el Congreso de los EEUU. Pero no hay peor ciego que el que no quiere ver; con o sin Asamblea Constituyente, el Congreso de los Estados Unidos tiene la última palabra. Esto es así como resultado del Tratado de París 1898; Puerto Rico es una posesión territorial que es sinónimo con colonia de los EEUU. Cuando les toca defender sus intereses republicanos y demócratas, se unen. Nosotros, por la cobardía hacia el colonizador, nos peleamos como niños y niñas rabiosos entre nosotros.

Por esta actitud infantil es que estamos donde estamos sin un proceso de diálogo entre las partes (el Congreso y el pueblo de PR). Ellos están claros si queremos seguir siendo colonia ellos no se oponen. Los estadistas quieren estadidad a la trágala, los populares avergonzados y demagogos que no quieren admitir que son y han sido colonialistas y los independentistas rehúsan el diálogo sino es en sus términos y quieren hablar por todo el mundo los de aquí y los de allá. No es que pocos entienden el problema del "status" de Puerto Rico; es que nadie quiere resolverlo.

El Congreso de los Estados Unidos no tiene intención de ceder su colonia; menos ahora con tanta hostilidad hacia ellos proveniente del sur. Los partidos políticos en Puerto Rico menos, pues se le acaban el guiso. Los congresistas de origen puertorriqueño en el Congreso menos, pues son ellos los políticos de más poder en Puerto Rico. Todos le dan la espalda al pueblo y prefieren tener al pueblo en una condición de esclavitud para así mantener el poder hacia nosotros.

Vivo en una comunidad donde los vecinos tenemos conciencia que nuestro comportamiento les afecta a ellos y viceversa. Nos respetamos mutuamente y dialogamos para una mejor convivencia en la comunidad. Esto no es cuestión de quién manda más sino de colaborar. Puerto Rico es una familia dividida donde lo que impera es la lucha por el poder. Peleamos entre partidos y movimientos y aún dentro de ellos. La soberanía es una fantasía que no se ajusta a la realidad. La Unión Europea es el mejor ejemplo de colaboración entre países soberanos. Los españoles no dejan de ser españoles, ni los griegos dejan de ser griegos al unirse para colaborar entre ellos por los problemas que son comunes a todos en la Unión Europea.

Nosotros los puertorriqueños estamos obsesionados como fanáticos religiosos por las diferencias en lugar de buscar el denominador común. Todos somos puertorriqueños con diferentes perspectivas de la realidad; la manera de resolverlo esto es oír el sentir de todos. No tan sólo a los que se creen unos seres superiores con complejos de Jesucristo y que le temen a tener un diálogo entre la nación colonizada de Puerto Rico y el presente colonizador, los Estados Unidos. Nadie en Puerto Rico respeta las Asambleas. Tampoco ningún grupo de seres privilegiados en la Asamblea Constituyente puede sustituir la inteligencia del pueblo expresada mediante el voto popular de TODO el PUEBLO.

¿Cuánto tiempo nos tomará aceptar que como veteranos colonos se nos hace casi imposible cambiar? Los cambios de la personalidad son muy difíciles de lograr; los cambios institucionales son aún más lentos y trabajosos. Sobre quinientos años de colonización han dejado una huella muy profunda en nuestro ser. Hemos sobrevivido todo este tiempo comportándonos obedientemente y temerosos del americano. No es un americano, son sobre 300 millones de ellos; somos nosotros ocho millones de puertorriqueños. Es fantasioso y casi mágico pensar que sólo en el Congreso de los EEUU recae la decisión de cambiar el estatus colonial de PR.

El cambio se dará cuando se dé una mayor colaboración entre los americanos y los puertorriqueños en lugar de la indiferencia que nos ha caracterizado a todos, los de aquí y los de allá, para entonces cambiar la relación colonial entre los dos países. Esta indiferencia hacia el cambio es también manifiesta en los candidatos a la gobernación que tradicionalmente hemos tenido en Puerto Rico y que sólo se han escondido detrás de alguna forma de estatus sólo para tener una oportunidad de administrar la colonia. Si queremos cambiar esta relación colonial, debemos unirnos todos y exigir al Congreso de los EEUU cambio al estado colonial presente. Claro que no es lo mismo llamar al diablo que verlo venir.

Un elemento significativo y novedoso en la política norteamericana es el "Tea Party". Su filosofía es de ultra derecha, la cual define la función del gobierno limitado sólo a proveer la defensa militar de la comunidad norteamericana. Con ellos, el paternalismo gubernamental se está convirtiendo en una mala palabra. La responsabilidad individual por la vida propia es lema de campaña política en sus plataformas. Fue un proceso semejante cuando Bill Clinton se movió a la derecha a dos años de su término y trasformó el "welfare a workfare" en los Estados Unidos. Ahora con Obama, mucha gente ha resentido los dineros invertidos para sacar a flote a la GMC, Wall Street, los bancos y las casas financieras.

La inversión millonaria para salvar las grandes corporaciones se ha visto a costa de trabajos y progreso económica para muchos. Este movimiento de ultra derecha hará lograr la estadidad para Puerto Rico un proceso más difícil. Los republicanos harán el participar en los procesos decisionales de la unión americana mucho más difícil y exclusivo. Por lo contrario, los adeptos a la independencia para Puerto Rico tienen su mejor momento en estos tiempos de ahorro y recortes presupuestarios. Los proponentes de la soberanía puede que reciban un cheque sin fondos y los colonialistas estadolibristas verán una disminución en la pensión alimenticia que es sinónimo con las ayudas federales.

Un estado de crisis es por definición una situación donde los recursos, las habilidades y las destrezas del individuo o grupo social o país son menores que las demandas del medio ambiente físico, social y humano. Desde esta perspectiva, Puerto Rico siempre ha estado en crisis. En los 517 años como colonia, siempre hemos dependido de los recursos de las metrópolis para satisfacer nuestras necesidades. Además de esta triste realidad, nunca hemos tenido el poder político para controlar nuestra economía o comercio, ni para poder diseñar un plan estratégico económico basado en nuestras necesidades y no las de las metrópolis. La visión insularista del colonizado nos sentencia a perder la perspectiva global y a mantener la lucha tribalista tricolor. El estado de crisis permanecerá hasta que no acabemos con el colonialismo dentro y fuera de nuestras mentes. El sentido de frustración e ira que conlleva no ser dueños de Puerto Rico y no tener control de nuestra economía y comercio nos lleva a vivir un mundo de ilusiones que nos hacen perder la visión del todo y nos perdemos en la continua discusión del detalle. Vivimos el presente sin visión y misión para nuestras vidas y las de nuestros semejantes. Necesitamos de una visión que nos una a todos en la lucha mundial del ser humano contra las adversidades de la naturaleza.

Una vez más, se demuestra que en los Estados Unidos todos reconocen que el ELA es una colonia que es sinónimo con territorio no incorporado. Algunos, principalmente republicanos, quieren continuar el dominio imperial sobre nosotros; otros no. Aquí en Puerto Ricos todos no saben que somos colonia, pero muchos prefieren vivir en la colonia por temor a la estadidad y a la independencia. Es triste ver el PPD y el PIP (Partido Independentista Puertorriqueño) opuestos a los derechos democráticos del pueblo a expresarse mediante el voto popular para decidir nuestra relación con los EEUU. Estos políticos quieren seguir controlando e inhibiendo la democracia del pueblo por sus preferencias dictatoriales y monárquicas con la Asamblea Constituyente. Es necesario la participación popular para demostrarles a los políticos que el derecho al voto popular es el fundamento número uno de la democracia.

¿Dónde está el chapulín colorado para que nos defienda? Los republicanos, especialmente el Tea Party, quieren cortar todo excepto por los gastos de defensa. Dudo que se salgan totalmente con la suya, pero seguro que van a cortar; van a cortar mucho dinero del presupuesto federal. Hay demócratas que se han unido a los republicanos para darle un tajo grande a la burocracia federal y a los programas para los pobres e incapacitados. Cada vez más el estereotipo del vago vividor de las ayudas federales es incriminado como los causantes del déficit federal. El Tea Party ve la colonia de Puerto Rico como uno de los grandes vividores del gobierno federal sin contribuir al tesoro federal. Sólo el chapulín colorado o dos senadores y cinco representantes en el Congreso nos pueden salvar del Tea Party.

¿Consenso? En nuestra historia NUNCA ha existido consenso entre los partidos políticos en Puerto Rico. Es de esperarse, pero en la colonia la diferenciación entre partidos no se basa en una diferenciación clara de áreas programáticas dirigidas a resolver tal o cual problema que nos agobia. La diferencia es el amor o el odio que se sienten hacia el colonizador. Es una lucha de pasiones de tipo novelesco, a nivel de la Comay. Así es como se han comportado siempre nuestros políticos; como los tres chiflados. Los líderes de todos los partidos están conscientes de que la descolonización significa la desaparición de los otros dos restantes partidos. En la descolonización de Puerto Rico está en juego nuestra sobrevivencia como pueblo, no la sobrevivencia de los partidos políticos como existen al presente.

De un pájaro las dos alas, el idealismo y el materialismo científico. En una, la sociedad se divide discretamente y diferentemente entre cultura vs economía. En la otra cultura y economía están estrechamente ligadas y forman un todo integrado - la sociedad. Los de tendencias idealistas visualizan a los creyentes en Dios como superiores a los ateos o a los creyentes en Alá y viceversa. Los materialistas visualizan a todo ser humano, cristiano, musulmán o ateo como monos evolutivamente desarrollados. El colonizado tiene preferencia por el idealismo y separa en superiores e inferiores a los seres humanos en base a su preferencia por el colonizador, el español o el americano.

La gente en PR no está envuelta en papel de regalo, pero tienen derechos limitados al usufructo de la PROPIEDAD de los EEUU. Dejen de hablar sandeces; si quiere algún control vamos a tener que optar por la Independencia o la Estadidad o la Libre Asociación. De lo contrario, seguiremos siendo subordinados, sumisos y sometidos colonizados. ¿Cuándo en nuestra historia nuestros líderes gubernamentales, políticos e institucionales han llegado a un consenso de soluciones beneficiosos para la mayoría de todos nosotros?

A todos se nos olvida que el gobierno federal está próximo a un cierre. La razón es la diferencia entre demócratas y republicanos con respecto a los cortes presupuestarios para aminorar el déficit federal. También se olvidan que existe un Tea Party más conservador que los conservadores republicanos que exigen cortes aún mayores. La soga parte por lo más finito y a eso le llaman la colonia de Puerto Rico. A la hora de la verdad los dólares cuentan. Los políticos y los politólogos andan por un lado y el pueblo por otro. El mismo pueblo que por muchos años apoyó el partido que ofrecía pan, tierra y libertad esta vez los ayudará a aclarar su ambivalencia ideológica si quieren soberanía que es sinónimo con independencia o favorecen la unión permanente que es sinónimo con estadidad.

Cuando el Congreso considere el pedido de estadidad para Puerto Rico, será la facción del PPD que favorece la unión permanente; la que le dará la súper mayoría a la estadidad. A la hora de la verdad, tanto individuos del PPD como del PIP y movimientos de izquierda independentistas saldrán del closet y secretamente votarán favoreciendo la estadidad para así asegurarse seguir recibiendo sus derechos adquiridos de Medicare, Seguro Social, Medicaid, beneficios para veteranos, becas Pell, pagos para educación, servicios de salud, vivienda, infraestructura, defensa, tribunal federal, dineros de ayuda para comunidades, otros y otros billones de dólares americanos.

Ahora los gallos y gallinas no cantan como antes lo hacían. Habló el gringo por sí mismo con el informe del Task Force de Obama, ya nadie está autorizado a decir lo que los norteamericanos quieren o no. Se acabaron las especulaciones de lo que quieren o no quieren, lo que nos van a dar o no. Quieren que Puerto Rico decida y nos van a dar una oportunidad para que nosotros lo digamos primero si queremos seguir siendo colonia o no. Con un sistema de dos plebiscitos que incluyen la colonia, se darán cuenta si claramente nosotros queremos la colonia o no.

Si nosotros estamos claros que queremos seguir siendo colonia ellos no se oponen. Anticipan que aunque muchos dicen querer la descolonización para PR pero en realidad no la quieren si no es la alternativa que cada cual prefiere a su medida y pedido. Estamos amenazados a que si no queremos decidirnos modus propio, el Presidente Obama promete hacernos decidir en su segundo término a la presidencia de los EEUU. Ahora que estamos contra la pared, ni las gallinas cacarean.

Al señor García Padilla y al señor Hernández Colon les faltan una o más tuercas o no entienden inglés. Los Presidentes Bush, Clinton y Obama han hecho claro que Puerto Rico le pertenece a los Estados Unidos por virtud del Tratado de París en 1898. También han hecho claro que PR está sujeto a la Constitución de los EEUU bajo la cláusula territorial de la Constitución de los Estados Unidos. La cláusula territorial de los EEUU le permite al gobierno norteamericano discriminar a su voluntad sobre los beneficios económicos que pueden recibir los ciudadanos americanos que viven en la colonia que es sinónimo con territorio no incorporado. Esa cláusula que ningún puertorriqueño contribuyó a su confección y tampoco ninguno de nosotros puede votar para modificarla, de hecho controla nuestras vidas. Así es que se vive en la COLONIA de Puerto Rico. El verdadero descolonizado puertorriqueño no es una calcomanía del español ni del norteamericano, sino una síntesis creativa y propia de ambos períodos de colonización en nuestra tierra. No todo lo negro es morcilla y tampoco todo tiempo pasado fue mejor.

Anquilosados en el pasado para muchos, todo tiempo pasado fue mejor. La cultura es un ente dinámico y evoluciona al igual que los individuos; estamos en continuo cambio. Sin embargo, a muchos individuos el cambio los asusta y prefieren vivir en el pasado. Eso que muchos llaman mantengo no lo es porque desconocen lo que es una colonia en nuestros tiempos modernos. Las colonias modernas no son iguales que las del pasado. En 1898, los Estados Unidos adquirió de España su colonia, Puerto Rico. La intervención de los EEUU en nuestra cultura y el trato a ofrecerles a los colonos también fue contratada en el Tratado De París en 1898. Los que dicen saber lo que es el status de PR y no han leído el tratado son unos ignorantes. No es mantengo; es una obligación contractual con los habitantes de la colonia de PR. Es la responsabilidad contractual de proveer y proteger los habitantes para así continuar la posesión absoluta del territorio colonial.

La luz solar y el viento tan abundantes en la Isla son mejores fuentes de energía que el petróleo, el cual no es renovable y contamina el ambiente. Vivimos sobre grandes y abundantes riquezas naturales; el sol por estar localizados cerca del ecuador y los vientos son abundantes en la Isla. Lo único que se nos ocurre a nosotros es pelearnos entre hermanos por las ayudas federales en lugar de desarrollar industrias alrededor de estos recursos naturales que, comparadas con estas riquezas naturales, son unos centavitos. La mentalidad colonizada no nos permite ver nuestras riquezas sin antes compararlas con las del colonizador. El colonizado no valora ni desarrolla sus riquezas sino que busca aprovecharse de las del colonizador, so color de derechos adquiridos o dineros por indemnización o restitución o jaiberías. La mentalidad de la dependencia colonial será el principal impedimento para el desarrollo de nuestra economía de manera sustentable y auto suficiente.

La comisión bipartita de Congresistas republicanos y demócratas en el Congreso de los EEUU en su informe sobre el déficit federal recomendó recortes mayores en el presupuesto de defensa. Las recomendaciones no han sido implementadas pero se contemplan como posibilidad. Son muchos los programas que están próximos a desaparecer con estos recortes. Obama defiende cómo puede el desarrollo de la infraestructura, la investigación creativa, la educación y salud de estos recortes; ojalá los logre mantener al nivel presente o aumentar sus ayudas económicas.

La lucha entre los partidos políticos en PR es la norma en el proceso electoral en Puerto Rico. Sin embargo, esta lucha partidista es sólo un simulacro de democracia. Los partidos políticos en Puerto Rico no tienen la autoridad de tomar ninguna decisión fundamental sobre nuestros destinos; sólo el Congreso de los Estados Unidos tiene esa autoridad. El paralelo 38 en Corea es análogo a la lucha partidista en PR que valida la situación colonial con apariencias de libre expresión y albedrío. Pero NUNCA en nuestra historia como pueblo el colectivo de puertorriqueños hemos tenido el poder de decidir nuestro futuro político.

La pobreza es rampante en la colonia. La economía de la colonia está en función de las necesidades de la metrópolis. El problema es para quién se trabaja en la colonia. La producción nacional es súper millonaria en Puerto Rico y continuamente se exporta a los Estados Unidos para satisfacer sus necesidades, no las nuestras. Por años los partidos políticos gobernantes le han servido en bandeja de plata nuestros recursos, productos, la tierra y mano de obra barata más unas toneladas de exenciones contributivas a las corporaciones internacionales norteamericanas para enriquecer sus bolsillos y no nuestras comunidades. Es esta actitud sumisa, subordinada y cobarde ante los Estados Unidos la cual tiene a la pobreza arropando nuestras comunidades. En la historia, todas las colonias han sido pobres mientras las metrópolis se nutrían de sus riquezas. Para fraseando a Bill Clinton, es el sistema económico colonial lo que nos hace pobres, estúpidos.

Cantó el gallo de Obama claramente. Los dueños de la Isla quieren seguir siendo dueños de la colonia y mandando aquí a su antojo; no importa si sólo el 49% los apoyan, así seguirá siendo. El gobierno de los Estados Unidos es responsable por proteger los intereses de las grandes corporaciones norteamericanas que se lucran de su mercado cautivo, la colonia en Puerto Rico. El mensaje es claro - allá en los EEUU deciden nuestro futuro. Es lo que decida el Congreso, NO el pueblo de Puerto Rico. Gobierno propio con el ELA embuste puesto al descubierto por Obama.

El ELA es un buen ejemplo de la NO libre determinación del pueblo de Puerto Rico. Con la vigencia de la Ley de Relaciones Federales que mantiene los dictámenes de la Ley Jones, se prueba jurídicamente la ausencia de libre determinación del Pueblo de Puerto Rico. Siguiendo la lógica de que la libre determinación es un proceso continuo donde el pueblo dispone de sus recursos para su beneficio y en consideración de nuestra dependencia económica con los Estados Unidos, por lo tanto el máximo beneficio de la libre determinación del pueblo de Puerto Rico se logra teniendo la justa y proporcional representación en el Congreso de los EEUU que se obtiene con la estadidad para Puerto Rico.

¡Colonos, dejen sus fantasías! Cualquier plebiscito local tiene que incluir el ELA. El ELA es el status que legitimaban por voto popular el título de propiedad de la Isla para los norteamericanos. Los dueños no le van hacer caso a una decisión donde no se les da igual oportunidad a los Estados Unidos de continuar siendo dueños y mandando en la Isla. El Congreso de los Estados Unidos y la Casa Blanca en su reciente informe lo han dicho que el principal problema que entorpece el crecimiento de la economía puertorriqueña es el presente status político. Es la falta de poderes para definir y regular nuestra economía lo que nos tiene estancados y a merced de las bondades del Congreso de los EEUU. Son poderes que no reclamamos porque con la adquisición de estos poderes ocurre lo que al esclavo con la adquisición de su libertad le ocurrió, esto es la responsabilidad individual por nuestras vidas.

Nadie quiere hablar del informe del "Task Force" presidencial. La apariencia de democracia ha sido desenmascarada como el juego partidista para robarse los fondos federales. Todos hablan de lo que los gringos quieren y dejan de querer y cuando ellos hablan, no le hacemos caso. Preferimos seguir viviendo en las apariencias de creernos de que lo que nosotros queremos es lo que ellos quieren. Es una vergüenza de que existan en PR tantos políticos y politólogos tan embusteros. Con dos terceras partes del presupuesto gubernamental de Puerto Rico proveniente de los Estados Unidos, nadie se atreve a proclamar la soberanía y/o independencia de PR. Todavía andamos buscando el líder máximo que aporte esos $18, 000, 000,000.00 que nos hacen falta para satisfacer nuestras necesidades básicas y que vienen de los EEUU. En ausencia de ese papi chulo millonario, continuamos con el cuento de que nos hemos ganado el derecho de continuar siendo "la Colonia Más Antigua del Mundo Presente" y que siga el mantengo.

Cuando el río suena es porque agua trae. Esperar a luego de las elecciones en Noviembre es táctico pues no se puede hablar del "status" complaciendo a todos. El estado colonial es una realidad y, si el Presidente no lo reconoce, pasará a la historia como un político más. Dudo mucho de que esto es lo que ocurrirá con el Presidente Obama, honrado con un Premio Nobel de la Paz. La manera democrática de resolver el "status" colonial es mediante el voto de todo el Pueblo de Puerto Rico; cosa que el PPD y el PIP se oponen abiertamente.

Estos dos partidos de corte dictatorial serán desenmascarados como anti democráticos con el informe del presidente. Llegó el tiempo de decidir y abandonar el juego partidista so color de estatus de una vez y por todas. Una vez resuelto el "status", la definición de los partidos será en base de las soluciones que le ofrecen al pueblo para resolver los múltiples problemas que tenemos. El cuento de muchos de que no nos quieren también será aclarado; la estadidad no es algo automática, pero sí un derecho rogado. Para lograr la estadidad o la independencia hay que trabajar. Ambas alternativas se verán como posibles a costa de trabajo y esfuerzo propio. La libertad para el esclavo conlleva responsabilidad individual.

Precisamente el revuelo que ha causado Luis Gutiérrez en el Congreso de los Estados Unidos es el de presentar el punto de vista de ese 2% de independentistas narcisistas que se creen tener el sartén agarrado por el mango. Esos son los que favorecen el chanchullo de la Asamblea Constituyente porque aun siendo minorías, creen que la mayoría está equivocada porque se creen que saben más que todo el mundo. Están convencidos de que el pueblo debe ser despojado de su derecho democrático al voto popular para decidir resolver el status colonial. Para ellos la única solución al colonialismo en Puerto Rico es la independencia. No tan sólo el Sr. Gutiérrez es parte de ese 2%, sino que aparenta desconocer un "bobo" bien administrado las soluciones aceptables por la comunidad internacional para la solución del problema colonial. Pretende imponer para PR un deseo minoritario como única alternativa descolonizadora para Puerto Rico. Luis Gutiérrez es un enano intelectual a quien lo precede una fama de corrupto haciéndose rico en transacciones de bienes raíces para familiares con ayudas económicas federales y viviendo de gratis en sus oficinas en el Congreso de los EEUU. Sale en defensa de la independencia de Puerto Rico en las vistas públicas de la Cámara de Representantes sobre PR, los ochocientos pesos que los universitarios se niegan a contribuir a la universidad de Puerto Rico (UPR), el colegio de los abogados independentistas y se opone al derecho democrático de que todo el pueblo de Puerto Rico para votar sobre qué tipo de relación queremos con los Estado Unidos.

El colonizado tiene miedo al proceso de asimilación de y de cambio social, también reflejo un sentimiento de superioridad absurdo irreal e idealista que no toma en consideración las luchas de poder real de nuestra realidad colonial y mundial. Los puertorriqueños no somos mayoría en ningún sitio, incluyendo en Puerto Rico. Nos peleamos entre hermanos reclamando que cada cual es más puertorriqueño porque favorecemos tal o cual fórmula de "status". En este juego embriagador, inmaduro e infantil le aseguramos el poder a la metrópolis y a sus alcahuetes administradores que históricamente han sido un puñado de familias, todos emparentados y provenientes de sectores sociales no representativos de todos nosotros. Mi tesis es que somos colonia, hemos sido colonia y seguiremos siendo colonia porque eso es lo que nosotros hemos preferido. La culpa es nuestra primordialmente. No soy de los que les echan la culpa a otros o le delegan a otros la responsabilidad de nuestros destinos.

Los partidos políticos coloniales en Puerto Rico funcionan como una clase social aparte. Es como un sistema de castas al cual se le asignan beneficios particulares, en muchas ocasiones por encima de las leyes que cobijan al ciudadano común. Todos sabemos en PR que él que tiene padrinos políticos se bautiza, él que no tiene está condenado al ostracismo social. Tanto aquí como allá, en los Estados Unidos todos aseguran que los derechos democráticos constitucionales de la Constitución de los Estados Unidos no nos cobijan 100% a los ciudadanos americanos viviendo en Puerto Rico, sino sólo un porcentaje discrecional a determinarse unilateralmente por el Tribunal Supremo norteamericano. Triste realidad anti democrática y común falsa política de tanto los políticos de aquí como los de allá donde todo un país es gobernado por otro sin participación justa y proporcional de los ciudadanos gobernados por las leyes elaboradas por los otros. Paradójica situación anti democrática que los colonos enmascaran y pretenden resolver envueltos en una pelea primitiva e infantil de partidos políticos, haciéndole creer al pueblo que ellos representan el verdadero espíritu de la democracia.

La presencia de partidos políticos en Puerto Rico es una falsa donde el interés común del pueblo NO está representado. Sólo sirven para aparentar tolerancia y democracia ante los sentimientos negativos del oprimido y subordinado colono hacia su colonizador benefactor. Le hacemos el juego de dividirnos y no tener consenso propio por el bien común para así mantener el estado antidemocrático, cuasi-protector y paternalista COLONIAL.

Existe un problema de identidad cultural del colonizado en Puerto Rico. Nadie en Puerto Rico ni fuera de Puerto Rico puede definir con precisión ¿quién es puertorriqueño y quién no lo es? Si preguntas, ¿es puertorriqueño un puertorriqueño viviendo en PR que pertenece al Partido Nuevo Progresista (PNP)?, muchos dirán que no lo es y que sólo es un "pitiyanqui". Si le preguntas a un independentista, el 2% de los puertorriqueños viviendo en PR, ¿quiénes son los puertorriqueños?, te dirá que son solo ellos y no el resto del 98% de los puertorriqueños. El asunto se complica aún más si le preguntas a un popular (PPD); pues unos dirán que son norteamericanos, otros que son puertorriqueños y otros que son españoles. En otras palabras, que a la hora de definir quién es o no es puertorriqueño, en realidad no hay discrimen contra los que viven en PR o en EEUU. El discrimen es para todos por igual. Conflicto de identidad es producto de ser y seguir siendo sólo colonizados a pesar de que todos somos pero no se nos considera ser puertorriqueños.

Comienza el Informe del Task Force del Presidente Obama sobre Puerto Rico diciendo que Puerto Rico le pertenece a los Estados Unidos en virtud del Tratado de París en 1898; los españoles nos regalaron como reses. Con los casos insulares el Tribunal Supremo de los EEUU, hace claro que PR es una posesión pero no es parte de los EEUU de tal manera que la Carta de Derechos de los EEUU y todos los beneficios que la Constitución americana les reconoce a los americanos no son todos aplicables a los puertorriqueños y que hay que decidir individualmente cuales se les reconocen y cuáles no.

No obstante este discrimen de beneficios, PR está regido por la Constitución de los EEUU bajo la cláusula territorial donde prácticamente todas las leyes federales son de aplicación en PR. Mediante leyes preparadas en el Congreso de los EEUU, se le permitió inicialmente a PR elegir una Cámara de Representantes, pero no el gobernador quien era nombrado por el Presidente de los EEUU. Posteriormente, el Congreso amplió el sistema en PR a dos cámaras - representantes y senadores - y le permitió elegir su gobernador, siendo Luis Muñoz Marín el primer gobernador de PR, puertorriqueño y elegido por los puertorriqueños.

En 1952, se hizo una Constituyente y se diseñó la Constitución de PR y su Carta de Derechos. El Congreso de los EEUU le hizo correcciones, la modificó a su antojo y finalmente, en referéndum, el pueblo votó y la aprobó. Con todo esto, ustedes lectores pueden inferir quién es el dueño y es la manda más en PR. También dice el informe de Obama que PR tiene cierto grado de control de asuntos locales y estos deben de respetarse. En otras palabras, el Congreso de los EEUU tiene el poder de quitar lo que ellos dan y allá tienen la última autoridad; más claro no canta el gallo - SOMOS COLONIA. Van más allá y dicen que unilateralmente tienen el derecho de cambiar lo que les venga en gana y cualquier propuesta de cambio por parte de nosotros es el Congreso quien tiene la última palabra para aprobar o rechazar.

Tampoco PR puede entrar en negociaciones con ningún país si uno o más de un estado de los EEUU se opone. El informe si acepta que si la mayoría de los puertorriqueños quieren seguir siendo sumisos, ñangotados, subordinados, colonizados bajo el poder y control de los americanos, allá no se oponen. Tenemos la opción de escoger el poco control que nos ofrece el ELA y más fuerte para el trasero sin protestar. Con todo esto oficialmente escrito y registrado en los documentos en la Casa Blanca, son muchos los que insisten que tenemos gobierno propio y que no somos una colonia.

El Chuchín, al igual que todos los políticos, aspirantes a políticos, politólogos y pretendientes a politólogos es el vivo ejemplo del vago de profesión. Los legisladores en Puerto Rico todos son unos vagos profesionales. El verdadero poder legislativo de PR reside en Washington, DC. Ninguno hace lo que tiene que hacer; hablan y hablan y siguen hablando y no trabajan diseñando e implementando un plan de desarrollo social y económico, viable, sostenible y autosustentable. En Puerto Rico, todos los problemas se resuelven con palabras y no con acciones concretas que sean coordinadas y críticamente diseñadas e implementadas. Somos artistas en hacer de la vagancia profesional un trabajo. Ninguna alternativa del "status" resuelve el problema institucionalizada del vago colonizado dependiente de la tetita de la metrópolis y del gobierno.

El ciego toca la trompa del elefante y afirma que el elefante es una manguera; de igual manera nos comportamos con el estado colonial en Puerto Rico. En la economía de la colonia la producción nacional va dirigida a satisfacer las necesidades de la metrópolis. La producción nacional se remite a la metrópolis para su distribución, venta y ganancias. No se puede ahorrar lo que no se es dueño. Puerto Rico es una propiedad de los Estados Unidos y el control político y económico reside en última instancia en el Congreso. Sin control político, no podemos diseñar leyes en el Congreso de los EEUU que nos beneficien primariamente a nosotros. Actualmente, estamos a la merced de aquellos que dicen querernos, pero no han sido elegidos por nosotros y bailan al son del mejor postor.

Los administradores de la colonia juegan a la política en ausencia de control verdadero de nuestros asuntos. El nombre del juego se llama populismo. El gobernador ha hecho gala de sus destrezas en el juego político, así como Bush le ganó a Gore haciendo de las elecciones el asunto principal la reducción en las contribuciones individuales. La tortilla se ha virado y, de una aparente victoria, segura debido a los despidos masivos en el gobierno. Ahora el PPD está en contra la pared sin poder ofrecer una disminución de contribuciones y con un historial que suena a IVU y cierre gubernamental. De obvio, ganadores ahora se encuentran en la posición de no poder seguir jugando el juego político populista.

El colonialismo tiene profundas entradas y raíces en la personalidad del colonizado. Para comenzar, el odio hacia el colonizador responsable de la invasión y control político de la colonia crea en el individuo colonizado una rebeldía automática hacia todo aquello que se asemeje a autoridad. Este es quizás el efecto más dañino del colonialismo. El ordenamiento social establecido por el invasor es correspondido con falta de confianza y desamor. Sus lacayos representantes, sumisos y mendigos subordinados se hacen extensivos de estas pasiones transferidas desde el colonizador.

Las ayudas federales no son una excepción a esta regla de comportamiento en la colonia. En Puerto Rico esto se traduce no sólo en rebeldía hacia el yanqui, todo lo que apeste a yanqui, sino también al gobierno de lacayos que mantienen al pueblo sumiso y sometido a los caprichos del Congreso de los Estados Unidos. En este paquete de desdenes están incluidos los partidos políticos que se ven como una extensión oportunista de las dadivas federales que mantienen la propiedad colonial y el control político en la metrópolis. La situación colonial es agravada en la colonia de Puerto Rico por la política administrativa populista de todos los partidos políticos en PR. El odio hacia el colonizador se sublima en el colonizado mediante el temor y miedo a perder las dadivas federales.

Así el gobierno, en intento de aplacar el coraje y desdén hacia el colonizador, se convierte en el "Robin Hood" colonial. El odio ya institucionalizado se perpetúa mediante el desafío a todo aquello que sea autoridad, la lucha tribalista partidista y, mediante la cizaña de la lucha de clases, todas manifestaciones únicas de la personalidad del colonizado. Claro que somos comunidades especiales de pobres colonizados que nos asemejamos al bollo de pan con sus dos terminales que se los deja comer del colonizador.

El conflicto es el motor de la vida, el cuerpo, la mente, el individuo, la familia, la humanidad, la cultura, la sociedad y la naturaleza. La reacción formativa es el mecanismo de defensa utilizado cuando se actúa públicamente contrario a los valores internos y privados. Todos tenemos dos caras, la social y la privada. En el colonizado se añade al repertorio un conflicto adicional dirigido hacia el colonizador. Las emociones son las mayores determinantes del comportamiento humano mucho más que las ideas.

Sin embargo, pasan por desapercibidas al ojo común, especialmente al propio. El conflicto emocional hacia el colonizador es análogo al conflicto hacia los padres y hacia las figuras de autoridad. Las reacciones emocionales humanas ante la autoridad oscilan entre dos polos; uno de sumisión y aceptación de todo lo que represente la figura de autoridad y el otro de rebeldía y rechazo ante todo lo que represente la figura. Entre estos dos polos y en combinación de grados de estas reacciones se describe el comportamiento de todos nosotros. En el colonizado el conflicto medular hacia la autoridad colonial se resume en la aceptación del gobierno del colonizador versus gobierno propio. Muchos en Puerto Rico le temen a la aceptación del gobierno propio y responsabilidades que eso conlleva promoviendo el conflicto eterno partidista que pospone la decisión de acabar, de una vez y por todas, con el gobierno colonial y de tener gobierno propio, ya sea con la estadidad, la independencia o la libre asociación.

En PR estamos al nivel del adolescente que pospone la responsabilidad del sustento propio creando una controversia irrelevante entre padre y madre. Unos prefieren el colonizador español y otros el norteamericano; todo menos la responsabilidad propia. El derecho internacional reconoce el derecho inalienable de cada país a decidir su futuro político fuera de la situación colonial. Los Estados Unidos nunca han reconocido este derecho a la colonia de Puerto Rico. Nosotros hemos sido encubridores de este crimen hacia toda una nación. Los puertorriqueños que viven en PR son tratados como extranjeros en su tierra porque viven en la propiedad colonial de los norteamericanos sin poder decidir el futuro político de su hogar.

El Dr. Wilson, sociólogo de la Universidad de Harvard, diseñó una fórmula con la cual puede predecir a ciencia cierta cuando una manada de monos irá a la guerra contra otra manada de monos en un territorio determinado. Los seres humanos somos como los monos; nos peleamos por los recursos naturales. Las guerras presentes son luchas cuya motivación moderna es la lucha por el control del petróleo. En el Oriente Medio, ese petróleo ha sido controlado por unas pocas familias, que viven es sus extravagancia de lujos, castillos y harenes mientras la mayoría de la población no tiene trabajo y, en muchas ocasiones, nada que comer.

La lucha en África, así como en el Oriente Medio y los Estados Unidos, es una lucha por una distribución más justa y equitativa de los recursos necesarios para sostener la vida humana. Para muchos de nosotros, Osama Bin Laden es un símbolo del egoísmo de unos individuos de mantener el control absoluto de unos recursos naturales para sólo el beneficio de unos pocos. Por lo contrario, el Presidente Obama es símbolo de una distribución más equitativa y justa de los recursos para muchos más individuos. La importancia del Presidente Obama en el proceso de re-distribuir el poder absoluto de la metrópolis norteamericana hacia la colonia de Puerto Rico es subestimada por muchos.

El colonialismo se fundamentó en prejuicios raciales de unas naciones que vieron los seres humanos en las colonias como seres inferiores y nos han tratado como reses. El colonizado introyecta este prejuicio externo del colonizador y lo proyecta contra sus hermanos en la lucha tribalista y partidista. Todos estos que protestan contra la visita de Obama en

Puerto Rico no son estadistas, soberanistas ni independentistas; sólo son RACISTAS.

El esfuerzo contra las leyes de cabotaje, al igual que la lucha contra la marina en Vieques, une al pueblo de Puerto Rico y todos debemos de apoyar estos esfuerzos. Este es un buen ejemplo de que existe consenso de que las leyes que rigen la relación entre PR y los Estados Unidos tienen que cambiarse para que nos beneficien a nosotros y no a los norteamericanos. Como de costumbre, los partidos políticos están como los "bolas" del perro; atrás y no acaban de llegar a un consenso de que necesitamos cambios en esta relación. Son ellos y únicamente ellos quienes no están en consenso. Sus intereses individuales y partidistas prevalecen ante el bien colectivo del Pueblo.

Como experimentados y veteranos colonizados, estamos dormidos en las pajas haciéndonos pajas con la comparsa tricolor. En 1952, recibimos la primera estocada contra nuestra soberanía en un engaño bilateral y consensual; bien recibido tras el trauma del abandono de la madre patria quien sin mucho dolor en el pecho nos regaló a los gringos. En emulación a la madre negligente, el padre adoptivo está dispuesto a dejarnos seguir viviendo en el pesebre siempre y cuando continuemos haciéndolos más ricos, sin derechos de ser inversionistas de nuestras propias riquezas.

El informe de la Casa Blanca sobre Puerto Rico ha hecho claro que la Isla le pertenece a los Estados Unidos. Ha sido y seguirá siendo gobernada por el Congreso de los EEUU. Se atreven a decirlo a los cuatro vientos a toda la comunidad internacional porque saben que son muchos los puertorriqueños que están de acuerdo con esta realidad. Así lo expresaron en voto popular y mayoritario en el año 1952. Desde el punto de vista de los EEUU, allá prefieren continuar siendo dueños de PR sin compartir el poder, seguir gobernando a su antojo y poseer un mercado millonario y cautivo para los productos de sus grandes corporaciones e intereses comerciales. Hay que ser bien sananos para creerse que van a cambiar fácilmente este bomboncito.

El Partido del Té adquiere su nombre haciendo alusión al derramamiento de té en la bahía de Boston en protesta contra los ingleses por el pago de impuestos sin representación en las cortes inglesas. Así se marcó el inicio de la Guerra por la Independencia de los Estados Unidos. En este momento, la lucha es principalmente contra los impuestos federales; proponen bajar el máximo de un 35% a un 20%. Esto sólo lo pueden lograr haciendo menor el gasto federal y promoviendo la responsabilidad individual hacia las necesidades personales.

Menos ayudas federales para todo excepto la defensa nacional; este es el lema del Tea Party. Los estados tendrán mayor responsabilidad de sus necesidades y los individuos también. Lo que está realmente en controversia en los Estados Unidos es la filosofía estatal populista vs. la libre empresa al estilo Adam Smith. Para nosotros en Puerto Rico, si esta tendencia triunfa y prevalece en la política norteamericana, significa la desaparición de la colonia contenta y recibir ayudas sin pagar impuestos federales. El llantén será de todos los partidos sin excepción. Para los colonialistas populares significa el fin de la colonia contenta. Para los independentistas significa independencia sin indemnificación. Para los estadistas significa menos ayudas federales para el estado.

El perfeccionamiento de la democracia en Puerto Rico no puede estar desvinculado de la lucha contra el colonialismo en nuestro suelo. La agenda ciudadana debe ser más amplia e inclusive sobre la educación a la comunidad de lo que realmente es el colonialismo y la guía que la comunidad internacional en la Organización de las Naciones Unidas en su Comité sobre Descolonización ha establecido para combatirlo mundialmente. El colonialismo contra países pequeños como el nuestro es un vestigio vergonzoso para la democracia norteamericana. Ya es tiempo de que los Estados Unidos nos permitan expresarnos como pueblo y participar democráticamente en los asuntos y leyes que nos rigen. Este será el avance más grande que la democracia en Puerto Rico pueda experimentar.

El PIP ha sido un "grupúsculo" de arrogantes intelectuales, narcisistas y latifundistas criollos. Sus líderes que no aceptan la historia de las naciones y adoran la madre ex patria colonizadora porque la presente administración colonial les tumbó el negocio de la explotación del jíbaro puertorriqueño.

Dicen que defienden al pueblo pero nunca ha sido así; sólo defienden sus intereses personales. No son tontos y conocen el derecho internacional; el pueblo de Puerto Rico tiene el derecho de hacer negocios con los Estados Unidos. Pero como les comieron las tapitas y le tumbaron los latifundios criollos, ahora quieren que nadie haga negocios con la nación más rica del mundo. O sea que si no comen ellos, no come nadie. Que el pueblo no hable porque sólo ellos son inteligentes para hablar y negociar por todos.

El PPD y el PNP, ambos partidos han favorecido la construcción del gasoducto en Puerto Rico. El congresista Luis Gutiérrez es un político con una agenda obviamente política. Después de la payasada que hizo en la Cámara de Representantes de los Estados Unidos oponiéndose a un proyecto que haría historia para el Pueblo de PR, ahora se opone a la construcción del gaseoducto. Por primera vez en nuestra historia de colonizados, el pueblo de PR hubiese tenido la oportunidad de ser escuchados por el Congreso mediante voz y voto popular. Él es parte del problema de la colonización en PR; ahora quiere ser juez. Es un hipócrita al hablar de las violaciones de los derechos civiles de los puertorriqueños cuando él mismo nos viola e instiga a que se nos violen el derecho democrático del voto popular contra la colonización en Puerto Rico.

El problema del alza en incidencia criminal en la Isla está directamente relacionado a nuestra condición de "status" colonial. La economía colonial no da para más. Mientras eran los tiempos de las vacas gordas en los Estados Unidos, nosotros estábamos en las papas. Ahora, los EEUU han evidenciado un descenso en su economía casi a los niveles de la depresión de los 30 que los tienen sumergidos en un déficit en el cual tienen que coger de cada dólar 40 centavos prestados para pagar sus gastos. Nosotros seguimos sumergidos sin crecimiento económico por los pasados cinco años; la pobreza es rampante y vivimos en un estado de casi guerra civil; rojos contra azules. Esta relación de falta de recursos y la guerra entre seres humanos por obtener lo necesario para subsistir está bien descrita y explicada en la ciencia del socio-biología.

En Puerto Rico, la situación se agrava porque, como sociedad, estamos divididos por las simpatías o antipatías contra el colonizador. El colonizado deshumaniza su oponente político, deja de ser un ser humano puertorriqueño y se convierte en una criatura animal a quien hay que arrebatarle lo que tiene para la posesión propia. El conflicto universal de lucha por la subsistencia de la vida en contra de las adversidades de la naturaleza en nosotros se convierte en lucha fratricida. Vivimos la mentalidad del "caníbal" en la colonia. En estos momentos históricos para Puerto Rico donde se aparenta una decisión definitiva al "status" colonial, es fácilmente predecible que las turbas de indoctrinados no pensantes conviertan el conflicto universal en uno insularista. Mientras menos vivos en PR, menos bocas que alimentar; "la gran lógica del colonizado". Que se muden para los EEUU y los otros para Cuba y problema resuelto, ¿de veras resuelto?

El señor Krikorian no es un congresista. Él sólo es un conservador republicano que de la manera como habla puede que sea miembro del KKK (Ku Klux Klan). Está paranoide con el crecimiento de los hispanos en los EEUU y sus fuertes influencias con los demócratas. Le tiene miedo a la pérdida de la supremacía blanca en los EEUU. Sin embargo, está en lo cierto y no miente como los demás políticos locales y norteamericanos al decir que Puerto Rico es una colonia de los EEUU y Pierluisi es un seudo-congresista.

El Señor le exige a Job que sacrifique su hijo como prueba de su fe. Tenemos que agradecerles a los independentistas como Gutiérrez su sacrifico de la Asamblea Constituyente para hacer posible la expresión del pueblo de Puerto Rico sobre nuestra relación legal con los Estados Unidos. Si no gritaran tanto y tan seguidito, quizás nunca nos escucharían. El destino está ahora en nuestras manos y no en el poder divino. Los falsos profetas con sus embustes quedaron desenmascarados. Puerto Rico es una colonia; son los norteamericanos los que creen que la mayoría de los puertorriqueños no los queremos.

Los partidos políticos en PR no han tenido en prioridad al pueblo sino robarse los fondos federales para sus bolsillos. Las alternativas viables para la descolonización de PR son la Independencia, la Libre Asociación y la Estadidad. El MUS (Movimiento Unión Soberanista) son independentistas disfrazados que el PPD los botó.

El simbolismo principal de la visita del Presidente Obama en Puerto Rico es que le interesa oficialmente hacer claro que tiene interés por oír al pueblo. Las vistas públicas que se celebraron en San Juan y Washington estuvieron caracterizadas por ese mensaje de oír al pueblo y no sólo a los líderes de los partidos políticos. La visita a la Fortaleza con el Gobernador Fortuño se hace como representante oficial del pueblo; esto para desaire de muchos.

Desgraciadamente, el entendimiento del colonizado es obsesivo y sólo ve lo que sus prejuicios individuales les dejan ver. El prisma antepuesto por el carimbo colonial partidista pre enjuicia a tal o cual intención, validar el ELA, insultar a los demócratas, buscar dineros y muchas otras intenciones pre enjuiciadas. Para los no amaestrados e indoctrinados colonialistas, es sólo un gesto de atención y respeto al pueblo de Puerto Rico.

El Sr. Martín no quiere aceptar que desde 1952, con la creación del ELA, el pueblo de Puerto Rico consintió al status colonial y que ellos, al participar en elección tras elección, han endosado la colonia. Los americanos no van a admitir violación de derechos civiles en PR porque nosotros mismos, a través de nuestros grandes líderes (léase LMM), votaciones previas, y todo partido político eleccionario hemos hecho válida la falta de democracia en PR. Ahora para salir del hoyo que nosotros mismos nos metimos gracias a LMM, tenemos que crear el antídoto de un voto mayoritario contra el colonialismo. Hasta ahora, las fresitas colonialistas parecen prevalecer pero nada es final hasta que la gran señora gorda cante; el pueblo de Puerto Rico.

Los independentistas y los soberanistas no quieren trabajar, producir lo suficiente para satisfacer nuestras necesidades o vivir con sólo nuestros recursos. Los estadistas y estadolibristas le tienen miedo al IRS (Internal Revenue Service) y los impuestos federales. Así que después de todo, los independentistas, soberanistas, estadolibristas y estadistas son aparentemente diferentes por fuera pero, por dentro, igualitos todos; colonialistas jaibas dependientes de la metrópolis y las ayudas federales.

El mundo entero admite que el colonialismo es un sistema degradante del ser humano que nos convierte en caballos de trabajo para el colonizador. Desde 1898, con la firma del Tratado de París, Puerto Rico se convirtió en una posesión de los Estados Unidos. Nada ha cambiado este hecho. Los norteamericanos han hecho con su territorio lo que les ha convenido. Esa es la esencia de las colonias; servirle al colonizador. Tanto los recursos naturales como los humanos sirven las necesidades del colonizador, no las del colonizado. La colonia es como el bollo de pan para el colonizador con sus dos puntas que se las deja comer sin protestar. Por 113 años, todos nuestros políticos, seguidores y población de colonizados contentos le hacemos la vista larga a este hecho histórico.

Se habla mucho del puertorriqueño y nunca se menciona el colonizado.
Con 517 años de colonización en Puerto Rico y no se reconocen los efectos
en la personalidad del puertorriqueño que son resultado de este proceso
histórico. Quién no conoce su historia no se conoce a sí mismo. En este
momento de nuestra historia se hace muy relevante la famosa frase del
fenecido John F. Kennedy; "no preguntes que puede hacer tu país por ti sino
qué puedes hacer tú por tú país". En 517 años de colonialismo en Puerto
Rico, nunca hemos tenido el poder de decidir nuestro propio paradigma
de desarrollo económico.

Nunca hemos asumido esa responsabilidad y siempre hemos preferido, cómo
país el enlatado, que se nos envía de las metrópolis. La dependencia como
pordioseros nacionales nos caracteriza. Las luchas tribalistas por pretender
ser mejores administradores que el contrario caracterizan nuestro debate
político. Cada cual sin plan de desarrollo; sólo con hambre de repartir el
bacalao para los suyos.

En la cadena CNN, así como en periódicos de los Estados Unidos, se reseñó
la visita de Obama como una inconsecuente para Puerto Rico, descrito
como un territorio sitio de vacaciones que a pocos le importa. La percepción
generalizada fue que iba en consecución de los 50 millones de votos hispanos
en su carrera para su re elección. Las respuestas dadas a este periódico por
Obama en relación al "status" de Puerto Rico hacen claro que la máxima de
Alejandro el Grande sobre sus territorios, "divide et imperas", guía al gobierno
norteamericano y al presidente. La medianoche con García Padilla es simbólica
de esta estrategia de división. Cuando CNN hizo mención del "status", detalló
que el presidente apoyaría la decisión del pueblo de PR, ya sea independencia,
estadidad o "algún grado de autonomía", refiriéndose al ELA.

Es obvio que al gobierno de los EEUU no le interesa mucho otorgarles a los
colonos todo el poder soberano que se obtiene bajo la independencia o la
estadidad para dirigir nuestros destinos; la colonia es su "status" preferido.
Lo triste del caso es que por todos estos años nos hemos conformados con
ese; algún grado de autonomía y dada nuestra división interna y falta de
consenso, eso es lo que nos depara el futuro.

En la cueva que vive muchos en Puerto Rico no distribuyeron el informe
del Presidente Obama. Tampoco se enteraron lo que se ha publicado a

nivel internacional sobre las relaciones entre Puerto Rico y los Estados Unidos. Gracias al Presidente Obama, el mundo entero, excepto muchos puertorriqueños, hoy en día saben que PR es una posesión territorial de los EEUU desde la firma del Tratado de París en 1898. Saben todos que desde entonces PR ha sido gobernado por los EEUU mediante decretos presidenciales y legislación del Congreso y está subordinado a la Constitución de los EEUU en su cláusula TERRITORIAL, así descrito por el Tribunal Supremo de los EEUU en los Casos Insulares.

Hace claro que esto es así. Aunque PR cuenta con cierta relativa autonomía interna que debe ser respetada, pero que puede modificarse unilateralmente por el gobierno norteamericano. También hace claro el informe que si cualquier cambio de esta relación, ya sea hacia la estadidad o la independencia, tiene que ser legislada por el Congreso y aprobada por el Presidente de los EEUU. El ELA es una colonia y todo el MUNDO lo sabe excepto muchos puertorriqueños y unos cuantos feligreses obstinados populares. Le recomiendo a todos actualicen sus conocimientos para que no le vuelvan a dar la cogida de zoquetes que nos dieron en el 1952 con el establecimiento del ELA.

En la política no hay posiciones, solo favorecidos. Quién no tiene una base poblacional que lo favorezca no tiene nada que buscar en la política. La política en Puerto Rico no es el escenario donde se discuten las mejores prácticas administrativas. Es donde se lucha por el poder sobre grupos poblacionales adversarios. Se glorifica al líder para así ocultar la burda lucha por el poder de unos grupos sobre otros. En apariencias diferentes, en realidad iguales, en su deseo por el poder y control sobre los demás, así son los partidos políticos.

En mis 61 años de vida, nunca había leído un escrito superior al del "Obama's Task Force sobre Puerto Rico". Felicitaciones. Ningún partido político o líder en la Isla ha podido articular una descripción tan precisa, concisa y correcta de la situación de Puerto Rico de su pasado, presente y futuro. La espera valió la pena, como dice Marc Anthony. Se habla en este informe de todo lo que es relevante, importante y fundamental para todos los puertorriqueños. El informe carece de la bazofia y basura del diálogo existente en Puerto Rico.

Está hecho de manera bien informada, objetiva y toca todos los tópicos relevantes para la vida en PR hasta cómo manejamos nuestros desperdicios. Él que no entienda de este informe que PR es propiedad de los EEUU desde el 1898 y de que el "status "actual es colonial debe de regresar a primer grado. Es meridianamente claro que, por primera vez en nuestra historia, el colonizador norteamericano le interesa saber mediante voto popular nuestro sentir sobre la relación legal que nos une a ellos y aceptan nuestras diferencias e idiosincrasias sin rechazo obvio del presidente.

El informe también hace claro que la situación económica de PR depende de una decisión pronta sobre el "status" y no al revés, como nos han hecho creer todos los políticos del patio. Si lo deseamos, lograremos la estadidad o la independencia en las tonalidades aceptables constitucionalmente. Por esto nos urge seguir la recomendación del comité de tener dos votos; el primero, estadidad vs. independencia y el segundo, la tonalidad de estas según preferidas - A. Independencia total o Libre Asociación o B. Estadidad o ELA, territorio colonial. Lo más importante es que el informe reconoce que somos nosotros y no los partidos políticos o chanchulleros quienes tenemos que decidir. Es claro que el informe les da "F" a los partidos políticos en PR y, por primera vez en nuestra historia, los EEUU están dispuestos a oírnos al pueblo de Puerto Rico. ¿Qué esperamos? Estadidad vs. independencia ahora.

Puerto Rico está en guerra civil no declarada contra el colonialismo, los colonizadores y sus súbditos alcahuetes - el gobierno. La cultura de la droga, la economía subterránea y la corrupción rampante mantiene a flote la colonia en bancarrota. Los colonos embriagados e indoctrinados por la Gran Mentira Colonial del gobierno propio del ELA que no existe. Pero llega el Internet con todas sus conexiones sociales e informativas y desengañan a los colonos en negación y aclara el Presidente Obama que Puerto Rico es un territorio subordinado al poder del Congreso norteamericano que es sinónimo con colonia.

Estipula oficialmente que cualquier y todo cambio a la presente relación de propiedad que tiene los EEUU con Puerto Rico TIENE que ser aprobada por el Congreso y NO es suficiente que nosotros digamos que queremos independencia, estadidad o ELA con o sin cambios. A pesar del baño de agua fría, el PPD insiste que esa no es la realidad y los comentaristas en la televisión norteamericana se mofan del candidato a la gobernación que prefiere vivir enajenado de la civilización moderna. La Organización de las Naciones Unidas (ONU) aclara a los fanáticos independentistas de que la estadidad es una alternativa descolonizadora; cara pero la de mejor dividendos económicos para los colonos.

En Puerto Rico no se puede hablar propiamente del estado de Puerto Rico. El estado reside en Washington, y desde allí ejerce sus funciones de gobierno. Allá se legislan las leyes que regulan nuestro comportamiento en las áreas esenciales como la moneda, comercio, migración poblacional, tipo de gobierno, líneas de autoridad a seguir y defensa entre otras áreas y funciones correspondientes al estado. Esto se da sin participación efectiva de los puertorriqueños en estas funciones. Ciertas decisiones de menor calibre son tomadas por el gobierno local; semejante situación a la que caracterizó al Imperio Otomano en la historia antigua. Esta situación así descrita aquí es la definición de lo que es una colonia. Todos en el mundo, excepto que seas popular, admiten que PR es una colonia de los EEUU desde el 1898.

Por ser el colonialismo condenado por la comunidad internacional, los EEUU en confabulación con el PPD decidieron negar públicamente ante la ONU la condición colonial de PR; esto a cambio de inversiones monetarias significativas para PR provenientes del contribuyente norteamericano. El estado norteamericano se convierte en el principal benefactor de Puerto Rico. Esta condición de benefactor es resentida por muchos norteamericanos, especialmente ahora por el Tea Party. La dependencia de PR no es con los alcahuetes locales seudo estado, sino con el contribuyente norteamericano propiamente hecho a través del estado benefactor de los Estados Unidos.

Es un hazmerreír nuestra patética situación colonial donde el colonizador le deja saber al colonizado que nos peleamos como perros hambrientos por las ayudas federales. Nos miran y se ríen de nuestra patética complacencia viviendo en una lucha tribalitas trivial que sólo esconde nuestra falta de productividad, irresponsabilidad e incompetencia administrativa. Es como comparar chinas con botellas al tratar de hacer una analogía entre los estados y Puerto Rico en su búsqueda de mayores poderes contra el gobierno federal.

Los estados son soberanos y comparten su soberanía con el gobierno federal y es el conjunto lo que hace el gobierno federal superior. El gobierno federal está compuesto por representación de cada estado de manera equitativa en el Senado y proporcional a la población en la Cámara de Representantes. Puerto Rico sigue rigiéndose por la Ley Jones 1917 así dispuesto en la Ley de Relaciones Federales, la Ley 600. En esta ley claramente se establece que PR es una posesión territorial de los Estados Unidos por virtud del Tratado de París de 1898, y como tal, está sujeto a los poderes plenarios del Congreso así dispuesto en la Constitución de los EEUU. No existe pacto de poderes compartidos entre los EEUU y PR; eso es una mentira que nuestros políticos repiten como el papagayo para enmascarar la colonia.

Es el esfuerzo colectivo lo que define una comunidad y lo distingue de mucha gente en un mismo sitio. Nuestra historia ha sido la de mucha gente sin identidad grupal nacional en lucha continua por sus puntos de vista particulares. Para poder atender el problema del divisionismo en la sociedad puertorriqueña de manera efectiva y eficiente, todos eventualmente debemos buscar los orígenes de este divisionismo destructivo. En algún momento, se darán cuenta que 517 años de colonialismo y políticas imperiales de "divide et imperas" en Puerto Rico es la pieza del rompecabezas que falta.

Entonces y sólo entonces, unidos todos podremos elaborar un plan de desarrollo social, de infraestructura y económico de manera colectiva que sea viable, sostenible y autosustentable basado en los esfuerzos y trabajo de todos. Cuando sepamos a dónde nos dirigimos todos como pueblo unido, entonces y sólo entonces, sabremos aprovechar y hacer mejor uso de nuestra relación con los Estados Unidos. Somos nosotros los que tenemos que, de una vez y por todas, terminar con el sistema opresivo, infrahumano y no democrático del colonialismo en Puerto Rico.

El reciente informe de Obama claramente establece que PR es gobernado y ha sido gobernado por el Congreso de los EEUU y decretos presidenciales y así seguirá siendo hasta que el CONGRESO decida cambiarlo. ¿Es esto lo que la nación de PR merece como sus derechos democráticos? Estamos gobernados por la Constitución norteamericana bajo su cláusula territorial en la cual ningún puertorriqueño participó o tiene voto para modificar. Si esto no es poder salvaje de una nación contra otra, no sé qué pueda serlo.

Este es el comportamiento característico del colonizado enajenado de sus circunstancias históricas y sociopolíticas.

Por primera vez en nuestra historia como colonia, un colonizador - en este caso Honorable Presidente Obama - nos pregunta directamente al pueblo sobre nuestro sentir en cuanto a la relación política legal entre Puerto Rico y los Estados Unidos. Todos en los EEUU, tras leer el informe de la Casa Blanca, han admitido que PR es una colonia de los EEUU subvencionada con dineros de los contribuyentes norteamericanos. Muchos contribuyentes norteamericanos organizados en el "Tea Party" nos consideran unos vagos viviendo del mantengo federal. En este momento, están decididos a cortar las ayudas federales o a cerrar el gobierno federal.

La condición colonial de Puerto Rico es un asunto serio que merece toda nuestra atención y esfuerzos intelectuales para resolverlo. No es sorprendente que muchos confundan el proceso de colonialismo con el proceso de asimilación cultural; tampoco es sorprendente que muchos lo confundan con la lucha por la administración colonial.

Es triste y paradójico oír a aquellos que reclaman la soberanía del territorio de Puerto Rico y, a la vez, reconocen que están quebrados y pelaos sin dinero para comprarlo. Actúan como si los americanos son Santa Claus en persona. Peor aún es oírlos, cuando al darse cuenta que actúan como perro flaco soñando con longaniza, denigrarnos a todos nosotros a nivel de lumpen y ghetto cuponera. Es una contradicción obvia estar orgulloso de ser puertorriqueño y se denigrase a sí mismo y a sus semejantes con adjetivos y estereotipos peyorativos. En qué quedamos, ¿podemos o no comprar nuestro hogar? ¿Estamos confiados que con nuestro trabajo podemos pagar la hipoteca y hacerla un mejor hogar o no?

Rubén Berríos sigue insistiendo en no querer oír al pueblo puertorriqueño expresarse libre y democráticamente en las urnas sobre nuestra relación con los Estados Unidos mediante el voto popular. Escribió historia en la pasada vista del Senado de los EEUU en su comité de Recursos Naturales oponiéndose a la expresión del voto popular del pueblo de Puerto Rico. Ahora, con su apoyo al plan de Fortuño, parece que confía más en la inteligencia del pueblo o ¿será sólo esto puras apariencias?

Esta es una realidad inevitable - ayudas federales a cambio de la propiedad territorial. La negación del colonialismo está tan engranada en nuestra personalidad que no lo vemos como algo normal en la transacción. Las ayudas federales han sido la retribución económica a la cual se comprometió los Estados Unidos con los ciudadanos de Puerto Rico al firmar el Tratado de París con España en 1898. Desde entonces, son dueños de PR y han parcialmente cumplido con su responsabilidad de tratar de manera humana a los ciudadanos de la Isla al momento de su toma de posesión mediante las ayudas federales y la otorgación de la ciudadanía americana a los puertorriqueños.

Por 113 años, nuestros políticos han vivido de este arreglo; se han constituido como una clase aparte al pueblo reclamando representación absoluta de los intereses de los norteamericanos y los del pueblo de Puerto Rico. Hasta ahora, han sido los negociadores de todo arreglo político y económico con los EEUU. En otras palabras, han validado el colonialismo en Puerto Rico. Ya es tiempo de reclamar el poder de decidir nuestro futuro y no de vivir de las dadivas del Tío Sam. Somos nosotros quienes tenemos que decidir cuál es el mejor negocio para beneficio del pueblo y no para los partidos políticos. Mientras sigamos pensando como partidarios políticos y no como pueblo, sólo le servimos a los intereses de los políticos y no los nuestros. La colonia sólo le sirve a los intereses de los EEUU y sus lacayos.

Recientemente vimos cómo los abusos policíacos en Egipto fueron capturados mediante comunicación electrónica mundialmente hasta que la presión mundial logró el cambio deseado. Algo semejante ocurre en Puerto Rico; mientras la mayoría de los norteamericanos saben que PR es una colonia, paradójicamente la mayoría de los puertorriqueños no lo saben. Cada día más, los norteamericanos usan el Internet para educarse y nosotros para insultarnos entre nosotros. La tecnología está ahí pero depende del individuo su uso y la utilidad que se le dé.

Este proceso político de cuatrienio en cuatrienio no es único ni distintivo de Puerto Rico. Recientemente lo vimos pasar en los Estados Unidos con las elecciones del Congreso y ocurre en todos los países con procesos democráticos. Lo que es único de Puerto Rico es ver cómo el proceso eleccionario político oblitera el proceso de la evolución normal de los procesos democráticos como sociedad. El colonialismo es un vestigio del imperialismo de las naciones poderosas contra las más débiles.

Es un proceder anti democrático donde la nación más fuerte impone su gobierno hacia la más débil mediante el uso de su poderío militar. En Puerto Rico, la historia delata la contradicción y paradoja de los partidos políticos que con sus estilos propagandísticos reclaman independencia, soberanía, pan tierra y LIBERTAD y son los mismos que se oponen al voto popular. Las acciones y las palabras se contradicen y son mutuamente excluyentes. Por esto pisan y no arrancan y van destinadas a mayores fracasos eleccionarios.

El voto popular y la expresión del pueblo en los asuntos políticos es desde los tiempos de los griegos como Pericles el fundamento de la democracia. El estado colonial es condenado por los países democráticos y su resolución debe ser responsabilidad de todo ciudadano responsable y conocedor de los procesos democráticos. El peor mal no está en tener un término eleccionario de cuatro años. El mal está en usar la preferencia del estatus para coartar los derechos democráticos de los partidos de oposición y peor aún, del pueblo de Puerto Rico para su autodeterminación política.

En Puerto Rico la democracia se perdió de perspectiva hace 517 años. Lo que existe en Puerto Rico es una seudo-democracia que sirve para encubrir el colonialismo por consentimiento mutuo. Es una comparsa cada cuatro años para desprestigiar la oposición; un continuo berrinche y lloriqueo de clichés obsoletos sin aportar ideas constructivas que promuevan la evolución de los procesos democráticos y la evolución de Puerto Rico hacia una sociedad madura actualizada con las prácticas políticas de los tiempos presentes.

Ahí es donde la puerca torce el rabo. No hay ni ha existido consenso entre los puertorriqueños para obtener el título de propiedad que actualmente tienen los norteamericanos sobre Puerto Rico por virtud del Tratado de París de 1898 para nosotros los puertorriqueños. Peor aún, seguimos escondiendo la realidad de que NO somos dueños de las Islas de Puerto Rico. Ya es tiempo de hablar con la verdad y consensualmente rescatar a Puerto Rico para nosotros. Y como quiera que lo pongas, hay que invertir en nuestro futuro con dinero y trabajo. La morbosidad del colonizado es la continua lucha fratricida político partidista. Todo y cualquier cosa que provenga de partidos opositores es digno de burla y ridiculización.

Esto no es único de la Isla; los negros se matan entre sí a mayor número que blancos matan negros. Lo que es inconcebible es que no aceptemos que estamos en guerra civil promovida por el colonizador y sus medianoches para así mantener el poder imperial sobre el territorio. Como zánganos detrás de la abeja reina, le hacemos el trabajo de la destrucción de un sentido nacional consensual anticolonial. El derecho internacional reconoce la estadidad, la independencia y la libre asociación como fórmulas descolonizadoras y nosotros continuamos en negación de nuestra situación colonial y persistimos en negarle al contrario su derecho a una solución legítima anti colonial. El PIP y el PNP son los únicos con conciencia histórica defensores de nuestros derechos inalienables al apoyar el próximo plebiscito sobre "status" en Puerto Rico.

Dr. Leakey propuso cambiar el nombre de Homo Sapiens para Homo Caníbales, pues el ser humano es en sí su principal predador. La historia de la humanidad es la historia de las guerras entre las naciones de seres humanos. Aquí en Puerto Rico no somos puertorriqueños sino "contra puertorriqueños". Cada cual reclama el patrimonio de la puertorriqueñidad e invertimos más tiempo en negársela a nuestros hermanos para vendérsela a la metrópolis por unas monedas en lugar de desarrollarla consensualmente nosotros. Carecemos de una identidad nacional por la eterna lucha tribalista entre nosotros.

Esto se cae de la mata. Nadie va a señalar a un criminal cuando sabe que el próximo asesinato será él de la persona que lo delató. Igual ocurre en nuestra situación colonial. ¿Por qué delatar a los Estados Unidos de cometer el crimen del colonialismo cuando sabemos que si lo acusamos, nos mata a todos eliminando las ayudas federales y trabajos federales?

Familia es un término fácil de definir desde el punto de vista del científico social. La familia es un grupo de personas que co-existen dentro de "techo" comunes, comparten un pasado, un presente y un futuro común. El problema en Puerto Rico es que no nos ponemos de acuerdo quién es familia y quién no. Hemos compartido un pasado, un presente y un futuro común con los norteamericanos. ¿Son ellos parte de nuestra familia o no? Cuando contestemos consensualmente esta pregunta y estemos de acuerdo de que los norteamericanos son parte de nuestra familia, podremos entonces lograr las aspiraciones de la estadidad.

Es triste que la mediocridad sea aceptada en beneficio del interés sectarita e individual. El gran disfraz de esta estrategia mafiosa partidista es la lucha por el status. Tenemos la oportunidad de quitarles la excusa a los políticos incompetentes al descolonizar a PR y tomar las riendas de nuestro futuro, pero el frío olímpico nos hace temblar y nos mantiene mudos y paralizados a la merced de estos políticos que tanto odiamos.

Fue la ingenuidad la que mató al gato, no la curiosidad. Los partidos políticos en Puerto Rico son claques exclusivas con maquinarias permanentes que funcionan como corporaciones privadas. No sabemos quiénes somos, ni donde vivimos, ni lo que realmente queremos, pero juramos lealtad a estas claques que sólo defienden sus intereses de grupo y no el bienestar común de todo el pueblo de Puerto Rico. Desde 1898, no somos parte de la comunidad europea pero seguimos venerando a España como la verdadera madre patria.

Muchos en Puerto Rico ignorantes del derecho internacional y las soluciones posibles y aceptables por la comunidad internacional para el proceso de descolonización niegan que la estadidad es una solución legítima para la des- colonización de Puerto Rico hacia los Estados Unidos. Peor aún, no entienden el grado de soberanía e independencia que la estadidad implica para los puertorriqueños en Puerto Rico.

Dentro de todos nosotros los puertorriqueños existe un obediente, sumiso y subordinado colonizado que nos ata al estado colonial. Lo que está en juego es si un país, por un acto de guerra e invasión militar de otro país, pierde su derecho inalienable de decidir su futuro político. Si los Estados Unidos quieren o no entrar en negociaciones para incorporarnos como un estado o establecer un verdadero pacto de asociación son otros veinte pesos. Ningún partido, movimiento político o individuo ha podido movilizar al pueblo de Puerto Rico para consensualmente reclamar este derecho inalienable de todo país; derecho reconocido por toda nación representada en la ONU.

Ningún partido político, movimiento político o de la sociedad civil o individuo en Puerto Rico NUNCA ha incoado una demanda ante el Tribunal Supremo de los Estados Unidos o Tribunales Internacionales reclamando este derecho para todos nosotros. Aquí es cuando la personalidad colonizada en todos nosotros se hace manifiesta.

Interesante por demás ver cómo la historia se repite. Las luchas internas tribalistas características del colonizado han sido el pan de cada día en los movimientos pro-independencia en Puerto Rico. Es posible que esta situación de muchos jefes y pocos indios sea factor causal de que no hayan alcanzado completo éxito en las elecciones generales en la Isla. Sin embargo, es sólo un ejemplo de la lucha generalizada de hermanos contra hermanos que han mantenido al colonizador (el español y el norteamericano) en el poder por los pasados 517 años en Puerto Rico.

Es una expresión de la inmadurez de los individuos y la cultura en la colonia. La lucha por las migajas de pan que caen del plato del colonizador nos hacen enemigos de nuestra propia familia. Este pasado año vimos la repetición una vez más del infantilismo político predominante en nuestros supuestos líderes políticos en las vistas del Congreso de los Estados Unidos respecto a la situación política entre Puerto Rico y los Estados Unidos. La comedia del absurdo se repite continuamente a todos los niveles de nuestra sociedad.

¿Cómo es posible que seres humanos inteligentes unidos por un pasado, un presente y un futuro común no puedan llegar a un consenso respecto a que la relación política entre Puerto Rico y los Estados Unidos es indispensable discutirla abiertamente y modificarla? No es cuestión de inteligencia sino de egos. La personalidad colonizada en todos nosotros nos lleva a seguirles el juego de "divide et imperas" de los colonizadores. En estas vistas del Congreso de los EEUU, los supuestos líderes del pueblo hicieron gala de sus egoísmos personales y convirtieron la esencia del problema de Puerto Rico ante el Congreso; la falta de comunicación entre colonizador (gobierno de los Estados Unidos) y colonizado (el pueblo de Puerto Rico) en una reducción partidista de Estadidad vs. Independencia vs. Estado Libre Asociado.

Todos se relamían como perros hambrientos; cantaban éxito personal y quién se quedó sin comer y sin oportunidad de expresarse ante el Congreso de los Estados Unidos fue el pueblo de Puerto Rico. Ya es tiempo de que estos supuestos líderes del pueblo de Puerto Rico superen sus inseguridades personales y antepongan sus egos a favor de una comunicación abierta del pueblo de Puerto Rico con el Congreso de los Estados Unidos que nos lleve a modificar este estado de subordinación colonial al cual los colonizadores y nuestros líderes políticos nos han condenado por los pasados 517 años.

Es interesante el asunto de mayorías y minorías. Puerto Rico ha sido minoría, somos minoría y seguiremos siendo minoría; no importa el " status' que seleccionemos. Como ELA, somos y seguiremos siendo colonia; la minoría de los países en el mundo son colonias. Con la Independencia, la Libre Asociación o la Estadidad seguiremos siendo minoría. La mancha del plátano no se borra.

Con la Independencia, la Libre Asociación, o la Estadidad tendremos poder político, como la mayoría de los países del mundo no coloniales. Pero seguiremos siendo minoría en términos poblacionales, recursos naturales, y poder político mundialmente.

Esta es nuestra realidad de cualquier manera que se vea, ¿o no? Si fuéramos estado de los Estados Unidos, seríamos una minoría como el único estado Hispano. Pero con poder político bajo la Constitución de los EEUU, veintiséis otros estados tendrían menor representación que nosotros. Aun siendo minoría en el Congreso con un presidente negro y minoría en los EEUU, seremos minoría. Con la independencia o la soberanía, sin las ayudas federales seremos una economía minoritaria mundialmente, excepto que los chinos, japoneses, norteamericanos, venezolanos, cubanos o rusos decidan invertir en el estado de PR y decidan financiar nuestra autonomía, independencia o soberanía.

Visto desde el punto de vista local, ningún puertorriqueño es mayoría, excepto los colonialistas que son mayoría en Puerto Rico pero que son minoría, mundialmente hablando. Si eres estadista o te mudas a los EEUU, no eres puertorriqueño porque eres pitiyanqui, nuyorican o vende patria. Si eres soberanista, no eres puertorriqueño porque no eres independentista. Si eres independentista, no eres puertorriqueño porque no eres del MUS, Hostociano o pipiolo. Como quieras que lo pongas, somos y seremos minoría todo el tiempo.

La arenga que incita la lucha entre nosotros no conduce a unidad de propósitos. El cambio social, al igual que el personal, es lento. El hábito obliga el comportamiento. No es sino con una dosis alta de autoanálisis, pensamiento crítico, convicción propia y mucho esfuerzo que el cambio se dará paulatinamente. Puerto Rico ha vivido 517 años de ser una colonia primera de España y ahora de los Estados Unidos. Ser una colonia se define por la ausencia del poder gubernamental en el país. La nación colonizadora ejerce su control en base a su poderío militar y económico en ausencia. Esta ausencia de control propio e internos propicia el resentimiento desgano y rebeldía de la comunidad colonizada.

El desarrollo de las colonias va en función de las necesidades de la metrópolis. Nunca en nuestra historia nadie ha logrado diseñar un plan de desarrollo estructural propio en el cual cimentar nuestro desarrollo económico en base a nuestras necesidades y no la de las metrópolis. Por eso es importante el proceso de descolonización de la Isla. Sólo a través de la Estadidad, Libre Asociación o Independencia habremos de capturar el control de nuestros asuntos para así tener el poder y la responsabilidad de sentirnos dueños de nuestro futuro como comunidad autosustentable y sostenible, producto de nuestros esfuerzos colectivos.

La arrogancia del colonizado no tiene límites. Peor aún es el procesamiento selectivo de la información a su conveniencia. En 1952, el pueblo de Puerto Rico en referéndum aprobó una Constitución y una Carta de Derechos a imagen y semejanza de las norteamericanas. Con este acto se convierten en la Commonwealth de Puerto Rico. Tácitamente abdican a la soberanía estatal con la adopción de la federal. Esta fue la estocada mortal a la independencia para PR, que en aquellos momentos era favorecida por los Estados Unidos y por una virtual mayoría belicosa en Puerto Rico. La persecución, tortura, fichero, encarcelamiento, abuso y crueldad hacia todo aquel que profesaba la Independencia fueron la orden del día en nuestra historia. Tanto fue así que los que profesaban la autonomía o soberanía desarrollaron un miedo patético a llamarla por su primer nombre, Independencia.

La anexión de PR a los EEUU es un evento pasado que ocurrió en el 1898. España les regaló a los norteamericanos la isla de Puerto Rico con todo y los animales en el hato. Somos colonia y a los seres vivientes en el suelo boricua se nos trata como colonizados. El problema de los independentistas es que no saben cómo poner la gente a trabajar y vivir solo de sus recursos, no los dineros de los norteamericanos, el problema de los soberanistas es que le tienen miedo a la soberanía y como el adolescente quieren libertad financiada por los padres.

La conducta del Dr. Roselló fue inapropiada al hacer el planteamiento en la Organización de Estados Americanos (OEA) y no en el Congreso de los Estados Unidos sobre la relación entre Puerto Rico y los Estados Unidos, y en nada ayudar a conseguir la estadidad para Puerto Rico. Su comportamiento en las vistas del Congreso sobre PR fue infantil y se comportó como un niño engreído. Todos los políticos coloniales tratan de imitar a LMM, el poeta de la política puertorriqueña, pero no lo consiguen. En lugar de educar al pueblo, se dedica a endiosarse a imagen y semejanza de LMM.

Él quien con su carisma convenció a todo el pueblo de PR a endosar el colonialismo al aceptar la Ley de Relaciones Federales (ley 600) y el ELA. Todavía en el presente, los engaños de LMM son pregonados como verdades propias y no como la cogida de pendangas que los EEUU diseñaron para mantener su propiedad colonial. A pesar de que muchos populares se han dado cuenta y han tratado de cambiarlo, como Fernós Isern, todavía no admiten por miedo a la ridiculización la cogida de pajuatos que le dieron los norteamericanos.

Hasta el Presidente Obama, lo publica en español e inglés y dice claramente en su informe de 2011 que PR es una POSESION TERRITORIAL de los EEUU que es y seguirá siendo gobernada por el Presidente, el Congreso y el Tribunal Supremo de los EEUU. Así como España nos regaló a los EEUU como un hato lleno de reses, nos comportamos como becerros al no entender que nos dicen claramente que somos colonia y, como colonia, no merecemos ningún trato mejor. Parece que nos gusta coger fuete por el de atrás como sumisos colonizados.

La cultura de Puerto Rico la define el colonizado en base a su preferencia por el colonizador, español o norteamericano. La realidad es que la cultura es un ente dinámico y complejo, mosaico de múltiples y diferentes individuos con diferentes antecesores y costumbres. Todos seres humanos. Aún en el idioma, todos compartimos una gramática genética innata común, presente al nacer, que nos une a todos los seres humanos y hace que todos los idiomas tengan un mismo origen, según Noam Chomsky. El colonizado se dedica a crear conflictos y divisiones, más que consensos de acuerdos de ayuda mutua entre culturas diversas y carece de una identidad integrada de su ser.

La democracia parece tener dos definiciones, una para el colonizador otra para la colonia. Con la mayoría simple los colonizadores cambian su presidente y a todos sus congresistas. Con una mayoría simple, los colonos no cambiamos nada. Hay que ser bien ñangotado para defender esta postura con doble cara del Presidente Obama respecto a cambios en la presente relación entre PR y EEUU.

Los efectos negativos del proceso de colonización en PR por los pasados 517 años no podemos seguir ignorándolos. El cambio de "status" no los resuelve mágicamente, pues estos efectos nocivos están engranados en nuestras personalidades, y es más fácil ver la paja en el ojo ajeno que en el propio. El día que en que se desarrolle un consenso ínter subjetivo, generalizado anteponiendo el bienestar colectivo con una coherencia social integral y nacional, en ese momento comenzaremos la restructuración comunitaria hacia una sociedad madura y saludable.

La gansería en los puertorriqueños es un mecanismo de defensa contra el problema colonial. El problema principal del puertorriqueño es su historia, casi permanente de sumisión y subordinación. Sumisión y subordinación que son resultantes del proceso de 517 años de colonización en Puerto Rico. La subordinación en las relaciones interpersonales ha sido estudiada extensamente. La subordinación ha sido incriminada como causante de enfermedades psiquiátricas y droga adicción. La gansería es para el colonizado lo que era el baile y la música para el negro esclavo.

La independencia de Puerto Rico de los Estados Unidos es un sueño irrealizable. La producción nacional es pobre y la mayoría prefiere vivir sin dar un tajo ni en defensa propia, excepto para defender el punto. El Seguro Social les da que comer y barriga llena corazón contento. Los llamados independentistas que votaron a favor de la colonia con el PPD no son independentistas; sólo son vela güiras que se unieron al Vela Güiras Mayor, el PPD.

La mentalidad reduccionista, simplista y colonizada confunde las ramas con el árbol y ni siquiera considera que exista el bosque. Puerto Rico y los puertorriqueños en los Estados Unidos se han convertido en el voto decisivo en muchas elecciones, incluyendo la presidencial. El poder electoral de los hispanos es sin duda razón suficiente que justifica la visita presidencial a PR por Obama. Bush se dio cuenta de esto y hablaba español goleta tan pronto podía y así logró más votos hispanos que ningún otro republicano anteriormente, y así le gano a Gore.

Obama aprendió del error de Gore quien no se preocupó mucho por atraer a los hispanos. Obama aprovechó la gran masa de puertorriqueños que se mudaron a la Florida que, contrario a los cubanos que han favorecido a los republicanos, nosotros tradicionalmente y mayoritariamente favorecemos a los demócratas. Ese es el significado de la medianoche; lo otro son cuentos y fantasías. Obama es demócrata y nosotros le dimos la victoria en su elección pasada con el voto en la Florida claramente puertorriqueño. Los que estamos hablando somos nosotros. Nuestro creciente poder electoral para decidir elecciones en los EEUU es obvio, excepto para aquellos con los complejos de inferioridad colonizados. Los puertorriqueños y los hispanos estamos hablando cada vez más fuerte en los EEUU y ya es imposible ignorarnos.

La polémica por la visita del gobernador de Puerto Rico a la madre patria, España, no es tan profunda y sofisticada como aparenta. Es simplemente la lucha infantil de hermanos colonizados para lograr saber quién es el preferido de mamá (España), ¿los populares o los estadistas?

La política en Puerto Rico es como el juego de la gallinita ciega. Ninguno sabe lo que el Congreso de los EEUU va aprobar y que nos gobernara a todos sin poder participar equitativamente en la aprobación de esas leyes y reglamentos. Los siglos pasan y el pueblo ciego a esta realidad. Algunos dicen somos como los estados; tenemos gobierno propio, si Pepe. Cualquier cosa que se decida aquí tiene que tener el visto bueno allá. Independencia o estadidad, sólo se obtienen si el Congreso de los EEUU lo aprueba.

El estado colonial es sólo aceptado por los populares, pues en los EEUU lo ven como una violación de los derechos democráticos de un pueblo en términos de no tener participación proporcional y justa en los procesos políticos que nos regulan; sólo justificada por la jaibería de no pagar impuestos federales. Cuando la realidad es que el pago de impuestos federales, será menor que lo que al presente le pagamos a los incompetentes administradores coloniales.

La sociedad puertorriqueña está permanentemente dividida por el carimbo tricolor del colonialismo. Desde los tiempos antiguos, los conquistadores sistemáticamente dividían los pueblos conquistados para así imponer su poder imperial. La violencia interna en el país, el estado de guerra civil no declarado, es un buen indicador de nuestra inmadurez cultural. Día a día, nos peleamos entre hermanos cuestionando la identidad del prójimo como si fuese un extraño. El colonialismo nos ciega y no podemos reconocer la familia; le asignamos otra identidad cuando no comparte nuestras preferencias partidistas.

En la colonia, la guerra entre favorecedores del colonizador y los que están en contra es equivalente a la guerra entre moros y cristianos y comunistas versus capitalistas. Es una verdad conocida por los científicos sociales que el mejor detente de la violencia y la criminalidad en una sociedad es la organización y unión social. Mientras continuemos promoviendo la guerra entre la ciudadanía y el gobierno, entre partidos políticos y contra la policía, las agencias de justicia nos convertimos en cómplices del aumento de criminalidad. Mientras más discordia, mayor será la violencia entre hermanos que sólo luchamos por nuestra sobrevivencia en un mundo de pobreza colonial.

La subyugación y subordinación psicológica del colonizado es compensada con el hedonismo extremo. En el esclavo africano, el sexo y baile; en el jibaro puertorriqueño, el sexo sin contraceptivos con la consecuencia manifiesta en tener muchos hijos. La culpa es nuestra cuando nuestros instintos primitivos dominan nuestro comportamiento. Recuerdo una cita de Carlos Santana en celebración de la hispanidad en los Estados Unidos él dijo, "los hispanos usamos los genitales para pensar, no el cerebro".

Las aspiraciones del colega y tocayo, Dr. González, para la candidatura a la gobernación por el PNP sólo le dejará pérdidas económicas y una gran decepción con la política puertorriqueña a él y a su familia. Las posibilidades de que Fortuño gane las próximas elecciones generales son casi un 65%. La pregunta es, ¿por cuántos votos gana?"

Las dicotomías son sólo apariencias en angustiosa búsqueda por la falta de identidad nacional. La realidad histórica en Puerto Rico es que hemos tenido dos colonizadores, España y los Estados Unidos. Dos culturas diferentes con idiomas diferentes, ambas en proceso dinámico de cambio. Los únicos que nos resistimos al cambio social y cultural y persistimos en el "status quo" somos nosotros los puertorriqueños. El primero estuvo 405 años culturando; el segundo, 113 años.

El estado de perenne colonización en PR ha entorpecido el desarrollo de nuestra propia síntesis cultural puertorriqueña. Todos temen a la pérdida de identidad en esta síntesis cuando es lo contrario; es sinónimo de crecimiento y maduración. El status político colonial y nosotros mismos, por nuestras preferencias por tal o cual colonizador, somos los principales obstáculos para el nacimiento de esta síntesis cultural, la puertorriqueñidad.

Lo difícil de reconocer en la personalidad es lo propio, lo semejante. La tinta blanca es irreconocible en el papel blanco. La adolescencia, mejor conocida como los años tormentosos, está preñada de los mayores y más conflictos psicológicos que se enfrenta el ser humano. Esta etapa del desarrollo individual es análoga a la etapa de desarrollo que se encuentra la sociedad puertorriqueña. Es una embestida conflictiva entre las hormonas sexuales y las demandas sociales; proceso social paralelo entre el conflicto de colonización y el deseo de libertad y poder social para nuestra sociedad.

Período de decisión intenso donde se debate el ser. Momentos donde el significado de la vida, la muerte, la justicia, la lucha contra las autoridades y la jerarquía social son relativos e intercambiables. ¿Quiénes somos? ¿Quién soy? ¿Un criminal, un militar, un pillo, un Robin Hood, español, americano, puertorriqueño, socialista, capitalista, medico, abogado, escritor, vago, dependiente, jaiba, político......? La identidad exige definición pero es resistida ante la posibilidad de excluir la fantasía, vivida hasta entonces, de que somos seres todopoderosos.

Preferimos vivir el sueño de la adolescencia cuando todo lo que deseamos se nos provee por nuestros progenitores con mínimo esfuerzo, simultáneamente los odiamos hasta la muerte. Nos sentimos poderosos, casi dioses. Que podemos hacerlo todo no importa las consecuencias de nuestros actos. La muerte no existe en nuestras mentes. La realidad es que no podemos hacer lo que nos venga en gana, pues el bien común limita las ganas, y las fantasías de poder absoluto sólo son fantasías que agravan la tortura de la decisión de definirnos, excluyendo otras alternativas.

Los verdaderos méritos de la calidad, efectividad y eficiencia en los servicios gubernamentales en PR son sustituidos por la lealtad incondicional al partido y el encubrimiento de la mediocridad siempre y cuando sea de los propios. La fantasía de gobierno propio en la colonia se viene abajo. El colonizador gobierna y tiene la última palabra en cuanto a cómo se gastan sus dineros.

La federalización del gobierno estatal toca las puertas. El poder federal se hace sentir y hace claro que quien realmente gobierna a Puerto Rico; que es un Congreso el cual nosotros no hemos elegido y tampoco tenemos representación justa y proporcional. Le guste o no a los que favorecen el ELA para Puerto Rico, en la casa del amo no manda la servidumbre.

Lo que ha sido una falsa en Puerto Rico ha sido la presencia de todos los partidos políticos. Esta ha sido diseñada y orquestada por las agencias de inteligencia y la marina de los Estados Unidos. Hechos diferentes a los partidos norteamericanos y con sabor artificial de distintas ideologías locales todos cumplen la misma función; aparentar democracia en la colonia. Es equivocado pensar que los defensores de la colonia están todos en el PPD. Los defensores de la colonia están disfrazados de todos los colores de partidos y movimientos políticos. Es por esta razón que hemos permanecido por los recientes 59 años bajo un régimen colonial a pesar de los esfuerzos de la comunidad internacional en la ONU de descolonizarnos.

La posición oficial del Colegio de Abogados de Puerto Rico ha sido la de oponerse al control de las leyes federales en Puerto Rico. Parcializándose así con un sector de la sociedad puertorriqueña que favorece la independencia y la soberanía de Puerto Rico contra los Estados Unidos. Este es el típico comportamiento del colonizado que, negando la realidad, se cree que la realidad desaparece. Para el Colegio, el Tratado de París no existe y si existe, no le van hacer caso.

También es una conducta hipócrita, pues sólo representa la posición de un sector y no la totalidad de los abogados en Puerto Rico. El colegio es sólo un ejemplo más de cómo gobierno tras gobierno en PR han sido más autoritarios y dictatoriales que la Constitución Federal. Con apariencia de favorecer los derechos civiles de la población general, en realidad dejan ver su arrogancia y engreimiento de creerse los elegidos para imponer su particular visión mesiánica a todos quienes no piensan igual que ellos.

Los colonizados vienen de todos los colores y sabores. Los hay quienes escupen y maldicen al colonizador y los hay que se creen que los norteamericanos son dioses y no tienen fallas. Como buen y acomplejado colonizado se ñangotan y creen que solo tenemos el roto sucio para ofrecer en negociación. Dejémonos de complejos y comencemos a sentirnos orgullosos de lo propio.

Los federales sólo siguen sacando los trapitos al sol de nuestras instituciones policíacas. No es que estos señalamientos no se conozcan; es para muchos de público conocimiento. El problema es que a sabiendas no se corrigen. Para entender el porqué de esta situación, debemos recordar el año 1897, el Año Terrible para Puerto Rico; el gobierno de los componte de Romualdo Palacios. Desde entonces la guardia civil, el equivalente de la policía, arremetía contra todo ciudadano que no fuese leal al sistema colonial. Desde sus orígenes y al presente, continúan siendo ciegos defensores de la colonización en PR.

El adoctrinamiento ha sido internalizado y hacen propia la defensa del colonizador y su estado colonial. Los fines políticos de la institución se han convertido en su misión. Todo aquello que atente contra el colonialismo - la independencia, la libre asociación o la estadidad - es combatido por los sumisos adoctrinados colonizados. El desorden, el conflicto y la lucha partidista se encuentran grabadas en nuestro inconsciente colectivo de colonizados por los pasados 517 años. Esto contribuye a la perpetuación del colonialismo en Puerto Rico.

Válida así la necesidad de la intervención federal así como el poder del colonizador sobre su territorio. Solicitada a petición de sus lacayos, sumisos y alcahuetes. La defensa del bien común no está programada en la policía de PR ni en los ciudadanos porque en la colonia no existe el bien común, sino el bienestar de los rojos, azules y verdes. Los gringos son dueños de Puerto Rico y mandan aquí. Él que no entienda esto con estos mensajes debe de regresar a primer grado, pues se colgó. Noventa por ciento de los puertorriqueños están contagiados con el virus de la personalidad colonizada. El CONGRESO de los Estados Unidos es dueño y señor en Puerto Rico.

Los siglos pasan y el comportamiento del colonizado puertorriqueño sigue siendo el mismo; anquilosado en la dependencia hacia la metrópolis, el escapismo, tribalismo partidista y la poca producción nacional. El plan estratégico económico gubernamental sigue siendo el mismo; más mantengo. Al pasar el tiempo, nadie se plantea la posibilidad de un plan de desarrollo económico propio basado en nuestros recursos que es sostenible, viable y autosustentable.

Todos seguimos petrificados preguntándonos, ¿cuánto nos van a dar si seguimos siendo colonia, o si fuésemos independientes o estado, o quizás nos den un montón de chavos de sopetón los invertimos y vivimos de los intereses? Por eso, estamos donde estamos y no progresamos. Bueno, después de todo, es más fácil ser pordiosero que trabajar. Preferimos ser obesos y vagos si el gobierno nos da un seguro para atender los problemas que nuestras irresponsabilidades nos acarrean. Ya es tiempo de acabar con las campañas políticas populistas del partido que dé más y ofrezca más, por campañas políticas que estimulen a la población en general a estudiar, trabajar y colaborar con el prójimo, incluyendo a los gobiernos en turno para acabar con el colonialismo que es la raíz de nuestra pobreza.

Es sorprendente cómo, aún en estos días, todavía hay personas en Puerto Rico que no entienden lo que significa ser una colonia. Lo que es más absurdo es ver cómo, a pesar de que el presidente Obama lo puso por escrito en su reciente informe sobre PR y en el pasado, los ex presidentes Clinton y Bush, que Puerto Rico es propiedad de los EEUU y es gobernado por el Congreso desde 1898 y que cualquier cambio a esta realidad debe de ser aprobada por el propio Congreso, todavía existe todo un partido político en PR que alega que tenemos gobierno propio. Este hecho es un insulto a la inteligencia de este pueblo y atenta contra los derechos inalienables del pueblo de Puerto Rico de participar en su gobierno de una manera efectiva y eficiente. El proceso de descolonización en PR separará los vagos de mente parasitaria de los luchadores y trabajadores por su sustento personal y el de sus familias.

Mientras los políticos locales se pelean por la exclusividad de la puertorriqueñidad y los fanáticos se dedican a insultarse y desmerecer la humanidad de quien no comparte sus lealtades partidistas, la mayoría del pueblo decide resolver sus problemas independientes de credos políticos. Vencen el miedo de cruzar el charco a 30,000 pies de altura en un pájaro de acero sobrevolando 2000 millas de distancia y se enfrentan a una cultura distinta, blanca y anglosajona principalmente.

Con orgullo de aventureros conquistadores, se mueven al territorio del dueño del territorio abandonado. Frustrados por las negociaciones vacías y no consensuales, deciden negociar con el dueño del circo y no con sus alcahuetes. Contribuyen a la transformación demográfica de los Estados Unidos hacia una "nación de minorías", contribuyendo hacer de los hispanos la minoría más grande al presente en los EEUU. Dejan atrás el pasado de sumisión, insularismo, lloriqueo inactivo y dependencia y se enrollan las mangas a trabajar por su futuro y él de sus familias en consecución de una mejor calidad de vida. El corderito se transforma en el tiburón que compite de tú a tú con los tiburones que nos invadieron en 1898 dentro del lenguaje universal de la sobrevivencia humana.

Mientras toda la atención periodística la reciba la administración gubernamental, los únicos favorecidos son los partidos políticos, no el pueblo de Puerto Rico. Vivimos en perenne negación de nuestra verdadera identidad; somos colonizados con la mentalidad agrícola de los arrimaos. No somos dueños de la propiedad (PR) y nadie le hace caso al gobierno y sus leyes. No inscribimos propiedades con tal de no pagar impuestos, no reportamos ingresos por la misma razón y buscamos no trabajar para así recibir dineros del Fondo y/o Seguro Social aunque podamos trabajar.

Él que se sale así con la suya lo veneramos y lo distinguimos como aguzaos. Nos enfrascamos en la lucha tricolor para esconder el verdadero problema, la pobre productividad económica nacional e individual. Mientras más gritamos y agitamos a los políticos a pelear entre sí, menos evidente se hace nuestra jaibería. Hacemos del boxeo político partidista el deporte nacional en Puerto Rico. Cansados y frustrados por la perpetuación consensual de todos nosotros de la cultura del arrimaos, muchos emigran porque a esta vaca se le acabó la leche.

Si de individualismo se trata, los independentistas son los generales. Históricamente, los independentistas le rinden culto personal a su ser más que a su ideal y se mantienen independientes de los demás camaradas. Hay tantos líderes independentistas como militantes. Cada cual tiene una definición única de la independencia cuando la realidad es sólo una. Viven como los cobitos; cada cual protegiéndose con un carapacho individual creyéndose tener la verdad absoluta y sin dinero para financiar la compra del título de propiedad de PR y continuar el desarrollo económico propio basado en el trabajo colectivo.

No es la nación la que transcurre en el sube y baja del anquilosado y enclaustrado ascensor colonial. Es la personalidad colonizada que ha sido confeccionada por dos colonizadores durante 517 años de batirnos como un Martini en las rocas. Presos en nuestra propia ignorancia e inconscientes de que la colonia sólo existe en nuestras mentes por haber aprendido muy bien la lección de ser corderitos sumisos y subordinados ante el agresor. Insistimos en la dinámica del ascensor en continuas embestidas contra nuestros hermanos porque no entendemos que es un ascensor artificial y no reflejo de nuestra nacionalidad compartida, todos puertorriqueños. Atrapados en las mentiras del conquistador que, como ventrílocuos, usan a algunos que insisten que la colonia no existe y si existe, su aroma nos embriaga de contentura y dejadez. Es triste la realidad del colonizado atrapado en su propio ascensor oliendo las pestes de la esclavízate colonia.

No hay peor ciego que el que no quiere ver. Ni Santa Rita de Casia ni Obama pueden hacernos, de la noche a la mañana, cambiar nuestros comportamientos como sumisos, subordinados colonizados. El señor Rubén Barrales tiene toda la razón. Los Estados Unidos adquirió la Isla de Puerto Rico entre otras propiedades con el Tratado De París de 1898 para así acabar con las hostilidades bélicas contra España. La realidad histórica es que Puerto Rico le pertenece a los Estados Unidos.

Somos colonia porque el poder político superior de los asuntos de Puerto Rico reside en el Congreso de los Estados Unidos, el Tribunal Supremo de los Estados Unidos y el Presidente de los Estados Unidos. Peor que todo, somos colonia porque queremos ser colonia y hemos favorecido este "status" por los siglos de los siglos. La historia está escrita y es clara; este "status" es de nuestra autoría y hechura. No somos víctimas; somos villanos de nuestro propio destino.

Llevamos una lucha tricolor y tribalista para así esconder nuestros verdaderos deseos e intenciones; queremos seguir siendo colonia. Nunca llegaremos a un consenso para descolonizar a Puerto Rico. La mayoría del pueblo dentro de su personalidad colonizada no entiende lo que es el proceso de descolonización de un país. La mayoría no entiende que es un asunto de PODER POLÍTICO y mal interpretan el proceso como sólo legítimo si favorecen únicamente sus preferencias y al diablo las que favorezcan los demás.

Este comportamiento anti democrático del colonizado ante los derechos de los demás es cónsone con la personalidad colonizada que acepta sumisamente el proceso anti democrático de la colonización. Ya es tiempo de dejarnos de pajuaterias; no queremos ser estado porque no queremos pagar impuestos federales y tampoco no queremos ser soberanos ni independientes porque tendremos que vivir de nuestros recursos y trabajo propio. Así que optamos por vivir como colonizados, pretendiendo que somos inteligentes defensores de nuestro aparente pero falso ideal. Pues, a la hora de la verdad, no dejamos de ser sumisos, obedientes subordinados colonizados.

No es degradación lo que se vive en Puerto Rico; es un embuste generalizado donde vivimos, creyéndonos que somos los dueños de Puerto Rico cuando en realidad son los norteamericanos. Vivimos creyéndonos que nos gobernamos cuando nos gobierna el Congreso y nos hacemos pasar por independentistas cuando en realidad somos colonialistas. No le echen la culpa a Obama; pues el prietito es un político norteamericano quien no vive aquí. La culpa es nuestra por la presencia y permanencia del colonialismo en Puerto Rico. Se acercan las elecciones aquí y allá; Obama es un demócrata al igual que Padilla. El Presidente endosa a los candidatos de su partido y no del opositor; tan sencillo como eso. NUNCA entre nosotros ha existido consenso contra el colonialismo en Puerto Rico.

No somos puercos por naturaleza sino por adiestramiento. Vivimos en una selva cultural. Con el cuchillo en boca salimos todos los días de nuestras cuevas con renovadas energías a pelear con los demás. El bien común se queda almacenado y refrigerado en el hogar. La lucha contra el fantasma colonial es incesante, incansable e interminable. Sabemos que existe, pues lo sentimos a diario dentro de nosotros pero no lo vemos claramente. La distancia, las millas de separación lo hace fantasmagórico.

Lo confundimos con el vecino, el hermano, el cuñado, el gobierno, el policía, el tirador, el chofer próximo, la maestra, el principal, el juez, el médico, el abogado, la billetera y todo aquel que se nos aproxima. A todos le zumbamos con lo que tengamos en mano y no acabamos de terminar el dolor de la subordinación no deseada. Ciegos por la ignorancia y con el miedo al colonizador y el terror a asumir las responsabilidades de nuestras vidas, regresamos a nuestra cueva para limpiar el sudor impotente de la lucha fantasmagórica contra la colonización de nuestras mentes.

Los partidos políticos en Puerto Rico siempre han defendido sus intereses de clase, no los del pueblo de Puerto Rico. De resolverse el status, dos de los tres partidos desaparecerán de cómo existen ahora. Esas son demasiadas batatitas a podrirse. Además de que sin el sonsonete del status, tendrán que ponerse a trabajar y diseñar soluciones a los problemas que nos apremian y todos sabemos que no se le pueden pedir peras al olmo.

Poetas del absurdo, es como un estado de preñez nacional. Así como lo hizo España por más de cuatrocientos años, los Estados Unidos están en todo su derecho a gobernar en su propiedad, Puerto Rico, basado en el Tratado de París de 1898, y la validación que le dimos en 1952 aceptando la subordinación a la Constitución Federal. Cuando las grandes corporaciones norteamericanas comenzaban sus grandes negocios aquí y el estado benefactor no estaba en la crisis económica actual, la mentira de una nación dentro de otra era fácil de tragar. Todos tratan de imitar a LMM con su poesía política, pero no lo logran. O paren nación o se integran a la nación; el parasitismo se acaba cuando el huésped esta hambriento.

Que estúpido he sido yo, todo este tiempo creyéndome que el Partido Demócrata norteamericano y el PIP descolonizarían a Puerto Rico. Gracias al Tea Party por obligarnos a decidir, de una vez y por todas, por la Independencia, la Libre Asociación o la Estadidad. Nos van a coger todos con las manos en la masa, sin un plan de desarrollo social y económico. Se jodió la colonia sino la financian los federales.

Lo que nos ata a los Estados Unidos es el Tratado de París de 1898. En ese momento nuestra madre patria, España, nos regaló a los EEUU sin previa consulta o acuerdo con nosotros. Nunca fuimos consultados. Fuimos invadidos por los EEUU, pues éramos posesión estratégica, geográfica y militarmente de España. La unión de PR con los EEUU va más allá de común comercio, moneda y ciudadanía; somos propiedad de los EEUU. Eso es lo que dispone el Tratado de París, la Constitución de los EEUU, la Ley Jones y la Ley de Relaciones Federales entre PR y los EEUU (ley 600).

Somos la colonia más antigua del mundo en los tiempos presentes. Hasta ahora, los EEUU nunca les interesó nuestra opinión como pueblo sobre esta relación. El presidente Obama hace historia al solicitar nuestra opinión como pueblo cuando nos sugiere en su informe que celebremos un plebiscito para expresar nuestras preferencias como pueblo y mediante el voto popular.

La mayoría en Puerto Rico favorecen el estado colonial. Los 517 años de coloniaje en PR han sido internalizados y forman parte de la personalidad típica del puertorriqueño. La opresión del coloniaje ha favorecido el desarrollo de un tipo de personalidad defensiva que nos protege ante la subordinación y sumisión del dominio permanente de los colonizadores, primero, los españoles y ahora, los norteamericanos. Somos narcisistas; nos creemos el ombligo del mundo. Aquí lo hacemos mejor. Somos inmaduros y dependemos para nuestro sustento del gobierno, la familia y el trabajo ajeno.

Somos dependientes del contexto; si el líder dice que la estadidad no es descolonizadora, sólo la independencia, lo creemos sin investigar otras fuentes. Vivimos enajenados de nuestra historia y circunstancias; no conocemos la definición oficial de lo que es una colonia y nos creemos expertos defendiendo lo que no conocemos. Somos sumisos; nos peleamos contra nosotros y nuestros hermanos porque le tenemos miedo al colonizador y a exigir la libertad y el poder de decidir nuestros destinos.

Somos cobardes; no asumimos la responsabilidad de nuestra economía, educación, salud, trabajo y finanzas. Todo lo queremos de gratis sin contribuir al tesoro del pueblo. En nuestro mundo insular, limitado y estereotipado somos arrogantes y poseemos la verdad agarrada por el mango y el contrincante no tiene puntos válidos. Peor que todo, estamos ciegos y no conocemos nuestra personalidad; producto de una historia centenaria de colonización en Puerto Rico.

Seguiremos mudándonos a los EEUU con las mejores ofertas de empleos en las agencias federales. En el futuro, las ayudas tendrán un sabor especial para los ciudadanos no tanto así para los partidos políticos. Por lo contrario, a mayores oportunidades para el ciudadano común interesado en trabajar para los EEUU, menores las oportunidades para los políticos de seguir viviendo de la indefinición y falta de consenso en la COLONIA.

La política en la colonia de Puerto Rico se ha caracterizado por la lucha troglodita partidista donde los partidos y líderes políticos son exaltados al liderato por ser los más aguzaos, bonitillos, buscones o mujeriegos. Todos los otros son una pendanga, tira piedras, o cualquier otro insulto que esté a la disposición. La racionalidad ha estado ausente en nuestra gente por los mismos 517 años de colonaje en Puerto Rico. Como pueblo, no tenemos conciencia de lo que es el colonialismo.

Cada cual tiene su propia y única versión, negando la realidad del proceso y actuando como verdadero indoctrinado colonizado que es ciego de que el virus del colonialismo se extiende en toda la familia por igual. Es el enemigo común a todos. No hay una sola manera de pelar la cebolla; eso es sólo en la mente caudillista del colonizado - "el mío... lo tiene más grande que el tuyo". Los políticos viven de esta emocionalidad y ganan y pierden en relación a sus dones de manipular los seres no pensantes que van como corderitos cada cuatro años a votar con la fantasía de que su seleccionado le resuelva sus problemas de vida.

Si la Comay ha sido y sigue siendo número uno en los "ratings", por algo es. Para muchos, es como mirarse al espejo; para otros, es el gozo vicario de cometer una acción que no se atreven hacer aunque han sentido querer hacerlo. Se nos hace difícil ver nuestro ser y realidad social. Somos una sociedad primitiva que no se ha desarrollado a plenitud. El colonialismo ha impedido el desarrollo propio. Hemos optado por delegar a las metrópolis españolas y norteamericanas el poder de decidir nuestros destinos. El miedo a asumir las responsabilidades de nuestras vidas es sustituido por el gozo vicario de ver lo que los otros hacen y dejan de hacer.

La pasividad caracteriza nuestras acciones. Como bien indoctrinados colonizados, somos espectadores de nuestras propias vidas. Somos una sociedad primitiva de colonizados proscritos por el derecho internacional. Actuamos como caníbales contra nuestros hermanos y todo aquello que simbolice autoridad o estructura social jerárquica. En la silla de los espectadores siempre tenemos la razón. Los que actúan o son extras son los malos de la película. La Comay nos ofrece la oportunidad de ver el mal en el ojo ajeno para así disfrazar nuestra propia pasividad, irresponsabilidad, maldad e incompetencia social. Sólo en esta falsa social somos numeró uno como pueblo en los "ratings" internacionales.

Sí sabemos lo que queremos ser. Que no lo decimos, por vergüenza alguna que nos queda es otra cosa. Nuestra sociedad sufre de la misma condición que muchos jóvenes que se mantienen estudiando toda la vida o no estudian ni trabajan. Le dedican todos sus esfuerzos a mantenerse bajo el protectorado de sus padres sin asumir las responsabilidades del adulto. La situación colonial en Puerto Rico ha impedido nuestro pleno desarrollo como sociedad y nos mantenemos en una etapa inmadura socialmente, análoga a la adolescencia del desarrollo individual.

El miedo al crecimiento y a la madurez de asumir las responsabilidades de dirigir nuestros destinos nos paralizan. Queremos seguir siendo colonizados viviendo la fantasía de la seguridad y el protectorado de los Estados Unidos. No importa que rumbo decimos preferir - Estadidad, Independencia, Colonia o Libre Asociación - todos esperan el chequecito de "Uncle Sam" para sobrevivir. ¡Qué Vergüenza, Comay y compay!

Si tú eres dueño de una propiedad y alguien te pregunta, ¿qué vas a hacer con esa propiedad? Tú, lo más seguro que contestas primero es quiero saber ¿qué es lo que mi familia y yo queremos hacer con la propiedad? No lo que los inquilinos quieren que yo haga. Pero si quieres posponer la decisión, tú puedes optar por decir, ¿qué es lo que ustedes quieren que yo haga? Lo voy a consultar con un comité de mi familia y luego te dejaré saber, mientras tanto yo mantengo la propiedad y hago lo que me venga en gana. Esto es lo que el Congreso hace con nosotros en Puerto Rico; posponer la decisión de resolver el estado colonial en Puerto Rico.

Las colonias existen porque al colonizador le beneficia y los colonizados consienten sumisamente. Aquí es donde la puerca torce el rabo porque nosotros históricamente continuamos con el circo colonial; los partidos políticos son marionetas de la metrópolis y el pueblo dividido somos marionetas de los partidos y movimientos políticos. Tanto la libre asociación y la independencia como la estadidad son dignas soluciones a la situación colonial de Puerto Rico.

Esto es así porque con todas ellas se destruye el control monolítico y unilateral del gobierno de los Estados Unidos hacia Puerto Rico. Ellos pueden dar órdenes y diseñar leyes que nos regulan, pero nosotros no podemos hacer lo correspondiente, ni tan siquiera modificar sus leyes. Con la independencia, el control total sería nuestro. Con la libre asociación, el estado soberano de PR le puede delegar en contrato ciertas funciones gubernamentales a los EEUU. Con la estadidad ganamos dos senadores al igual que todos los estados, y un número de representantes proporcional a nuestra población que tienen el poder de modificar sus leyes a nuestra conveniencia al igual que tener voz y voto para elegir el presidente/comandante supremo de las fuerzas armadas.

Sin embargo, ninguna de las tres fórmulas es una varita mágica para transformar nuestro modo de actuar colonial. Estamos acostumbrados a que otro pague por los servicios de salud, educación y muchos otros que recibimos. Vivir del cuento está engranado en nuestro bagaje colonial como defensa a la explotación. De buena fe, los chinos ni los japoneses nos van a pagar porque aquí somos negritos bonitos.

El conflicto entre los partidos políticos locales es perenne y mantiene una división artificial que sólo le sirve al colonizador y a los partidos políticos. Con aparentes diferencias injustificadas no llegan a un consenso descolonizador; pues el acondicionamiento histórico los mantiene actuando como trogloditas, todos en defensa de la colonia y sus intereses partidistas sin introspección ninguna de las necesidades reales del pueblo colonizado.

Uno de los graves problemas del estudio científico de la realidad es él de aislar problemas para así entenderlos mejor. El buen científico toma en consideración este factor y pone sus hallazgos en el contexto de que la realidad es un mosaico, complejo e interactivo de múltiples realidades. La sociedad civil y la clase política no son entidades independientes; por lo contrario son representativas de cada cual.

La sociedad civil en Puerto Rico también se encuentra en controversia y conflicto continuo sin llegar a consenso alguno. El problema cardinal de los planes de la Agenda Ciudadana del periódico "El Nuevo Día" es que subliminalmente llevan un mensaje de la aceptación y la convicción de que el "status" colonial de Puerto Rico no es necesario modificarlo para poder salir del hoyo en que el pueblo y el gobierno de Puerto Rico se encuentran. Este cuento hoy en día en PR pocos se lo creen; este plan es el lobo colonial disfrazado de oveja.

Vivir en la colonia de Puerto Rico (ELA) es como vivir alquilado. Si quieres ser dueño, tienes que comprar la casa. Con la independencia, la puedes comprar pero necesitas el dinero en efectivo. Con la estadidad, es como comprarla con una hipoteca que pagas con los impuestos. La mayoría de nosotros preferimos vivir alquilados; yo no.

Puerto Rico ha sido gobernado por control remoto desde España y ahora desde los Estados Unidos. Hemos sido embriagados por una comparsa de distintos colores de partidos políticos que se han dedicado a repartirse el poco poder político que las metrópolis nos han permitido tener y tener acceso a sus correspondientes situados. Esto último en acto de obvio engaño aparentando democracia.

Son cinco siglos de coloniaje en Puerto Rico; primero, España y luego, los Estados Unidos. España nos regaló a los EEUU tras perder la Guerra Hispano Americana como quién regala un hato de terreno lleno de animales. A nosotros los puertorriqueños NO se nos consultó en el momento del traspaso, como si fuéramos algo menos que seres humanos. Todavía al día de hoy, NO se nos ha consultado nuestro sentir, menos aún cómo nos sentimos siendo tratados por más de quinientos años como algo menos que seres humanos.

Pero toda la culpa de esto no reside en los colonizadores y sus ansias imperialistas, sino en nosotros que hemos reprimido este coraje y odio hacia los agresores y lo hemos transformado en odio a nuestros hermanos puertorriqueños. Ya es tiempo de dirigir estas emociones negativas hacia los originadores de los prejuicios raciales contra nosotros los puertorriqueños, los españoles y los norteamericanos verdaderos racistas.

Ya es tiempo que nos aceptemos todos los puertorriqueños cómo lo que somos TODOS; puertorriqueños con diferencias en criterios hacia tal o cual colonizador y nos unamos en una lucha común en defensa de nuestra nacionalidad propia. Puertorriqueños todos, en contra del colonialismo de estos tiempos presentes, y dejemos de ser "La Colonia Más Antigua del Mundo Presente".

CAPÍTULO DOS

El Estado Libre Asociado (ELA) es un disfraz para la colonia:

La Junta de Gobierno del PPD eliminó lo de libre en el ELA. El conflicto de los que aspiran a la unión permanente con los EEUU y los que aspiran a la independencia de los EEUU es evidentemente un problema antiguo e intrínseco a ese partido. Al parecer, la mayoría de ese partido prefiere la unión permanente la cual conduce a la estadidad. También infiero que el PPD está por convertirse en la versión del partido demócrata de los EEUU. De esta manera, ese partido se posiciona a ganar elecciones contra el PNP, el cual pasaría a ser el partido pro estadista republicano.

Ya es tiempo de que los independentistas en del PPD pierdan el miedo y declaren sus verdaderas intenciones, se organicen y ofrezcan un plan de desarrollo económico para PR independiente de las ayudas federales. Los estándares dobles se hacen repudiables donde ellos y sus familias estudian en los EEUU y cuando se enferman van a los EEUU, pero para el pueblo desean lo contrario. El surgimiento de un partido estadista dentro del PPD se distinguirá del PNP en el sentido de que no es necesario dejar de sentirse puertorriqueño para querer ser parte de los EEUU.

Ay bendito, esto es como llover sobre mojado. El gran fraude ha sido el hacer creer al pueblo de Puerto Rico que somos un estado libre y asociado a los Estados Unidos cuando, en realidad, somos una posesión territorial de los EEUU por virtud del Tratado de París 1898. Los partidos políticos en PR sólo son administradores de turno subordinados a los poderes plenarios del Congreso de los EEUU. El juego tricolor partidista es sólo una distracción para el pueblo no pensante, sin pensamiento crítico y que siguen ciegamente a sus líderes de partidos por lealtades de conveniencia económica, fundamentadas en fe y no en la razón.

Los problemas de dependencia de los puertorriqueños comenzaron desde el año 1493. Para aquel entonces, la colonia española dependía de las ayudas provenientes de España mediante el situado español. La economía desde ese entonces iba dirigida a satisfacer las necesidades de las metrópolis y no las de la población en la Isla. Los Taínos morían como palomas ante las enfermedades importadas por los españoles y trabajaban sin paga en la búsqueda del preciado oro. La creencia de que éramos ricos en oro dio paso al nombre de Puerto Rico. Moríamos como esclavos sin disfrutar el fruto de nuestro trabajo.

Se vivía bajo la creencia de que los españoles eran seres inmortales hasta que se le acabó el guiso a Diego Salcedo. El origen de la dependencia y el odio al trabajo se la debemos a nuestra historia de colonizados. Desde entonces y hasta el presente, el desarrollo económico ha ido dirigido a satisfacer las necesidades de las metrópolis. Tomemos como ejemplo el mono cultivo de la caña en nuestra agricultura iba dirigido a satisfacer las necesidades de azúcar de los norteamericanos. Al presente, esta historia está incrustada en nuestras personalidades. El cambio verdadero será el de dejar de actuar como colonizados y en consenso acabar con el "status" colonial tanto en nosotros mismos como en el resto de nuestra sociedad.

Es correcta y acertada la descripción de la medicina que cura el coloniaje. Con el ELA como está, los puertorriqueños estamos consintiendo en ceder el título de propiedad de Puerto Rico al Congreso de los Estados Unidos. Estos advienen en posesión de este título por virtud de los acuerdos entre España y los Estados Unidos para ponerle fin a la Guerra Hispano Americana con el Tratado de París de 1898. Con la independencia, Puerto Rico le pertenecerá a los puertorriqueños. Con la estadidad, Puerto Rico le pertenecerá a los puertorriqueños.

Difiero en delegar en el gobernador iniciar un proceso de descolonización, el cual que ya ha sido iniciado en el Congreso de los EEUU con la aprobación por la Cámara de Representantes del HR # 2499. Es un proceso en marcha que requiere el apoyo de todos los interesados en descolonizar a Puerto Rico. Les invito a escribirle al Presidente, a los legisladores y a los Senadores de los Estados Unidos para que continúen y culmine una ley habilitadora del voto popular de todos los puertorriqueños en relación a nuestra opinión sobre la condición colonial de Puerto Rico y nuestras esperanzas para cambiarla.

Cuando el río suena, es porque agua trae. La acción del Comité de Recursos Naturales del Senado de los Estados Unidos de celebrar vistas públicas sobre el "status" de PR inicia un diálogo poco visto entre el gobierno de los Estados Unidos y el pueblo de Puerto Rico. Veremos si la muerte de Willie entierra el ideal soberanista en el PPD. El Senado ya tiene en su posesión los resultados de su brazo investigativo donde claramente declara que puerto Rico es una colonia de los Estados Unidos. El PPD será el partido político en PR defensor del "status "de sumisión colonial ante los EEUU. Su defensa es la clásica que siempre han usado; somos y seremos colonia porque la mayoría del pueblo así lo quiere y así lo ha expresado en plebiscitos anteriores. Ojalá Willie no convulse en su tumba y que descanse en paz.

Cuando nos demos cuenta de que la fuerza somos nosotros, abandonaremos las niñerías de dividirnos por virtud de nuestra actitud hacia el colonizador de turno; independentista, estadista o colonialista. Ese día nos daremos cuenta de que todos somos puertorriqueños y la definición se fundamentará en quienes somos, no en la relación deseada con el colonizador. Lo obvio se ignora por egoísmos individuales y fantasías de prevalecer sobre el contrario. La identificación con los agresores colonizadores, españoles y norteamericanos, se ha internalizado y transformado en agresión entre nosotros mismos.

Carentes de una identidad nacional clara, cada cual hace su egoísta definición de lo que es ser puertorriqueño excluyendo a nuestros hermanos y hermanas como si no fueran tan puertorriqueños como nosotros. Por primera vez en nuestra historia, algunos miembros y simpatizantes de los tres partidos principales - PPD, PIP y PNP - describen nuestra presente relación con los EEUU como una de tipo colonial. Este momento histórico puede que marque el inicio del cambio y diálogo del pueblo con el Congreso de los EEUU para dejar de ser colonia.

Luis Muñoz Marín fue un ser humano único que tuvo confianza y respetó la sabiduría del pueblo. Debe ser el pueblo de Puerto Rico, unido y en consenso, quien se exprese pública y democráticamente para cambiar la colonia. El Puerto Rico explotado por los latifundistas de los 1940 ha pasado a ser un país en pleno desarrollo económico con una clase media fuerte pero retrasada en nuestro crecimiento por ser una colonia. Sin todo el oro negro de Venezuela, prefiero vivir en Puerto Rico.

Me siento privilegiado de que durante mi residencia como siquiatra, gracias a las gestiones de mi director de adiestramiento, el Dr. Juan Enrique Morales, tuve la oportunidad de entrevistar a Luis Muñoz Marín en su casa en Trujillo Alto. Personalmente le pregunté cómo veía él la situación de Puerto Rico con los Estados Unidos. Su contestación fue simple y me asombró mucho él dijo, "Si estuviera dentro de mis capacidades, construiría un puente que comunicará directamente a Puerto Rico con los Estados Unidos." En ese momento me di cuenta de que el idealismo del poeta político se había convertido en pragmatismo funcional.

Desde su origen, el "status" presente de territorio no incorporado, sinónimo de colonia, fue visto como un estado transitorio. Los políticos en los Estados Unidos aceptan como una vergüenza mantener una colonia en estos días. Nosotros hemos resistido el cambio porque conlleva el pago de contribuciones federales o financiar el país con nuestros recursos y trabajo. El momento de decidir está por llegar y a todos le sube la bilirrubina. De cualquier lado a que decidamos, lo obvio es la irresponsabilidad de los partidos políticos de no diseñar un plan de desarrollo económico para cuando llegue este momento. Todos sueñan que no se dé para así ocultar sus incompetencias.

Después de todo, 517 años de colonización en Puerto Rico no se dieron. Después de todo, el título de propiedad de PR que permitiría hacer una realidad todos nuestros planes lo tenemos los puertorriqueños. Después de todo, los poderes plenarios del Congreso de los Estados Unidos sobre PR no existen. Después de todo, nunca se firmó el Tratado de París de 1898. Después de todo, PR genera los ingresos necesarios para todas nuestras iniciativas. Después de todo, contamos con las destrezas necesarias, el ingenio creativo y las mentalidades para crear todos los inventos energéticos sin la ayuda de los norteamericanos. Después de todo, solo ha sido un sueño de otro colonizado.

Diarrea purgativa es lo que le parece venir encima al PPD con el juicio de Aníbal Acevedo Vila (AAV) en el Tribunal Federal de Puerto Rico. De todo se habla menos de su significado. El pueblo tiembla al oír que el principal partido político en Puerto Rico, fundado por nuestro primer gobernador electo y supuesto estandarte de la honestidad, puede que pase a la historia como el primer partido político en la historia de PR juzgado bajo los estatutos que se usan para juzgar la mafia, el "RICO Acta".

Individuos que han aparentado rectitud juzgando a partidos opositores por crímenes similares. Este tipo de masturbación intelectual sólo tiene el propósito de enmascarar lo que verdaderamente está ocurriendo en Puerto Rico. El juego político, so color de preferencia por el "status", sólo les sirve a unos pocos individuos que han hecho de la política una carrera de ratas para beneficio propio. En carencia de verdadero control y poder político y en rebeldía al colonizador con miedo de reclamos al Congreso de los EEUU, han convertido a Puerto Rico en su botín personal. Esta lucha tribalista sólo sirve para cada cuatro años alternar el mal uso de los dineros del pueblo para su beneficio personal y los de sus zánganos seguidores cómplices de sus partidos (mini mafias).

Como sumisos y subordinados colonizados, todavía nos creemos el cuento de hadas del colonizador de que la culpa de nuestra recesión económica la tiene el partido de oposición porque no saben administrarle bien los bienes al norteamericano. La lucha tribalista partidista el colonizador la ha hecho política pública en Puerto Rico para así mantener su plenario poder sobre nosotros. La ingobernabilidad de la cual se habla es el juego político que los partidos locales han mantenido históricamente para justificar "el quítate tú pa ponerme yo".

El Estado Libre Asociado es el mejor verso político escrito por Muñoz. Con una población analfabeta y carente de las bondades del Internet, la poesía del "bate "parecía ser ciencia política de la más alta calidad. Él fue como las galletas oreos; todos lo imitan pero no saben igual. De poesía en ese entonces, la cuasi ciencia política practicada por nuestros tan venerados políticos se ha transformado en sectas de fanáticos religiosos, al estilo de Jim

Jones. Idolatramos al más lindo, mujeriego, callejero, agresivo, machista hasta el tuétano cara de lechuga y preferimos se comporte como un Robin Hood de la vida.

Los hermanos Emanuel de la vida son los elegidos a dirigir los partidos. Todos aspiran a tener su propia estatua en los templos de la veneración caudillista que nos caracteriza. En algún momento en el 1952, cuando se escribió la tabla de los diez mandamientos de la sumisión colonialista por nuestro gran Moisés, se tuvo que haber proscrito por mutuo acuerdo, o quizás por imposición del Congreso de los Estados Unidos, la ciencia como instrumento de planificación política para nuestra no lograda nación puertorriqueña.

El PPD se ha caracterizado por ser un partido electorero; ganar elecciones ha sido su ideal. Hay que reconocer que ninguno otro partido lo iguala en este aspecto. Sin embargo, los tiempos cambian. Las presentes son generaciones mejor educadas y mejor informadas, gracias al internet. El PPD le teme a la definición ideológica como el diablo a la cruz. Su indefinición ideológica ha sido el secreto de sus éxitos electoreros. Al día de hoy, se encuentran entre la espada y la pared. Si defienden el ELA como está; ellos pasarán a la historia como sumisos, subordinados colonialistas ya que el Congreso de los Estados Unidos ha definido el ELA como una posesión de los EEUU desde los tiempos coloniales. Si insisten en la soberanía, serán independentistas, ya que también el Congreso ha definido el ELA soberano como independencia con pérdida de la ciudadanía americana. ¿Qué son colonialistas o independentistas?; sólo su peinador lo sabe.

La definición del problema colonial no esperará hasta el año 2012; el problema está en el presente. Intuye la plana mayor popular que en la solución del "status" de Puerto Rico el Congreso de los Estados Unidos no favorecerá la Asamblea Constituyente como instrumento de resolución, sino un plebiscito. El gran dilema electorero que se verá pronto, después de que el Presidente Obama hable, será que no es suficiente debatirse quién es el mejor administrador de la colonia para salir electo; sino hay que definir qué rumbo deben de tomar las relaciones legales entre Puerto Rico y los Estados Unidos. Es obvio que la plana mayor del PPD sólo favorece el "status" territorial no incorporado o incorporado a los Estados Unidos como requisito para representar el partido. Obviamente, se oponen a la soberanía de la libre asociación y a la independencia. Cabe preguntarse, ¿cuál es su opinión final, a favor o en contra, sobre el voto popular del pueblo de Puerto Rico ante el Congreso de los EEUU?

Están como cucaracha en baile de gallinas decidiendo si pasan a la historia como el partido colonialista o soberanista. La definición los divide y bien saben que divididos pierden sin duda alguna. El momento de definición ideológica llegó ya para el PPD, pero anticipo que seguirán con la perpetua cantaleta de que no somos un estado de los EEUU, ni somos independientes de los EEUU; somos el Estado Libre Asociado y el PPD es el mejor administrador. En mi humilde opinión, este Movimiento Unión Soberanista (MUS) nace con dos contradicciones internas que lo destruyen como posible fuerza política. La primera es que el derecho internacional reconoce tanto la independencia como la estadidad como fórmulas válidas para el proceso de descolonización de un país. Ellos dejan fuera a los estadistas y sólo incluyen a los creyentes en la libre asociación o la independencia. Segundo, hablan de libre asociación e independencia como si fueran distintas cuando no lo son. Para que un país pueda libremente asociase a otro, primero tiene que ser independiente y luego se asocia o no, con tal o cual arreglo aceptable para ambos países soberanos. Suena a un mini PPD sin los estadistas en el movimiento.

En términos históricos, los mejores y más prolongados custodios del título de propiedad de Puerto Rico que le pertenece a Estados Unidos han sido los populares. El tradicional y más prevalente poder político en los EEUU desde 1950 ha sido el Partido Demócrata Americano. Desde Muñoz, la relación de colaboración del partido popular con el partido demócrata ha sido historia. La colonia se sostiene porque el título de propiedad de PR nunca ha sido reclamado por ningún gobierno de aquí para beneficio de los puertorriqueños. Apuesto lo que sea, que este nuevo pacto de futuro del PPD no reclamará la propiedad que nos pertenece a los puertorriqueños, Puerto Rico, y se conformarán con una promesa de ciudadanía americana por el tiempo que los puertorriqueños quieran. A cambio de esto, se mantendrá el título de propiedad en los Estados Unidos para que los americanos continúen siendo como lo son desde 1898 por virtud del Tratado de París, dueños de Puerto Rico. Después del nuevo pacto, todos a cantar la Borinqueña.

La filosofía gubernamental del Honorable Gobernador Luis Muñoz Marín fue de tipo populista. El estado asumió una función paternalista con los ciudadanos distribuyendo los fondos federales a su antojo en lugar de promover el desarrollo económico mediante los procesos competitivos para esos fondos. Esto tuvo como resultado una gran burocracia gubernamental ineficiente y con un sentido de propiedad donde el servicio, la eficiencia y la cortesía al público no son necesarios para mantener el trabajo. Las elecciones en PR se convirtieron en una maquinaria para crear empleos y así asegurar la permanencia del partido en el poder.

Resultado de este estado de situación al sector privado se le ve con recelo, el deseo de superar la pobreza se ve con envidia, y el gobierno se ha convertido en el principal estorbo para el desarrollo privado que se le describe con adjetivos despectivos que todos conocemos. Este gigante gubernamental ha creado un sentido de grandiosidad en los gobernantes, quienes también se han sentido con derecho de apropiarse de las ayudas federales para su beneficio personal o beneficio de sus partidos políticos.

Todos en PR le tienen tanto miedo y odio al colonizador que para disfrazar las emociones se pelean irracionalmente entre hermanos puertorriqueños. Desde los años cincuenta, el PPD persiguió a los independentistas y, para callarlos ahora, tratan de callar a todo el pueblo, negándole el voto popular en la decisión del "status". Para ganar su batalla fratricida en el Congreso de los EEUU, el PPD se alió a la supremacía blanca anidada principalmente en el partido republicano norteamericano. Están tan ciegos con la pelea pequeña tricolor que, al igual que en 1952, serán manipulados por el sector imperialista norteamericano para coartar el derecho democrático del pueblo de Puerto Rico al voto popular. Si esto no es sumisión ante el colonizador, nada lo es; divide et imperas.

Hablando de mentes encajonadas y ciegos que no quieren ver, el Sr. Hernández Mayoral es el mejor ejemplo cuando dice que PR no está sujeto a los poderes plenarios del Congreso de los EEUU. Abiertamente acepta que la autoridad suprema en Puerto Rico es el Tribunal Supremo de los Estados Unidos y, con ese mismo argumento, se contradice al tratar de negar que los EEUU sean quienes mandan y tienen la última palabra en Puerto Rico. Si este estilo de argumentación no es un cantinflada demagógico, nada lo es. Defiende su posición de gobierno propio en PR sin hacer referencia del Tratado de París de 1898.

En ese tratado, la colonia de Puerto Rico fue cedida a los EEUU como compensación por gastos de guerra. En ese mismo tratado, los EEUU aceptan la obligación de ayudar y ofrecer trato humanitario a la población del territorio, o sea a los puertorriqueños colonizados que vivían en la Isla en ese entonces. Deja de mencionar públicamente que el PPD y su propia familia ha luchado por modificar los acuerdos del tratado y siempre sus esfuerzos han caído en oídos sordos en el Congreso de los EEUU. Es una lástima que en el presente él trate de imitar el engaño de Muñoz Marín, diciendo que somos un estado libre y no una pertenencia pero no parte de los EEUU. Los tiempos cambian; así también cambia el nivel educativo de los puertorriqueños; correspondientemente así deberían de cambiar los políticos en Puerto Rico.

La vida o muerte del PPD está en manos del presidente Obama. El PPD no cesará de sus esfuerzos en torpedear el proyecto HR #2499 y sus posibles consecuencias. El partido del magno engaño colonial hará lo que cueste para encubrir la colonia. Harán todo lo posible para que las determinaciones legales que el Congreso de los Estados Unidos ha hecho sobre Puerto Rico no lleguen a oídos del pueblo, Ref.: docuticker: CRS — Political Status of Puerto Rico: Options for Congress (Updated) *Political Status of Puerto Rico: Options for Congress* (PDF)Source: Congressional Research Service (via OpenCRS) CRS — Political Status of Puerto Rico: Options for Congress (Updated)"

Los cantos de sirenas han sido los que han prevalecido históricamente en la política en Puerto Rico desde 1952 con el PPD. El éxito más popular en las masas electorales ha sido el Estado Libre Asociado que no es un estado; tampoco es libre y no existe pacto de asociación. Insisten en un pacto de asociación, cuando lo que existe realmente es un título de propiedad sobre PR obtenido por los Estados Unidos como consecuencia del Tratado de Paz con España en París en 1898 para finalizar la Guerra Hispano Americana.

El impacto real que tendrá el MUS es el de desenmascarar a los mentaos soberanistas en el PPD como vela güiras que sólo les importa la lucha por el poder. El que calla, otorga. El silencio en el PPD hará claro que es un partido ideológicamente hueco, sin ideólogos competentes que puedan esbozar un plan para salir y acabar de una vez por todas con el estado de sumisión y de sometimiento al poder plenario de los Estados Unidos de todos los puertorriqueños viviendo en Puerto Rico. Esta aparente no definición sí es un canto de sirenas. Pues, lo que dice el silencio es que sólo les importa ganar las elecciones en ausencia de principios claros ideológicos. Peor aún en este momento histórico donde la atención internacional está en Puerto Rico y nuestro eterno problema del "status", y las esperanzas son de que el primer presidente negro de los Estados Unidos ayude a resolver el colonialismo en Puerto Rico, el PPD será visto como el máximo defensor del colonialismo y a orgullo llevan ser los verdaderos creyentes en cantos de sirenas.

Los que favorecen la Asamblea Constituyente (A.C.) son doblemente cobardes. Le temen al diálogo con el colonizador; en este caso, el Congreso de los Estados Unidos, y le temen al diálogo con el pueblo a través del voto popular. La A. C. no es la última palabra y, aún con esta, el diálogo con el Congreso será necesario. Con la A.C., lo que buscan es posponer la decisión y el diálogo con los EEUU. Mediante un chanchullo de unos pocos, quieren decidir el futuro de todos. Más que democracia, con la A. C. parecen favorecer las dictaduras o las monarquías. Sólo son arrogantes que se creen los más que saben y que el pueblo es ignorante y que no tiene derecho a expresarse democráticamente. Todavía viven en los años cuarenta cuando el pueblo era en su mayoría analfabeto y tienen el cerebro de un mime. Sólo saben de insultar y pelearse entre hermanos.

Más claro no canta el gallo; legalmente Puerto Rico es una posesión territorial no incorporada de los Estados Unidos. Con el presente "status" legal – ELA - y como territorio no incorporado, carecemos del derecho a la autodeterminación de nuestro futuro político en Puerto Rico. La lucha anticolonialista es precisamente la lucha por ese poder político de la autodeterminación. Al presente, estamos sometidos a los caprichos del Congreso de los Estados Unidos, sin derecho legal a la autodeterminación política.

Si deseamos como pueblo expresarnos sobre modificaciones a las leyes a las que nos tienen sometidos, tenemos que esperar por el permiso a la libre expresión que el Congreso nos pueda o no recocer; un buen ejemplo lo es el proyecto del Comisionado Pierluisi, HR# 2499. Hasta para hablar, tenemos que pedir permiso y rogar por ser escuchados. Esto es lo que es el ELA actual. El puertorriqueño que vote por el ELA en cualquier plebiscito estará votando por la permanencia del colonialismo norteamericano hacia nosotros en contra del derecho a la libre autodeterminación y a favor de la sumisión colonialista hacia los Estados Unidos, y así pasarán a los libros de la historia internacional.

Que el PNP esté prejuiciado hacia la estadidad a nadie debe sorprender. La razón de existir de los partidos políticos es esa; llevar al pueblo hacia los derroteros favorecidos por el partido político. La naturaleza de la política es prejuiciada hacia los intereses particulares de cada partido. Decir que el PNP desea que los puertorriqueños y Puerto Rico sea un estado de los Estados Unidos es como descubrir la rueda. En el PPD, prefieren vivir en un estado colonial que en un estado soberano de los EEUU.

Con la creación del ELA muchos confirmaron este hecho. Tanto el Congreso de los EEUU, el Tribunal Supremo de los EEUU, y los tres Presidentes Bill Clinton, Bush hijo y ahora Obama, han hecho clara nuestra realidad colonial estableciendo que somos propiedad de los EEUU y estamos sometidos a los poderes plenarios del Congreso de los EEUU. En otras palabras, no somos un estado libre. Da pena pensar que el pensamiento ideológico de los populares se ha anquilosado en el pasado y que están tan perdidos como un juey visco después de la muerte de Muñoz. Peor aún, aquellos que ganaban elecciones tradicionalmente por su contacto con el pueblo hoy prefieren acallar al pueblo y favorecen resolver el problema de todos los puertorriqueños en contubernio de unos pocos. Todavía este día, los populares no han visto la luz ni han declarado su insatisfacción al sometimiento colonial que ellos crearon con el ELA. Todavía no aceptan la realidad de que estamos estancados económicamente por el ELA. ¿A qué le tendrán miedo? ¿Será a lo que el pueblo pueda decir mediante el voto popular, o será a la actitud de los EEUU? No es a los impuestos federales lo que les preocupa, sino la fiscalización de los fondos federales lo temido.

El nacionalismo en puertorriqueños como don Pedro Albizu Campos ha causado transformaciones en la percepción del puertorriqueño que el norteamericano tiene de nosotros. Sin él, seríamos vistos todos nosotros como unos zánganos subordinados. Con nuestro consentimiento al monumental engaño del PPD del Estado Libre Asociado que no es ninguna de las anteriores, las sumisas negociaciones de Muñoz en el Congreso y con su secuela administrativa favoreciendo el poder supremo y plenario del Congreso de los Estados Unidos, nosotros los puertorriqueños hemos estado impedidos de expresarnos libremente mediante el voto democrático en las urnas sobre la relación política entre Puerto Rico y EEUU.

El proyecto en el Congreso de los Estados Unidos, HR#2499, fue un referéndum anticolonialista. Fue un instrumento originado desde el Congreso de los EEUU que pudo ser aprobado y endosado para auscultar el sentir del pueblo de PR sobre nuestra relación política. Todos a favor de acabar el colonialismo en Puerto Rico tuvimos la responsabilidad de hablar y apoyarlo. Todos hablamos, pero bajito, para que no nos oyeran por miedo al colonizador. Es necesario expresarnos masivamente en apoyo a proyectos del Congreso de los Estados Unidos como el HR #2499 para en consenso solicitar la libre expresión democrática contra el colonialismo en Puerto Rico. El que calla, otorga; ¿o es qué queremos más colonia para nosotros? ¿Por qué el PPD y el PIP se opusieron? ¿Somos ciudadanos o subordinados?

Considero que el posible partido soberanista en PR tendrá un efecto semejante al que tuvo Aníbal Acevedo Vilá (AAV) en las pasadas elecciones; esto es polarizar y dividir el PPD. En su Asamblea, el Partido Popular apoyó la soberanía como su meta ideológica a vivas voces con el difunto Willie como protagonista. Polarizando así al Partido Popular y propiciando el éxodo de los estadistas dentro del PPD hacia el PNP. En las elecciones sufrieron una aplastante derrota que llevó a la Junta de Gobierno del partido que les pasara el rolo a lo decidido en Asamblea y que descartó la Libre Asociación como su ideal. En las vistas senatoriales del Congreso de los Estados Unidos, los populares defendieron la Asamblea Constituyente para resolver el problema de Puerto Rico cuando aquí en su propia casa no les hacen caso a lo que su Asamblea les ordena. Para agravar más su falta de claridad y deshonestidad ideológica, tanto en la Cámara de Representantes como en el Senado Americano, reclaman que la Libre Asociación no los describe como partido, y logran en alianza con los supremacistas republicanos norteamericanos que incluyó el ELA como está y dejaron abandonada la Libre Asociación, producto de sus Asambleas.

Los Congresistas norteamericanos, claramente confundidos, se encontraron con cuatro posibles soluciones: colonia por consentimiento mutuo (ELA), Libre Asociación, Estadidad e Independencia; pero con sólo tres partidos políticos representados en las vistas públicas. Hemos sido exitosos en importar la mogolla puertorriqueña a los más altos niveles del Congreso. El nuevo Partido Soberanista podrá reclamar que la Libre Asociación no es huérfana de adeptos y es legítima solución al problema colonial. Sería con la aprobación de un proyecto como el HR #2499 la gota que desborde la copa popular ocasionando que los estadistas dentro del PPD voten por la estadidad y así le den la victoria a la estadidad en referéndum del Congreso de los Estados Unidos. Ni que los portorriqueños fuéramos tan ingenuos como para continuar cediendo el poder de decidir nuestro futuro al Congreso de los EEUU permanentemente.

Pasó en el 1952, con la creación del ELA, un gobierno propio pero supeditado a la última palabra del Congreso. Las condiciones no son iguales y el índice de analfabetismo en Puerto Rico ha disminuido significativamente. Los congresistas de origen hispano, especialmente los puertorriqueños, creen tener el poder para decidir en base a sus preferencias por nosotros. Esto no es democracia sino dictadura que tanto critican a Fidel cuando nunca en la historia nacional el Congreso nos ha oído como pueblo. Ya es tiempo de eliminar este estándar doble. Mientras no nos escuchen, están haciendo igual que Fidel Castro con el pueblo cubano. A quién único le conviene la colonia es al Congreso de los EEUU y a los oportunistas que creen que apoyándolos mantendrán el poder en Puerto Rico. Ya es tiempo que nos oigan democráticamente y mantengan un diálogo serio en respeto mutuo que nos lleve a salir de este "status" denigrante y colonial.

No es cuestión que los populares negocien un nuevo pacto. Porque no existe pacto alguno entre PR y los EEUU, ninguna ley en los EEUU o en PR dice esto. Si lo encuentran en algún sitio, me gustaría leerlo. Desde 1898, según el Tratado de París de 1898 entre España y los Estados Unidos, Puerto Rico es un territorio colonial no independiente ni soberano. Simple posesión de España que fue cedido a los Estados Unidos como compensación de gastos de guerra; ese es el único pacto que existe. La comunidad internacional se ha transformado y no aceptan este "status "colonial para nadie. Esto es la ley internacional. Si los puertorriqueños queremos ser dueños de PR tenemos que hacer una reclamación y solicitar cambiar los términos del tratado para hacernos dueños de Puerto Rico. Ningún partido político en PR en control del gobierno ha solicitado cambiar los acuerdos de este tratado para hacernos dueños de Puerto Rico. La razón es sencilla y simple; una vez solicitamos ser dueños, nosotros aceptamos la responsabilidad del bienestar humanitario y económico del futuro de nuestra gente.

El problema se agrava porque ningún partido tiene una solución a mano para resolver este gran problema. Todos dependen de lo que los EEUU les puedan dar; cosa que nosotros no sabemos a ciencia cierta, pues eso está de parte de ellos. Peor aún, nosotros no nos ponemos de acuerdo en nuestras responsabilidades y el monto de las ofrendas necesarias para adquirir la propiedad de PR. Esto es otro capítulo más del circo colonialista de la clase social de los políticos colonizados. El dinero del pueblo se convierte en botín de los partidos políticos para continuar politiqueando.

El partido de minoría, ante la posibilidad de recibir migajas en lugar de tocino en el presupuesto gubernamental a ser aprobado por la legislatura, arrancó y se fue a la huida abandonando sus funciones y deberes para con el pueblo de Puerto Rico. Se unió a los protestantes universitarios en las escalinatas del Capitolio. Se descubrieron y se convirtieron el partido del no popular y del partido de la constituyente que quieren gobernar por acuerdos de asambleas de unos pocos. ¡Que viva la colonia!

Patético esfuerzo de reescribir la historia de Luis Muñoz Marín, pero al revés, con la fundación del MUS. Muñoz fundó el PPD y le dio la espalda al independentismo, los persiguió, los torturó y los condenó a no exhibir la bandera de Puerto Rico ni en sus propiedades. El resultado neto ha sido una finca de estadistas asustados de los federales, sus leyes e impuestos y, que para colmo, se rehúsan aprender hablar inglés. Ahora, los soberanistas en el PPD, que son cobardes en no reconocer que la soberanía es sinónimo de independencia, fundan el MUS. La habilidad poética hipnotizadora de Muñoz no es compartida por nadie en estos tiempos. Tampoco es la misma gente; la educación ha mejorado y los medios de comunicación facilitan salir de la ignorancia típica del pasado. No quieren llamarle independencia y le llaman soberanía, pues le quieren vender al pueblo que no perderán la ciudadanía americana ni por un minuto en la transición. Quieren ser independientes pero financiados por el dólar americano.

Se le llenó el cuarto de agua al PPD. Están tratando de rescatar la imagen de partido de centro que en un tiempo les aseguraba ganar las elecciones. Los esfuerzos parecen inútiles ante la obvia realidad de que son el partido más reaccionario en Puerto Rico, defendiendo el colonialismo de los Estados Unidos en la Isla. No es la ciudadanía americana ni la unión permanente lo que defienden. Es el sometimiento y la subordinación ante los poderes plenarios del Congreso de los EEUU con tal de no pagar y contribuir al tesoro federal para seguir recibiendo las sobras del plato federal. Sus problemas contra los independentistas no son nuevos. Su fundación como partido fue históricamente un rechazo a la independencia de PR. Por muchos años los persiguieron, los carpetearon, los torturaron, los engañaron y los mataron. AAV fue el gran engatusador de los independentistas y los manipuló para ganar las elecciones contra Roselló. Con la propaganda de que el status no está en juego sino la sana administración, se les unieron estadistas e independentistas asustaos que se denominaban autonomistas, luego soberanistas y ahora mudos.

Pero en estos tiempos donde el gobierno del Presidente Obama hará historia contra el colonialismo de los EEUU en PR, el "status" está en juego. El problema mayor del PPD no son los independentistas asustaos sino el de los estadistas en el PPD. Ellos saben que la única manera de asegurar la unión permanente y la ciudadanía americana entre PR y los EEUU es favoreciendo la estadidad para Puerto Rico. Sin independentistas ni estadistas, el PPD es un partido hueco ideológicamente y favorecedor de lo que internacionalmente el mundo en consenso condena; el colonialismo. Actualizar el ELA es sencillo; lo difícil es tomar la decisión sin perder las elecciones generales. Sólo hay tres caminos para actualizar el ELA de acuerdo al derecho Internacional; la Estadidad, la Independencia o la Libre Asociación. El PPD todavía está ofuscado con ganar las elecciones en lugar de un cambio de "status". Desgraciadamente para ellos, el pueblo anda por diferentes caminos porque se han dado de cuenta que hay que cambiar el "status" para poder mejorar económicamente. La pregunta para el PPD es, ¿ser o no ser colonia?; he ahí el dilema.

El Congreso de los Estados Unidos define clara y precisamente la colonia que es igual al ELA. En el ELA, ellos son dueños de PR, pueden unilateralmente cambiar el estatus, pueden discriminar en términos de ayudas federales y pueden oponerse y vetar tratados con países que no les conviene a un o algún estado de los EEUU. También definen las soluciones posibles para la descolonización, estadidad, independencia o libre asociación. Ahora que las cosas están claras, estamos mudos como los supuestos soberanistas en el PPD. Consistentemente han dicho que PR es gobernado bajo mandatos del Congreso y decretos presidenciales; así ha sido y seguirá siendo hasta que allá decidan. No es que en el PPD son ignorantes, es que se creen que el pueblo es ignorante. Muy bien saben que el estancamiento económico de PR es a causa del estado colonial. Es por esta razón que la comunidad internacional ha prohibido el colonialismo, pues este va en detrimento de los colonizados. Deberían pregonar que están orgullosos de ser colonizados en lugar de seguir con los cantinfladas y medias verdades.

No hay nada malo en ser honesto e ir con la verdad en lugar de tener dos caras y seguir tratando los asuntos del pueblo con falsedades y mentiras que pocos las creen, excepto los fanáticos del corazón del rollo. Les quedan pocos jíbaros, este es un Puerto Rico más joven, mejor educado y más informado; él que más o menos leyó la traducción del informe de Obama y lo entendió mejor que estos políticos. El ELA fue orquestado por las agencias de inteligencia y la marina de los Estados Unidos para amansar el nacionalismo en PR. Siempre el pueblo ha sido la marioneta a manipular. Nunca el pueblo se ha expresado directamente a los dueños y señores del territorio de PR, el Congreso de los EEUU. Sólo alternativas electas por todo el pueblo de PR, anti colonizadoras como lo son la estadidad y la independencia con o sin asociación con los EEUU, son un ejercicio verdadero de justicia y democracia para la colonia de Puerto Rico.

El ELA fue creado por el Congreso a pedidos de LMM y seguidores. Aún en ese momento, quienes lo solicitaron no estuvieron totalmente de acuerdo. Nunca fue descrito en el Congreso como un tratado o pacto, pues Puerto Rico no contaba ni cuenta al presente con la autoridad y autonomía para establecer tratados con otras naciones. Puerto Rico le pertenecía y le pertenece a los Estados Unidos. El ELA fue creado por órdenes del Congreso para reglamentar la vida en su territorio colonial. Con el consentimiento de sus obedientes, sumisos subordinados colonos, lograron enmascarar la colonia ante las presiones descolonizadoras de la comunidad internacional. El PPD siempre ha sido una contradicción y un juego politiquero. Hacen creer que quieren y ansían el contacto internacional pero se oponen y se burlan de las Naciones Unidas y sus intenciones descolonizadoras para

PR con el embuste de gobierno propio que sólo se lo creen ellos y todos los demás políticos que disfrutan del "situado" norteamericano. Somos afortunados que en nuestros tiempos el jíbaro analfabeto y ciego feligrés del muñocismo está desapareciendo. Una nueva generación de jóvenes está tomando la responsabilidad de aclarar los históricos mitos políticos en la colonia.

Con el acuerdo llegado entre el Presidente Obama y el partido republicano, el partido demócrata de los EEUU ha tenido que aceptar que, contrario a Puerto Rico, la población general quiere cortar el presupuesto federal, el déficit y por ende, los impuestos. Las promesas de las medianoches y paridad de fondos con los otros estados para PR no van. En la segunda fase de los cortes, Obama admitió que todo está en la mesa, incluyendo Medicaid, Medicare, Seguro Social, veteranos y defensa. Soy de los que piensan que esto unirá al pueblo de Puerto Rico. No es lo mismo pregonar la independencia con el Seguro Social o el pago de veteranos en el bolsillo que pelaos. Anticipo una súper mayoría buscando la estadidad para PR, botando al gobierno local por ineficientes, corruptos, coqueros y sustituyéndolos por el gobierno federal.

Con ese sonsonete del continuo "no", el PPD seguro pierden las elecciones. Van a tener que probarle al pueblo que sus neuronas sirven para algo más que criticar. ¿Cuál es el plan para activar la economía, aumentar la producción nacional y motivar a la gente a trabajar y producir? ¿Van a continuar el sometimiento colonial con los Estados Unidos al cual nos tienen acostumbrados? ¿Qué han aprendido de los errores pasados? ¿Cómo evitarán otro cierre gubernamental? ¿Seguirán tratando de cuadrar los presupuestos cogiendo prestado hasta convertir el crédito gubernamental en chatarra? ¿Qué van a hacer para evitar no pagarles a los suplidores así como lo han hecho en el pasado? Puerto Rico necesita crítica constructiva e inteligente; ya no somos los jíbaros del pasado.

¿Estadidad, sí o no? Ya se les olvidó a los populares su oposición al plebiscito por no incluir el ELA. Antes, había que incluir todas las alternativas para considerarlo democrático. Ahora que el ELA está incluido, con su definición tomada en su Asamblea General y consonante con la enmienda Vizcarrondo, no les gusta. ¿Por qué no dicen que lo que ustedes verdaderamente quieren es que los norteamericanos sigan siendo los dueños de Puerto Rico? Que sigan mandando a su antojo y unilateralmente que se fastidien los derechos democráticos del pueblo de PR de controlar sus destinos. Ustedes son unos cobardes que prefieren hablar contra la estadidad que quitarse la máscara y dejarse ver como sumisos, obedientes subordinados colonizados, lo cual es sinónimo de político del Partido Popular.

De locos y poetas todos tenemos un poco. El problema de la ambivalencia ideológica del PPD es historia antigua. Denotan un miedo a perder la identidad propia como detente al proceso de evolución política del "status" en Puerto Rico. Me recuerda a aquellos clientes que me expresan no envolverse en una relación humana por miedo a perder su identidad. La identidad propia así como la nacional son entidades dinámicas que siguen las leyes de la naturaleza del continuo cambio ante las adversidades. Aún nuestro cuerpo hoy, no es el mismo de ayer. Cada 120 días todas las células rojas de la sangre son renovadas. Cada día nuestros tejidos son destruidos para darle paso a nuevos tejidos del cuerpo. Estos cambios inevitables en la naturaleza producen ansiedades en los individuos por su poca predictibilidad.

El PPD está anquilosado en el pasado por el miedo a no poder contestar la pregunta con precisión exacta; ¿Qué pasaría en Puerto Rico y con los puertorriqueños si dejáramos de ser colonia? Ante la incertidumbre y el miedo se mantiene históricamente como el partido más reaccionario, sumisos, subordinados defensores del colonialismo en Puerto Rico. Este miedo los hace ser los puertorriqueños más inseguros de su identidad puertorriqueña y los más cobardes ante la evolución social de la raza humana.

De que el país, la Isla de Puerto Rico es un embuste no tengo duda ninguna. Muchos sabemos que es sólo un territorio de los Estados Unidos que es sinónimo con colonia. Muchos otros pretenden no saberlo, o hacen como el Tribunal Federal hacía en el pasado en Puerto Rico; se hacen de la vista larga. El embuste grande no es él de las instituciones, sino el embuste continuo diario de la gente. Los llamados asimilados o anexionistas son nenes de teta comparados con los que asimilan el colonialismo como leche materna.

Se habla de asimilación hacia los norteamericanos y sus instituciones; ponen sólo a los estadistas todos en un saco y los llaman pitiyanquis. Este es el embuste más grande en Puerto Rico. Los defensores de los yanquis y sus grandes corporaciones siempre han sido los que se cantan patriotas y defienden la colonia (ELA) y, con sus actitudes, obstruyen la expresión del pueblo mediante su derecho democrático del voto popular. Todos sabemos quiénes en Puerto Rico se oponen a la voz del pueblo y la verdadera democracia.

Con su obstruccionismo lo que hacen es perpetuar la colonia, protegen los intereses de las compañías norteamericanas en Puerto Rico y continúan haciendo de Puerto Rico una posesión de los Estados Unidos; estos son los verdaderos pitiyanquis. Ellos son los verdaderos defensores del colonialismo arcaico que dominó la política norteamericana años atrás. Viven el presente venerando al imperialista colonizador español encarnado en el presente colonizador norteamericano. Esto es verdaderamente el ser colonial y pitiyanqui. El ELA protege el título de propiedad de los Estados Unidos sobre Puerto Rico para los Estados Unidos. Con el ELA no somos dueños de Puerto Rico; ese es otro embuste de marcas mayores de estos embusteros supuestos defensores de la patria que se esconden con epítetos y adjetivos sin sustancia para esconder su miedo al diálogo de tú a tú con el colonizador dueño de Puerto Rico.

No es cuestión de sacar el ELA de la papeleta, al menos yo no hablo de eso. De acuerdo de que el PIP y el PNP lo quieren sacar de la papeleta y el informe de la Casa Blanca no lo saca de la papeleta. A lo que me refiero es a tener conciencia por lo que se vota cuando se vota por el ELA, y esto es mantener la soberanía de los Estados Unidos sobre PR. Es mi opinión que esto ha sido lo que ha querido la mayoría en el pasado, y posiblemente en el presente. El cielo no se puede tapar con una mano, y el electorado puertorriqueño ha evolucionado del jíbaro analfabeto, incomunicado y pobremente educado hacia una generación joven, mejor educada y conectada con el mundo.

El PPD ha sido un partido defensor de la colonia y muchos en él están contentos con eso. Hoy en día, dentro de este partido se encuentra un fuerte grupo disidente que no está de acuerdo con esta condición colonial. Estos han conseguido la enmienda Vizcarrondo y la aprobación en asamblea de partido la resolución a favor de la soberanía de Puerto Rico y un status no territorial no colonial. Las fuerzas y el conflicto interno se hacen obvios cuando la Junta de Gobierno del partido aprueba una resolución en contra de la soberanía y la libre asociación. Esta junta sigue usando ilusiones cantinflescas como lemas de campaña política al decir que el PPD es representante de la unión permanente. De acuerdo a Obama y su equipo de trabajo, es tan permanente hasta tanto y en cuanto el Congreso de los EEUU lo decida. También admiten tener el poder para con una acción unilateral cambiarlo.

El comentario del Representante por el PPD, el Sr. Ferrer, puede ser otro embuste más de los acostumbrados por el PPD en hacerle creer al pueblo que favorecen la unión permanente que es sinónimo con la estadidad, pero simultáneamente favorecen un estado no colonial ni territorial sinónimo de independencia, soberanía, y libre asociación. De esta manera tienen todos los sabores para hacer regresar los miles que los desertaron las pasadas elecciones. Veremos cuántos pescaditos cogen en Noviembre del 2012.

El dueño de la Isla de Puerto Rico, el Congreso de los Estados Unidos, no desea que se convierta en un país independiente tampoco en un estado hispano con gran poder político por el número de representantes correspondientes mayor que muchos estados. Les conviene mantener la colonia en confabulación con los gobernantes colonialistas, vela güiras, que desean administrar los dineros del pueblo para su propio beneficio y el de sus seguidores. Todos los partidos políticos han participado como cómplices de la Gran Mentira Colonial que es el ELA. La Constitución de Puerto Rico fue diseñada por puertorriqueños, modificada y aprobada con enmiendas por el jefe supremo colonial de PR, el Congreso de los EEUU. Quien diga lo contrario es un embustero de marcas mayores o es un popular; lo cual son sinónimos.

El pueblo de Puerto Rico nunca se ha expresado directamente con papá Congreso porque los partidos políticos han sido históricamente un estorbo y obstrucción de esta comunicación directa del pueblo con el Congreso de los EEUU. No sólo somos sumisos, subordinados, ciegos obedientes del Congreso sino también de los caudillos líderes políticos partidistas. Si vergüenza deberían de tener el Congreso y los partidos políticos, doble vergüenza deberíamos tener el pueblo por permitir que esta situación haya durado 517 años.

El ELA no ha sido un fracaso total para Puerto Rico; ha servido como transición hacia la Estadidad. Con el ELA, el pueblo de Puerto Rico renunció a su soberanía nacional independencia y consintió en un gobierno republicano federalista bajo la Constitución de los Estados Unidos. Con un disfraz de dos caras, Commonwealth y Estado Libre Asociado, el PPD se convirtió en el mejor aliado de los estadistas y agente encubierto contra los independentistas. El ELA cumple la función de mantener a PR como posesión de los EEUU de manera sumisa, subordinada, obediente y servil a los intereses de las grandes corporaciones norteamericanas; cualquier parecido del ELA con la CIA no es mera coincidencia El error no es del PPD. Ellos están en lo cierto pensando que la mayoría de la gente en Puerto Rico prefiere vivir siendo una colonia. Su propaganda electoral va dirigida a esos millones de individuos que prefieren vivir en la jaibería colonial. Así como muchos, en PR que prefieren que los norteamericanos sean los dueños del territorio, lo mantengan, defiendan y lo desarrollen para nosotros vivir de arrimaos. Míralo de esta manera: tú vives en una casa bonita no y pagas renta. El dueño la mantiene, la protege, te da dinero para alimentos y, si te enfermas también te da dinero; negocio redondo pero sin orgullo propio. El problema es que hay muchos políticos de todos los partidos que comparten la mancha del jaiba. El problema del colonialismo no se limita a ausencia de poderes políticos. También incluye ausencia de valor propio en la personalidad del colonizado. El cordero en el escudo de Puerto Rico debe de ser sustituido por un parasito.

El ex gobernador popular parece estar escribiendo su cartita a Santa Claus. O se peina o se hace papelillos. ¿Qué es lo que quiere soberanía, estadidad o limbo colonial? Me parece que ninguna de las anteriores. Todo ha sido un sueño. El liderato del PPD son unos nenes engreídos que quieren ganar sin saber porque. Están tan acostumbrados a ser los favorecidos del Pueblo prevaleciente de los años cincuenta que no se han dado cuenta de los cambios demográficos, educativos e informativos del nuevo Puerto Rico. Le siguen hablando al jíbaro creyendo que sin definirse por acto de fe van a ganar el voto popular. En este plan de plebiscito, en la primera pregunta pueden demostrar si tienen mayoría, el ELA actual o no. Esta es la primera aparición en el propuesto plebiscito del ambiguo ELA en su versión colonial. En la segunda pregunta reaparece el ELA mejorado en su versión aprobada por la Asamblea del partido y todavía vigente, el ELA Soberano.

¿Cuál es la definición del ELA que no está incluida? Siguen llorando como nenes engreídos y malos perdedores. Si quieren verdaderamente ganar, salgan del closet y conviértanse en el partido demócrata de los EEUU favoreciendo la verdadera unión permanente que es sinónimo con la estadidad. El pueblo exige definición y lo vamos a lograr.

El PPD pretende resucitar a LMM de su tumba y encarnarlo en J. A. Hernández Mayoral o Alejandro García Padilla. El pánico cunde en sus filas. Unos gritan a todas voces ¿Colonia, y ¿qué? Estamos contentos como estamos. Otros gritan colonia no, pero estadidad o independencia tampoco. Unos pocos hacen todo lo posible porque sus líderes le hagan caso a la base del partido y sus resoluciones "Vizcarrondo" y a favor de la soberanía en contra de la cláusula territorial. El corre y corre impera; el conflicto es difícil de silenciar. La pava está cogiendo fuego y no es popular, sino definitorio. ¿Para dónde vamos?

¿Para dónde queremos que nos sigan? ¿Para el norte, el sur o el viejo mundo? Y como se les está haciendo tarde para hacer consenso interno, unos deciden mejor postergar otros 517 años tan vital decisión y que sean los nietos o biznietos que desarrollen las pelotas necesarias para tomar tal decisión.

El PPD recibió invitación de honor al plebiscito propuesto por la Casa Blanca porque son los arquitectos de la entrega de la soberanía nacional a los Estados Unidos en 1952 con la creación de la Commonwealth de Puerto Rico. Los estadolobristas han vivido en una fantasía poética de dos caras; Commonwealth de Puerto Rico y Estado Libre Asociado. Esta última para consumo exclusivo de los puertorriqueños, colonialistas, ingenuos e ignorantes de los procesos históricos. En 1952, cuando yo celebraba mis 3 años de edad, los norteamericanos les comieron las tapitas al PPD con el consentimiento de aceptar el federalismo republicano. De ahí en adelante, bye- bye a la soberanía. Su encomienda fue la destruir el movimiento independentista y promover el federalismo con el Commonwealth. Algunos populares se sintieron engañados y, aunque han sido parte funcional en este plan de federalización, han insistido en mentirle al pueblo; dicen con la Enmienda Vizcarrondo que buscan la Soberanía Nacional. Ya es tiempo de que se dejen de cuentos y admitan que no quieren la independencia para PR y que le tienen miedo a la completa federalización para Puerto Rico.

El supuesto muerto (ELA) está vivito y coleando porque el pueblo lo mantiene con vida. En apariencia, todos quieren cambio; en realidad todos mantenemos el muerto el colonialismo vivito en Puerto Rico. Los Estados Unidos se resisten a deshacerse de su posesión colonial obtenida por la fuerza bruta militar. ¿A quién le amarga un dulce? Mercado cautivo y vertedero de bombas obsoletas y NAPALM.

El tío Alejandro no gana aún con maquillaje, espuelas, fuete y gríngolas. Corre sobre un caballo viejo desprestigiado y en bancarrota, el ELA. Sólo les queda el corazón del royo; unos viejos fanáticos que sólo sueñan con la fantasía de que todo tiempo pasado fue mejor. Su "baby face" enmascara el viejo cuento de lo mejor de los dos mundos para los norteamericanos. Ni con las baterías hechas medianoches de Obama ganan.

Todavía, después de cinco largos años de recesión económica, no aceptamos de que el ELA sólo ha servido para beneficiar los norteamericanos en materia de comercio, moneda y ciudadanos guerreros para las guerras, industrializar a PR y crear una población de colonizados contentos con poder adquisitivo para consumir los productos que los norteamericanos nos decidan vender. El ELA protege a la posesión colonial de los norteamericanos de la comunidad internacional, hambrienta de acabar con el colonialismo a nivel mundial. El ELA lo crearon los norteamericanos y lo destruirán los norteamericanos con su gobierno disfuncional que no acuerdan un presupuesto para atender sus obligaciones, incluyendo las de su colonia a pesar de nuestra obstinación de ser obedientes, sumisos, subordinados colonizados contentos.

En su Asamblea, el partido rojo se pintará de azul. Azul como el partido demócrata de los Estados Unidos. Será una transición hacia la estadidad a plazos cómodos. Los independentistas en el PPD son unos vela güiras que no les importa la fama de las masacres contra los independentistas y la ley de la mordaza contra todo símbolo de la independencia para PR que ha caracterizado al PPD. Los estadistas en el PPD estarán decepcionados por la actitud cobarde y jaiba ante la estadidad y pago de impuestos federales y seguirán su travesía hacia el PNP. El PPD se pondrá flaco de votos, hasta que decida quitarle los votos al PNP definiéndose como un partido estadista representantes del partido demócrata de los EEUU. Los independentistas eventualmente se quitarán las máscaras y comenzarán hablar inglés porque tienen el mejor acento norteamericano.

El PPD dependió de los jíbaros analfabetos en 1952 para conseguir la validación mediante voto popular de la colonia. Ahora en el 2012, se enfrentan a una población joven, mejor educada e informada que va creciendo mientras que sus seguidores del corazón del royo se están poniendo viejos y muriendo. Esto va hacer más difícil que el pueblo de Puerto Rico valide la colonia nuevamente, aún con su lema de ELA mejorado. El veto a la colonia vendrá de una juventud con mayor conciencia histórica.

Es triste ver como los soberanistas del PPD repentinamente han desarrollado mutismo selectivo todos al unísono. Con los independentistas condenados en el PPD y la soberanía desenmascarada como independencia, son pocos los prospectos para el nuevo movimiento o partido (MUS). Tendrán que cifrar sus esperanzas en la masa silente que ni les va ni les viene la política en Puerto Rico y van y vienen de acuerdo a sus necesidades y egoísmos personales. Cuadro un tanto tétrico digno de "Halloween".

Con el ELA hemos abdicado a tener el control de nuestra defensa, comercio y relaciones internacionales. Para todo le tenemos que pedir permiso a papá USA y sólo lo podemos hacer cuando allá les venga en gana oírnos. Cosa que nunca oficialmente han hecho con el pueblo; sólo con un individuo demócrata saboreando una medianoche. Tenemos un elefante colonial en medio de la sala, y como ciegos colonialistas, no lo vemos o no lo queremos ver porque es nuestro hijo. Si de ambigüedades se trata el PPD, es el maestro de maestros. Unión permanente es sinónimo de estadidad. ELA es sinónimo de colonia. ELA soberano es sinónimo de Libre Asociación. Los líderes populares padecen de una disfunción en el lenguaje político; cada vez que hablan de algo dicen lo contrario. Estos individuos siguen la tradición de LMM y Rafael Hernández Colón; aquí dicen una cosa y el Congreso de los EEUU dicen lo contrario.

Tenemos un buen ejemplo del tipo de campaña política que nos espera en el 2012 y la cual nos tienen acostumbrados nuestros políticos. De este lado nada, del contrario peor. No hay sustancia en los argumentos, sólo insultos para el contrario. Escojamos entre el menos malo. El éxito eleccionario del PPD reside en su ambigüedad ideológica para que así todos sin distinción de ideologías se sientan que están en su casa. El PPD es el Partido de la Gran Mentira Colonial, le miente al pueblo y obstaculiza su libre expresión para así defender la colonia en beneficio de las grandes corporaciones norteamericanas. Nadie en ese partido va hacer caso a los pedidos de soberanía de algunos populares. En política, cuando usted no quiere que se haga algo, se nombra un comité. Así la responsabilidad no es de todos sino de unos pocos. Cayeron en la trampa los soberanistas en el PPD y ahora gritan para que los apoyen. Veremos si el chapulín colorado viene en su auxilio.

Esto es como el cuento del cuernú; él es el último en enterarse. Todos ahora en los Estados Unidos saben que Puerto Rico pertenece a los EEUU por virtud del Tratado de París de 1898. En el caso del PPD no es que no lo saben, sino que no les importa. Ellos saben que los norteamericanos son los dueños pero como nosotros no pagamos impuestos federales sobre el ingreso individual, a ellos no les importa. Todos están contentos porque los EEUU mantienen al gobierno y a gran parte de la población. Es como vivir en una casa alquilada, no pagas renta y el dueño te da dinero para que vivas mientras la usa la casa para sus negocios. "Lo mejor de los dos mundos". Si esto no cualifica para jaiba, nada lo es. Lo triste de la situación es que se parece tanto a la vida del negro africano antes de la abolición de la esclavitud que da vergüenza. Esclavos que quieren seguir siendo esclavos para no asumir las responsabilidades de la libertad. El PPD como está es una vergüenza para la comunidad internacional; son el colmo del ser colonizado. Se comportan como animales sedientos de poder con ninguna conciencia ni vergüenza histórica.

Ganar la elección es la preocupación principal del PPD. No tienen conciencia histórica. Por lo tanto no sabe cómo se ganan elecciones en estos tiempos. Este es un mundo donde los dictadores caen a diario, donde el mundo reclama mayor participación para todos, mejorar los derechos democráticos de la humanidad, donde un país con un historial de racismo intenso selecciona un negro como su presidente. Donde Puerto Rico se ha mantenido como colonia por los pasados 517 años y es causa directa de nuestra recesión. En el PPD sueñan con la sombrilla obsoleta del ELA que incluía los estadistas, independentistas y libre asociacionistas. Pero les llegó el momento de definirse. ¿Quieren ser estado, independientes o una libre asociación con los EEUU? Dejen las cantinfladas para los jíbaros y pónganse en contacto con el nuevo Puerto Rico anti colonial. Hay dos maneras de mejorar el ELA; con la soberanía e independencia nacional o con la estadidad y soberanía estatal. Cualquier otra cosa es una versión disfrazada de la colonia. El PPD es el partido más diverso, pues de populares tú sacas estadistas, independentistas y colonialistas.

La creación del ELA ha sido diseñada por las agencias de inteligencia de los Estados Unidos y la Marina. El PPD, desde entonces y hasta ahora, han sido los máximos alcahuetes de los intereses norteamericanos en detrimento de los nuestros. Ellos recibieron las compañías 936 en recompensa, hasta que los demás estados se quejaron del tratamiento preferencial para la colonia. En los cincuenta el movimiento nacionalista e independentista era poderoso y fuerte. Estos le dieron a los puertorriqueños un orgullo de nación inexistente bajo el sistema colonial imperante. El ELA fue diseñado para neutralizar el incipiente poder nacional en Puerto Rico. Temerosos de que los puertorriqueños demandaran mayores poderes que los coloniales mediante un pedido de estadidad o independencia, surge el ELA para complacer a todos y mantener el "status" colonial en Puerto Rico. Estado que no es estado. Libre, pero no libre. Allá en los EEUU no son brutos. Los brutos somos nosotros creyéndonos el cuento de gobierno propio con el ELA. Sin duda la CIA se la comió y ha tenido éxito en castrar al pueblo de PR de sus poderes nacionales que se adquieren mediante la estadidad o la independencia. El ELA ha sido exitoso en mantener la supremacía de los Estados Unidos sobre Puerto Rico. Tras traicionar sus ideales de soberanía e independencia, todavía hoy defienden a brazo partido la colonia en contra de la verdadera autonomía en ambos frente contra la estadidad y la independencia.

El proceso de crecimiento y desarrollo social de Puerto Rico por los pasados 113 años ha sido diseñado en el Congreso de los Estados Unidos y no en Puerto Rico. Esto de gobierno propio con el ELA es una gran mentira. Nosotros en nuestra historia, como país en desarrollo, nunca hemos tenido el control de dirigir nuestro crecimiento en base a planes hechos y sufragados por nosotros mismos. La Gran Mentira Colonialista del ELA se engendró en tiempos para aplacar el fervor nacionalista prevalecientes en Puerto Rico. El carisma de LMM, la ignorancia y analfabetismo del pueblo de Puerto Rico fueron el terreno fértil que hizo de la Gran Mentira una realidad psíquica en el pueblo. Esa ha sido y es historia. Lo patético es que al presente con una educación popular mejorada, la existencia del Internet, un presidente honesto que le dice al pueblo directamente en su informe que esta es la realidad de PR, y que el poder último de cambiarla reside en legislación del Congreso de los Estados Unidos con su aprobación como Presidente, todavía hay individuos uno tratando de ser gobernador diciendo que esto no es cierto.

Aunque han pasado 59 años, la necesidad al presente de la Gran Mentira sigue siendo la misma. Es y ha sido necesaria la mentira para embriagar de patriotismo fatulo a unos pocos que pregonan la soberanía. El ELA ha sido el colmo de la alcahuetería de los políticos cobardes en aras de la protección de los dueños de la Isla, los norteamericanos. Cantan la Borinqueña y a nuestras espaldas le regalan el trabajo y recursos de los puertorriqueños a las grandes corporaciones norteamericanas (936). Con estos amigos, ¿quién necesita enemigos? Son mentirosos y cobardes que sólo les importa ganar elecciones sin rumbo claro e ideológico para la patria. Para atraer estadistas se ponen la máscara de la unión permanente. Para atraer independentistas se arropan de la bandera de PR y pregonan la soberanía; bufones sólo son bufones.

En el PPD se han dado cuenta que la bandera que se arropó AAV fue la equivocada. El crecimiento del PPD se va a dar en función a su aspiración a la unión permanente que es sinónimo con la estadidad, transformándose en el partido demócrata de los Estados Unidos en Puerto Rico. La Junta de Gobierno del PPD ha hecho unos pronunciamientos contra la soberanía de Puerto Rico excluyendo tácitamente la libre asociación como alternativa política. En su pasada Asamblea, la plataforma del partido y con la enmienda Vizcarrondo han dicho lo contrario de estadidad; sus deseos son de un Puerto Rico soberano. No quieren definirse ideológicamente. Están recogiendo velas porque en las pasadas elecciones con la soberanía le dieron una pela zarrapastrosa. Ahora recurren al cuento del status no es lo importante sino combatir la pobreza. Le pregunto, ¿cuál es el ejemplo que tienen de una colonia rica? Dicen que hablan con el pueblo, pero el instinto del pueblo sabe olfatear donde está el dinero. Los EEUU han pasado por una recesión y están recuperándose en parte a costa de nuestras costillas porque, como colonia, pueden discriminar en contra de los beneficios que nos corresponden como ciudadanos americanos. Son millones en el pueblo que se han dado cuenta de este discrimen si vives en Puerto Rico. No van a ganar porque no oyen al pueblo, sino a los pocos fervientes seguidores ancianos del corazón del rollo que se quedaron sin trabajo al perder el partido las elecciones pasadas.

"LA MADRE EL QUE VOTE EN ESA PORQUERÍA" por Fufi Santori.
La Estadidad es una porquería, la Libre Asociación es una porquería, la
Independencia es una porquería. Me pregunto, ¿Qué no es "mierda" de cerdo
de acuerdo al autor? ¿Será el ELA, la gran Mentira Colonialista, la única
solución? Suena a melón, colonialista. ¿Dónde está entonces el gobierno
propio del ELA? El gobierno propio es un embuste que se inventaron los
populares para acallar el fuerte movimiento nacionalista independentista
de los cincuenta. Hoy muchos, como papagayos, repiten la mentira porque
les falta coraje y honradez para admitir que no conocen la definición de lo
que es una colonia.

La posición de la Casa Blanca es la más sabia a mi entender, pues es
inclusive de todos los partidos y movimientos políticos; los estadistas, los
independentistas o los que prefieren la libre asociación con la soberanía
nacional. En la primera consulta se aclara quienes quieren unión con los
Estados Unidos (PNP y PPD) y quienes quieren una nación independiente
de los EEUU, (PIP, MUS y MINH). En la segunda consulta se decide que
fórmula es la preferida de las que ganó la primera consulta. De esta manera
se hace claro que el PPD es un movimiento anexionista hacia los EEUU
y la única manera de crecer será la estadidad. Gane o pierda el PPD en la
segunda consulta, si gana en la primera sacó de carrera a los soberanistas
dentro de su partido, pues se comprometió en la primera consulta con la
unión con los EEUU.

La preocupación del PPD por el PIP y los independentistas es hipócrita.
Su historial los delata. Han dedicado toda su vida a perseguir, torturar,
encarcelar y fichar a los profesos de la independencia también conocida
como soberanía por algunos cobardes que no se atreven a llamarla por
su primer nombre. Por mucho tiempo los utilizaron y se dejaron utilizar
para ganar elecciones a cambio de uno que otro trabajito o iguala con el
gobierno. Cuando el Congreso puso atención en el "status", la Junta de
Gobierno del PPD hace claro que no tiene que ver nada con la soberanía o
independencia y hacen la política oficial del partido anti soberanía. Los tildan
de plumitas liberales y los botan como bolsa del partido. Les imponen la ley
de la mordaza por segunda vez en su historia, so amenaza del que hable será
condenado al ostracismo PPD. Ahora tratan de aparentar preocupación
por sus hermanos independentistas porque a claras voces sus acciones los
delatan como supremos colonialistas que sólo defienden los derechos del

Congreso de los Estados Unidos y el Presidente, no los derechos del pueblo de Puerto Rico para la adquisición de poderes políticos que nos permitan planificar nuestro futuro de acuerdo a nuestras necesidades, no las de allá.

Idolatran y diosifican al gobierno norteamericano y les rinden pleitesía a las grandes corporaciones de los EEUU soñando con un poquito más de 936 para Puerto Rico. No confían en el pueblo y quieren que en chanchullo de unos pocos "inteligentes" nombrados por el dedo, se decida nuestro futuro nacional. La mona aunque la vista de seda, MONA se queda. Son colonialistas defensores del poder de los EEUU sobre Puerto Rico. LMM fue el gran poeta que se hizo político y amaestro e adoctrinó todo un Puerto Rico vibrante de nacionalismo político. Fue como las Oreos, muchos lo imitan pero no saben igual. Los norteamericanos, junto a LLM, orquestaron la validación del colonialismo en PR con la creación del ELA. En las vistas en el Congreso aparecen prometiéndoles lealtad eterna y autorizando al Congreso a que de volvernos locos acá en PR, ellos allá retenían el control para corregirnos.

Los defensores del ELA solo defienden el poder del Congreso de los EEUU sobre Puerto Rico. En un aparente canto de la Borinqueña encubren su incapacidad de andar con la verdad en ante el pueblo. Siempre han ganado los plebiscitos de "status" no para nosotros, sino para el Congreso de los EEUU, vende patria son todos. Lo que no es democrático es el colonialismo. Las fórmulas en este plebiscito propuesto por el PNP son las únicas aceptadas por la Organización de las Naciones Unidas (ONU) como fórmulas descolonizadoras. Muchos tergiversan la historia política de PR al no decir que en 1952, inducidos por la poesía política de LMM y sus seguidores, crearon el ELA para darle la espalda a la independencia y se sometieron sumisa y subordinadamente a la Constitución de los EEUU; un sistema republicano y federalista abdicando a la soberanía estatal. Todos en el PPD se oponen a que el pueblo decida. Vergüenza les debería dar.

Los puertorriqueños en mayoría mediante voto popular endosamos la colonia, así como nos lo rogó LMM en 1952. Desde entonces y hasta ahora, el dominio del partido colonial PPD ha sido casi monárquico. Los mismos viejos de siempre dominan y han dominado el partido, las multitudes, la gobernación, el Tribunal Supremo y la legislatura. Comenzando por LMM, Isern y RHC todos han tenido dos caras; una cuando negocian con el dueño del circo, el Congreso de los EEUU, y le prometen continuar la propiedad y la soberanía en manos de los Estados Unidos, ref.: US Congress record, y otra cuando hablan con nosotros aquí. Cuando le hablan a los puertorriqueños dicen que quieren soberanía para PR, la misma que a los norteamericanos les han jurado proteger para ellos. Si alguien en el partido dice la mala palabra "soberanía", los botan como plumitas liberales.

Más claro no canta el gallo. Para el PPD lo feo es la libre asociación. En otras palabras, lo feo es la independencia del control norteamericano para poder negociar en condiciones que nos favorezcan a nosotros y no a los norteamericanos. El melonismo está sentenciado a muerte. Así que el independentista tendrá que ser independentista por dentro y por fuera, de acuerdo a esta proclama imperial de la Junta de Gobierno del PPD. El MUS aparenta sólo ser una espora del PPD tradicional soberanistas pero no Independentistas; más de la misma canción popular de toda la vida. Son como el camaleón estando en ambos lados del asunto. Cojan nota los aprendices a político lo importante es parecer que se está con Dios y con el diablo a la vez. Para el PPD esto se traduce en defender los intereses de los norteamericanos manteniendo la actitud servil, sumisa y subordinada ante el Congreso de los Estados Unidos a cambio de los billones de dólares de ayuda federal a la vez que se aparenta estar defendiendo los interés de todos los puertorriqueños siendo "los mejores administradores del tesoro federal".

Para el MUS, esto significa tratar de no lucir muy independentista pero a la vez sí, para que aquellos melones dentro del PPD salgan del closet y los favorezcan personalmente sin lucir independentistas. Con esta proclama el MUS está destinado al limbo político. No son independentistas ni son populares; sólo son melones sin partido político que los acepte como propios. Con esta movida, el PPD se trata de zapatear del fantasma de la independencia que desde su fundación los merodea. El gallo ha cantado y él que no lo oiga está sordo. El PPD se ha proclamado el campeón defensor del colonialismo para Puerto Rico para defender los intereses del Congreso y las grandes corporaciones norteamericanas; la puertorriqueñidad tiene su precio.

Máximo de autonomía en unión permanente con los EEUU significa estadidad. Si se intenta desarrollar el ELA colonial, las únicas alternativas de desarrollo son la Libre Asociación o la Estadidad. Si superan el miedo al cambio me parece que el PPD será el próximo partido demócrata en Puerto Rico. De acuerdo a los populares, el fascismo en el gobierno de PR aparece ahora con el PNP. Sin embargo, el control que por los pasados 59 años tuvo el PPD no es fascismo. ¿Entonces, que fue? ¿Derecho divino como los reyes en el Reino Unido? Ni es demagogia pura, ni ignorancia absoluta.

Es una acción estilo Judas Tadeo. El PPD en un momento histórico le da la espalda a la independencia para Puerto Rico. Desde ese momento se caracterizó por perseguir, encarcelar, fichar, torturar, prohibir cualquier despliegue de la bandera de PR sola, y otros muchos crímenes contra los que profesaron la independencia para Puerto Rico. Con la elaboración de la Constitución de PR y su Carta de Derechos, consistieron en el estilo de gobierno republicano federalista y explícitamente abdicaron a la soberanía nacional, como lo hacen todos los estados de los Estados Unidos. Al estilo de como lo es Massachusetts, pasaron a ser un "Commonwealth". Como es usual de sus líderes, tienen una cara distinta cuando están en PR y otra en los EEUU, hipócrita. En aquellos tiempos del jíbaro analfabeto, la Gran Mentira del Estado que no es Libre y ni Asociado fue creíble para muchos como lo sigue siendo para muchos fanáticos e ignorantes. Desde entonces, le dieron la espalda al pueblo, impidieron el desarrollo empresarial nativo y se dedicaron a besarle el "trasero" a las compañías norteamericanas (936). El PPD sólo defiende los intereses del inversionista norteamericanos y las migajas que les regalan; son vende patria.

El PPD, partido hasta ahora dominante en la política doméstica, son unos domesticados subordinados que siempre han defendido el control de los Estados Unidos sobre PR quien tenga duda que examine los expedientes del Congreso, incluyendo las declaraciones de LMM en 1952 ante el Congreso. El Pueblo ha validado estas políticas coloniales del PPD, que de minuto a minuto se contradicen. En una carta al gobernador Fortuño, el Sr. García Padilla le pide desvincular al PPD de cualquier reclamo de soberanía para PR y en entrevista con Ramos en Univisión dice lo contrario, "que son defensores de la autonomía para Puerto Rico". Quien quiere el colonialismo y ha querido el colonialismo para PR es la mayoría de los puertorriqueños. Esta es una realidad que se la debemos al pobre nivel intelectual de la política en PR y de nuestros líderes, quienes no han sabido explicar y aclarar lo que es el colonialismo entre las naciones y su naturaleza degradante de la dignidad humana. Es más fácil ver la paja en el ojo ajeno que en el propio. No me gusta aprender de mentiras y falsedades de nuestros políticos, yo me leí lo siguiente y ustedes no.

http://web.docuticker.com/go/docubase/34821
http://www.un.org/Depts/dpi/decolonization/Q_A_%20brochure.pdf

Decir que el PPD es un partido de centro es un disparate de marcas mayores. Ni son independentistas, ni estadistas; sólo son colonialistas que no les gustan que los llamen por su verdadero nombre porque es una vergüenza internacional. Perro flaco soñando con longaniza, el PPD no vuelve a ganar una elección en Puerto Rico como está en el presente. El nieto del dueño dijo que sólo quiere colonialistas puros en el partido; el hijo dijo que no quiere la estadidad. Si limpian la casa de los estadistas y los independentistas sólo les quedan los colonialistas a ultranza. Estos últimos insisten que no les importa ser colonialistas porque, de acuerdo a ellos, recibimos los mismos beneficios económicos de los Estados Unidos sin pagar impuestos federales por el ingreso individual. Decisión tras decisión del Tribunal Supremo de los EEUU han ratificado el hecho de que no es cierto lo de los mismos beneficio que todos los estados. Los EEUU tienen el derecho legal de discriminar los beneficios económicos de los ciudadanos americanos viviendo en la colonia de Puerto Rico. El pueblo conoce esta realidad y los populares no. Y como lo del "status", es un asunto interno que se discute a puertas cerradas. Lo que les espera al PPD son menos y menos votos en las elecciones futuras. El pueblo con la falta de votos los obligará a definirse. Desde ahora, les anticipo que se convertirán en otro partido estadista representantes del partido demócrata de los EEUU.

Populares independentistas y populares estadistas no existen; esto es una contradicción. El ser colonizado es un conflicto irreconciliable con el anti colonialismo. El colonialista apoya, endosa y ve con buenos ojos el poder del Congreso y la falta de inherencia de Puerto Rico en las leyes y mandatos que nos rigen, incluyendo las guerras. El independentista y el estadista reclaman ambos sus derechos a alterar e influenciar de manera directa y justa los destinos de PR en todas las esferas de acción nacional. Sólo son populares cobardes que no se atreven a ser independentistas o estadistas y su lealtad no es al Pueblo de PR, sino al Congreso de los EEUU, el Presidente y el Tribunal Supremo de los EEUU. Por los pasados 59 años con el ELA, no ha existido democracia electoral para el pueblo de Puerto Rico. Estamos subordinados a las órdenes del Jefe en Comando de las Fuerzas Armadas de los Estados Unido. Nos envía a la guerra a pelear con gente que no nos ha hecho nada y no podemos votar y decidir quién ocupa esa posición. En el Congreso de los EEUU se diseñan y aprueban las leyes que definen nuestro futuro, comercio, economía y relaciones internacionales, entre otras, y no podemos votar de manera justa y proporcional. Somos 3.6 millones de habitantes pero sólo tenemos un casi mudo que no representa. ¿Dónde está la democracia electoral del pueblo de Puerto Rico en este escenario dantesco, del ELA?

Fueron al Congreso de los EEUU y dijeron para el record que favorecían una Asamblea Constituyente, chanchullo de unos pocos elegidos por el dedo, en lugar del voto directo del pueblo de Puerto Rico para decidir el futuro de nuestra relación con los EEUU. La defensa de los derechos electorales del Pueblo, ahora hecha por el PPD, no es creíble. Ahora que sacaron a los independentistas del partido, temen que sin su ayuda van a perder las elecciones; no se doblen mucho pues se le notan las enaguas. Por muchos años el PPD ha manipulado el voto popular a su antojo, siendo el partido que más elecciones ha ganado en Puerto Rico. Su estrategia de que el "status" no está en cuestión y de que son un partido de centro ha sido desenmascarada con el informe de la Casa Blanca. Puerto Rico le pertenece a los Estados Unidos y el PPD ha sido su más fiel defensor; no tan solo defienden al gobierno de los EEUU, sino también a los grandes intereses corporativos agrupados en las 936 y su colonia. El pueblo de PR nunca ha sido su prioridad; han sido los alcahuetes más leales a los EEUU. En 1952, le dieron la espalda a la independencia y abdicaron a la soberanía estatal con la selección del ELA. Han hecho creer a muchos de que no conocen la historia y de que son defensores de la soberanía cuando no lo son. Los pocos poderes que le restan a PR con la renuncia de la soberanía y que sólo son alcanzables con la estadidad; esto es dos senadores puertorriqueños y varios representantes en el Congreso, tampoco las defienden. De ninguna manera quieren reconocerle los poderes al pueblo. Ni independencia, ni estadidad y todo lo quieren es decidir tras bastidores con el chanchullo de la Asamblea Constituyente. Durante este tiempo han contado con el apoyo incondicional del partido demócrata de los EEUU. Ahora que existe el Tea Party, cuando estos comiencen a hacer presión para cortar los millones de ayuda federal a PR, no tendrán ningún poder para impedirlo y los demócratas se convertirán en traidores a su causa.

Puerto Rico está fastidiado por confiar en tanta promesa hueca de políticos colonizados como el Sr. Ferrer. Suena como los discursos en un concurso de belleza. Lo dice entre líneas; va a Washington a mantener el" status quo" colonial, va a Washington a defender la propiedad de los norteamericanos y a defender las grandes corporaciones norteamericanas de los impuestos que se le han impuesto por la presente administración. Va a Washington a mantener el poder del Congreso sobre nosotros y la autoridad superior de aquellos congresistas que dicen representarnos, pero que nosotros no elegimos. Va a Washington para hacerle creer a la comunidad internacional que la posición de comisionado residente con voz y sin voto es justa proporcional y democrática para el pueblo de PR. Va a Washington para tratar de extorsionar a los congresistas norteamericanos, haciéndoles creer que seguirá con la Gran Mentira de que PR no es una colonia a cambio de más dinero y alguno que otro permiso comercial. No te vistas que no vas porque el pueblo sabe que esos son embustes viejos que no nos llevan a nada mejor.

Puerto Rico le pertenece a los Estados Unidos por virtud del Tratado de Paz en París firmado en 1898 entre España y los EEUU. La Constitución de 1952 en nada altera este tratado internacional. El informe de Obama lo hace claro y admite que el Congreso le ha reconocido autoridad a PR en legislar sobre algunos asuntos locales, pero retienen el poder de legislar sobre asuntos fundamentales nacionales como son el comercio, defensa, intercambio comercial, representación internacional ante otros. También hace claro que cualquier cambio tiene que ser aprobado por papá Congreso; si esto no es un gobierno colonial, nada lo es. Las pocas libertades que nos reconocieron en 1952 han sido persistentemente e infructuosamente tratadas de ampliar por los mismos creadores del ELA. Siempre nos las han denegado. Con el rabo entre las patas, le dan la doble cara al pueblo de PR de que lo han logrado y han terminado con el "status" colonial a sabiendas de que esto es "La Gran Mentira Colonial del ELA". Quienes no reconocen que el ELA es agente causal de nuestra perenne recesión, no conocen o no entienden como la Ley de Relaciones federales (Ley 600) nos limita. Lo irónico de la vida es que quienes la defienden a brazo partido son los mismos que históricamente, consistentemente y repetidamente han tratado de modificarla sin éxito. No hay quien los entienda y creo que escapa al entendimiento de los mismos protagonistas.

La recomendación número tres del "Task Force" de Obama dice: "Aunque el Grupo de Trabajo apoya cualquier método justo para determinar la voluntad del pueblo puertorriqueño, tiene cierta preferencia por un sistema de dos plebiscitos. Este sistema de dos plebiscitos permitiría que el pueblo puertorriqueño primero vote con respecto a si desea ser parte de Estados Unidos o desea ser independiente, y que luego escoja entre las opciones disponibles de estatus, según las limiten los resultados de la primera votación."

El popular Sr. Colberg parece que no leyó el documento de la Casa Blanca que está en español, y lo anterior es "verbatim" del documento. Ser parte de los Estados Unidos significa estadidad o colonia. La segunda ronda de escogerse ser parte sería entre la Estadidad y el ELA, conscientes de que hay muchos estadistas "light" que les asusta dar el paso final hacia la unión permanente; el ELA es sinónimo de estadidad a plazos cómodos. El informe hace claro que de votar por el ELA en la segunda ronda significaría no hacer cambios en este momento, pero se vota por ser propiedad de los EEUU. También hace claro el informe que es la intención del Presidente Obama resolver el problema del "status" de una vez y por todas; lo que realmente significa Estadidad o Independencia, eventualmente. También hace claro el informe que pedir que sea auto ejecutable cualquier petición hecha por nosotros no es posible, pues está en el Congreso la última palabra por ser Puerto Rico una posesión de los EEUU desde 1898 con el Tratado de París. El Sr. Colberg es ignorante del hecho que desde 1952, con la creación del ELA, todos abdicamos a la soberanía nacional y pasamos a ser una Commonwealth, como lo es Virginia y Massachusetts, gobernados por la constitución norteamericana bajo su cláusula territorial. Todo esto se encuentra en el informe, el cual él debería de leer antes de decir tantos disparates públicamente.

Según el informe de la Casa Blanca, la ciudadanía americana solo estaría garantizada para los nacidos en Puerto Rico al advenimiento de la Independencia. El PPD es fiel a la tradición poética de su máximo líder LMM. Omiten toda información que les perjudica y tergiversan el resto a su conveniencias; cualquier parecido con Cantinflas no es pura coincidencia. Dice el informe en su comienzo en la sección del "status" que la relación entre PR y los EEUU comenzó en 1898 cuando España cedió, que es sinónimo con regaló PR a los EEUU. Posteriormente, el Congreso y el

Presidente de los EEUU autorizaron a PR a organizar un gobierno de tipo republicano dentro de los parámetros de la Constitución norteamericana bajo su cláusula territorial, la cual mantiene en el Congreso de los EEUU poderes plenarios y el título de propiedad sobre PR en los EEUU. En palabras jíbaras, el dueño de la propiedad no tiene que preguntarles a los inquilinos lo que quieran hacer con su propiedad. Esto es lo que significa el ELA en este informe. Es demagógico e insultante a la capacidad del pueblo seguir diciendo la mentira de que PR le pertenece a los puertorriqueños.

También es un insulto al pueblo de PR lo de despojarnos de nuestro derecho democrático para expresarnos directamente como pueblo sobre nuestro sentir de la relación con los EEUU. EL PPD sigue favoreciendo el chanchullo de unos incompetentes que por siglos no han resuelto el problema colonial de PR. Porque sólo son unos cobardes que no quieren admitir que la única manera que se logra el consentimiento mutuo es a través de la independencia para Puerto Rico. Cuando en 1952 aceptaron el estilo de gobierno republicano norteamericano, abdicaron a la soberanía nacional. Los cantinfladas no cambian la historia. La estadidad sólo ofrece un poder limitado, pues parte integral implica la abdicación del poder al poder federal; eso es lo que es el federalismo. El país de Puerto Rico no existe. Esta ha sido una fantasía creada por los estadolibristas e independentistas para evitar la rebelión de las masas de colonos esclavos contra los Estados Unidos. Estadolibristas e independentistas históricamente se han unido para crear una realidad aparente que sólo es una ficción de país. En Puerto Rico, sólo hay gente residiendo en la propiedad de los Estados Unidos de América, dentro y fuera del territorio continental. Por mucho tiempo, independentistas y estadolibristas han soñado con comprar su hogar pero no han contado con la solvencia económica para consumar la transacción. Así que han recurrido al engaño y a falsas promesas idealistas de que esto nos pertenece a nosotros.

Como buenos jaibas aguzaos, impidieron que el HR # 2499 se convirtiera en ley; pues sabían que el preámbulo de la ley haría claro de que no existe el país de Puerto Rico, sino la posesión territorial llamada Puerto Rico que legalmente le pertenece a los Estados Unidos. Como buenos serviles colonizados, seguimos viviendo la fantasía de que existe el país de Puerto Rico; no sólo en Macondo se dan estas irracionalidades. Trillan de superficial el informe de Obama porque le pone el cascabel al gato y define el ELA como un territorio (colonia) posesión, pero no parte de los Estados Unidos desde 1898 con el Tratado de París donde sus ciudadanos no están protegidos completamente por la Carta de Derechos y los Derechos de la Constitución de los Estados Unidos. Colonia, que en 1952 con el ELA, abdicó a su soberanía nacional; soberanía que sin miedo también se la definen en el informe correctamente como independencia. Cobardes de naturaleza no se deciden por una solución no colonialista como lo son la independencia, la libre asociación y la estadidad.

Abogados, diestros en el uso de la palabra para defender su cliente el ELA. Ingeniosos, pero incorrectos. El concepto de libertad inherente al ELA es limitado, acomodaticio y sólo demagógico. El ELA, en su casi quiebra económica, nunca ha decidido reclamar la libertad de comprar el título de propiedad de Puerto Rico de los americanos porque no tiene, ni ha tenido, ni tendrá la libertad de recursos para adquirir la Isla; maravillosa la libertad del ELA. Lo que necesita el PPD es perder el miedo y decidirse si quieren ser un estado soberano e independiente de los EEUU con contrato de asociación voluntaria y libre para su cancelación o un estado de los Estados Unidos con todos derechos y obligaciones, incluyendo el pago de impuestos federales y con parcial soberanía estatal protegida por el sistema federalista republicano, semejante a la Unión de Estados Europeos.

CAPÍTULO TRES

La descolonización de Puerto Rico es un deber de todos los puertorriqueños:

La violencia para resolverlos los problemas entre las naciones no tiene nada de revolucionario. La historia de la humanidad es la historia de las guerras entre naciones. De Homo Sapiens no tenemos nada. El ser humano es el principal predador del ser humano. El mejor adjetivo que nos describe es el ser "Homo Caníbales". La realidad canibalito existe entre todos los partidos y movimientos políticos en Puerto Rico dentro y fuera de sus áreas de influencia. Lo revolucionario para la humanidad y Puerto Rico sería sustituir la violencia por la diplomacia dialéctica donde cada cual respeta la opinión del contrario y la utilice para mejorar y fortalecer su posición ante el contrario. Creo firmemente en el ser dialéctico y no le temo a la oposición; por lo contrario pienso que la diferencia hace crecer el pensamiento y la acción. Creo firmemente en el debate ideológico, y como científico anti colonialista, confío en la inteligencia del pueblo expresada democráticamente. El voto popular no puede ser sustituido por la Asamblea Constituyente de unos pocos que, a claras luces, no representan el sentir de todos.

Históricamente todos los partidos y movimientos políticos en Puerto Rico han evidenciado no respetar sus Asambleas. A la hora de la verdad sólo favorecen sus creencias narcisistas, individualistas y sectarias como superiores a la inteligencia del pueblo. Todavía estamos en pañales en términos de la democracia; el gobierno del pueblo. No somos nación ante el colonizador porque perseveramos en la mentalidad colonialista, narcisista y sectarita como fanáticos religiosos. Necesitamos de un diálogo entre la nación colonizada unida con la nación del colonizador que respete el sentir de todo el pueblo.¿Porque nosotros mismos nos oponemos al diálogo racional? Lo grandioso del diálogo es oír puntos de vista diferentes. Lo mejor de todo es que existen motores de búsqueda en el Internet, como Google y otros, que cualquiera buscando y estudiando puede determinar cuáles son las alternativas reales y aceptables para el proceso de descolonización de un país colonizado y aceptables dentro del derecho internacional. Precisamente de esto es que se trata. Nosotros tenemos que dejar la pelea entre nosotros y promover una comunicación directa con el Congreso y el pueblo de Puerto Rico de manera racional e informada. Esta comunicación debe ser en un plebiscito auspiciado por el Congreso y sujeto a la supervisión federal. De esta manera pondremos el colonialismo bajo revisión legal y ante la opinión internacional. El no presentarnos en consenso ante el Congreso exigiendo este diálogo es hacerle el juego al imperio y continuar con el colonialismo. La permanencia del colonialismo por los pasados quinientos años es también nuestra responsabilidad. Si aceptamos nuestros errores y actuamos en consenso, tendremos más oportunidades de acabar con el colonialismo en Puerto Rico.

La Reforma de Inmigración en los Estados Unidos, al igual que el derecho de los puertorriqueños, a expresarse democráticamente mediante el voto popular así dispuesto en el proyecto del Congreso de los Estados Unidos HR # 2499 deben ser una prioridad de la administración del Presidente Obama y toda la nación norteamericana. Una no excluye la otra y por lo contrario, ambas son necesarias para hacerle justicia a la población hispana en su relación con los EEUU al presente. El argumento de que esto es un asunto únicamente de los puertorriqueños le falta a la realidad. Este es un asunto entre el pueblo de Puerto Rico y el pueblo de los EEUU vía del Congreso de los EEUU.

Nunca al pueblo de PR se le ha oído mediante un instrumento avalado por el Congreso de los EEUU dirigido a auscultar el sentir de todos los puertorriqueños sobre la relación política entre ambos. El sometimiento y la subordinación sin la expresión popular de todos son inaceptables, injustos y atentan contra nuestros derechos democráticos a la libertad y libre expresión. Todos debemos de apoyar la Reforma de Inmigración y el HR # 2499 como la expresión democrática del pueblo de Puerto Rico y el beneficio de todos los hispanos en EEUU.

Los estadistas están en peor posición. Pues, no tan sólo tienen que demostrar que es lo mejor para Puerto Rico, sino también para los Estados

Unidos. Esto los obliga a tener un gobierno eficiente y costo efectivo en ambos sitios. Los congresistas de origen boricua tendrían que abdicar su poder plenario sobre PR y compartirlo con los posibles congresistas de aquí de darse la estadidad para PR. Los demócratas americanos tendrían que demostrar que son menos imperialistas que los republicanos de Bush o Palin.

Tanto al gobierno de los EEUU como a los partidos políticos en Puerto Rico, les conviene mantener a PR como colonia. Aquí el asunto principal es quién favorece la unión con los EEUU. La estadidad, al igual que la soberanía y la independencia de los EEUU, requieren que todos los políticos de aquí y allá se pongan a trabajar y demuestren que sus preferencias son viables, posibles y más convenientes para el pueblo que sus intereses de clase. Ese será el día que Colón baje el dedo para nuestros políticos.

El proyecto del Comisionado Pierluisi, HR # 2499, fue un instrumento habilitador para una comunicación directa entre el pueblo de Puerto Rico y el gobierno de los Estados Unidos de América en su rama legislativa representado así en el Congreso de los Estados Unidos. Su aprobación hubiese hecho historia por ser la primera vez en 112 años de relación entre ambas naciones en que se le pide la opinión al Pueblo y no a través de sus políticos sobre la relación legal que nos une. El proyecto constituiría un registro de la voz del pueblo a favor y/o en contra de la relación colonizada siendo PR una propiedad de los EEUU mediante el Tratado de París de 1898 y estando subordinados y sometidos a los poderes plenarios del Congreso de los EEUU de acuerdo su Tribunal Supremo.

Oponerse al proyecto es oponerse al derecho del pueblo de PR a la libre expresión popular democrática mediante el derecho al voto. Aquellos llamados boricuas en el Congreso sólo buscan mantener su control a nivel del Congreso de los EEUU. Ellos representan sus propios intereses y ambiciones y no son legítimos representantes electos por los puertorriqueños. Está aquí en juego cuánto el gobierno de los EEUU, en sus tres ramas, respeta el derecho del pueblo de Puerto Rico de expresarse democráticamente mediante el uso del voto en un referéndum que ausculte la legalidad de las leyes a las cuales estamos sometidos los puertorriqueños y que no tenemos derecho a modificar para nuestro mejor uso y beneficios, debido al "status" colonial del ELA.

Después del Tratado de París de 1898, Puerto Rico se convirtió en propiedad de los Estados Unidos. Los dueños legales de PR son los EEUU, encabezado por su Presidente, ahora el Honorable Barack Obama. Lo que estuvo en juego con el HR # 2499 Democracy Act of Puerto Rico es el derecho del pueblo a votar sobre los asuntos del estatus de las relaciones políticas entre los Estados Unidos y Puerto Rico.

Los colonizados de todos los colores tiemblan ante la inminente voz del colonizador. Oímos hablar al Presidente Obama sobre Puerto Rico. Luego, el Senado de los EEUU dio sus recomendaciones. Finalmente, se dará el proceso descolonizador de Puerto Rico, permitiendo por primera vez en la historia colonial de PR el voto de todo el pueblo sobre su condición de subordinados sin voto. Esta vez sería la primera vez que el Congreso de los Estados Unidos habilitará el diálogo directo del pueblo de Puerto Rico con el Congreso. Cualquier cosa que no envuelva las dos partes, colonizados y colonizadores, es sólo una masturbación intelectual individualista y a espaldas de todo el pueblo. Veremos si realmente hay interés en los EEUU de oír el pueblo de Puerto Rico.

De espalda a la democracia están muchos en Puerto Rico que no le dieron su apoyo al proyecto en la Cámara de Representantes de los Estados Unidos, el HR # 2499. Por primera vez en 112 años de nuestra relación con los EEUU, el gobierno norteamericano pudo haber honrado nuestro derecho democrático constitucionalmente protegido al voto popular. Nunca nos han oído como pueblo. Nunca han horrado este principio básico de la democracia. Confabulados con los colonizados puertorriqueños y a espaldas del pueblo de Puerto Rico, se han repartido el bacalao a gusto y ganas.

¿Cómo es que todavía a las alturas del siglo 21, todavía el PPD, creador de la criatura (ELA), no admite su paternidad de mantenernos en el estado colonial que al presente nos encontramos? ¿Cómo es posible que el PPD y el PIP se opongan a la libre expresión del pueblo en un referéndum como el descrito en el HR #2499? Las luchas despiadadas y corruptas ínter partidistas no son noticia. El meollo de cualquier plebiscito que se lleve a cabo en Puerto Rico sobre nuestra relación legal con los Estados Unidos, criollo o del Congreso, debe de contestar las siguientes preguntas:

1. ¿Es el ELA (Estado Libre Asociado) un estado legalmente descrito como una posesión colonial territorial de los Estados Unidos, cedida por España a los EEUU como compensación de gastos de guerra, así dispuesto en el Tratado de París 1898, y que está bajo los poderes plenarios del Congreso de los EEUU? Sin el derecho al voto y sin expresión justa, proporcional y representativa de la población de todos los puertorriqueños sobre las decisiones legales que se toman en el Congreso y que nos afectan directamente como ciudadanos americanos, ¿Sí o No?

2. ¿Tenemos todos los puertorriqueños el derecho a la libre expresión sobre todos estos aspectos legales mediante el uso del voto en un plebiscito? ¿Sí o No?

3. ¿Contaremos los puertorriqueños con el respaldo y protección del Congreso de los Estados Unidos, del Presidente Obama y del Tribunal Supremo de los Estados Unidos para el ejercicio del voto libre y popular mediante instrumentos oficiales plebiscitarias dirigidos a auscultar la voz del pueblo de Puerto Rico? ¿Sí o No?"

Es indispensable de que la voz del pueblo de Puerto Rico se oiga en el Congreso de los Estados Unidos. Escriban, llamen a cuanto senador conozcan o desees para que apoyen los proyectos de ley como el HR # 2499, que nos permitan votar al pueblo de Puerto Rico sobre nuestra relación con los EEUU. Ya sabemos que todos los políticos están envueltos en su pelea trivial e infantil del "status". Lo primordial es defender nuestro derecho democrático del voto popular en los EEUU. En otras palabras, pueblo vs partidos políticos. Derecho al voto popular o lucha partidista. La personalidad colonizada es una tendencia a actuar como obedientes colonizados. Nunca en nuestra historia hemos tenido líderes políticos que reclamen en los tribunales de los Estados Unidos el derecho a la expresión libre, democrática y popular del pueblo de Puerto Rico en relación a nuestro "status "colonial. El miedo al colonizador y a perder los beneficios de la colonia contenta nos caracteriza como colonizados de tres colores.

Tanto el Congreso de los EEUU como nuestros políticos, se comportan como nos tienen acostumbrados; no quieren oír al PUEBLO. Le pregunto a la Honorable Nancy Pelosi y demás congresistas, ¿cuándo en la historia del Congreso se ha exigido consenso para considerar un proyecto de ley que lo que hace es abrir una vía de comunicación entre PR y los EEUU? ¿Fue necesario consenso de los partidos norteamericanos para abolir la esclavitud? ¿Se exigirá consenso para aprobar la reforma de salud o las iniciativas económicas impulsadas por el Presidente Obama? El sistema democrático se basa en admitir y permitir la expresión de la disidencia. El reclamar que todos los puertorriqueños se alineen detrás de una sola opinión no es democrático.

El comportamiento del Speaker hace sospechar que su lealtad está comprometida con el PPD y no con el pueblo de PR. ¿A qué le teme el Congreso? ¿No será que no quieren perder el control dictatorial que tienen con nosotros en Puerto Rico? Parece que no desean oír lo mismo que dijeron los millones de norteamericanos en las elecciones pasadas; QUEREMOS CAMBIO.

Es difícil de entender porque congresistas de origen boricua se oponen a que el pueblo de Puerto Rico sea consultado por el Congreso de los Estados Unidos respecto a nuestra relación. Entiendo que es una vergüenza para los Estados Unidos pregonar la libertad de expresión hasta en la China, y al mismo tiempo, en nuestros 112 años de relación nunca preguntarnos como pueblo lo que nosotros deseamos en esta relación. Esperar por consenso entre los partidos políticos es ilusorio pues conlleva la posible desaparición de algunos de ellos. La falta de consenso asegura su perpetuidad, la de los partidos políticos, pero no facilita la abolición de la esclavitud colonial a la que el Congreso nos tiene sometido.

Mientras el PPD, el encubridor principal de nuestro "status" colonial, se mantenía en el poder el argumento que de que el "status" no estaba en cuestión era mayoritario. Hoy en día no representan la mayoría del pueblo votante. Peor aún, se encuentran sumidos en un conflicto interno que amenaza su división en dos partidos antagónicos; uno pro estadidad y el otro pro independencia. Ante esta posible división prefieren mantener el "status" colonial aun sabiendo que se han pasado históricamente luchando sin éxitos de modificarlo. Si el Congreso de los EEUU deja pasar esta oportunidad de hacer historia y redimir su actitud prejuiciada colonialista hacia nosotros, es improbable que esto se dé en un futuro próximo.

El término colonia es confuso porque los que la favorecen no se deciden si eso es lo que quieren o no. Peor aún, no saben lo que quieren y, al igual que los pipiolos, esperan que papá USA sea quien lo defina para entonces oponerse. Todos los partidos tuvieron todas las oportunidades en la Cámara de Representantes de EEUU para definir sus posiciones y no lo hicieron; tuvieron la misma oportunidad en el Senado y tampoco lo hicieron. De una vez y por todas, sin miedo digan lo que quieren entonces denos la oportunidad al pueblo a decidir. Cabe preguntarse si alguno de ellos sabe lo que realmente quieren.

Dice el refrán, nunca es tarde cuando la dicha es buena. Con una petición en CONSENSO de todos los partidos políticos en Puerto Rico y la comunidad interesada en general en Puerto Rico hacia el Congreso de los Estados Unidos, Cámara y Senado, de que apoyen proyectos como el HR # 2499 y lo conviertan en ley con la firma del Presidente Obama, se haría historia teniendo por primera vez en nuestra historia un diálogo directo del pueblo de PR con el Congreso de los EEUU. Este proyecto permitiría la libre expresión del pueblo de Puerto Rico contra el colonialismo norteamericano.

Se haría historia si por primera vez el pueblo de Puerto Rico fuese auscultado y consultado directamente desde el Congreso sobre nuestro sentir hacia el presente "status". Todos aquellos que favorecen el derecho democrático y constitucional del pueblo de Puerto Rico de expresarse libremente deben de endosar y exigir que los Congresistas norteamericanos apoyen proyectos como el HR # 2499. El pueblo debe de decidir, no los partidos políticos. Todavía los partidos están a tiempo de modificar y expresar sus expectativas claramente sobre el "status" y expresar en consenso la necesidad de cambios al presente "status". Oponerse a este tipo de iniciativa va en contra de nuestro derecho a la libre expresión como pueblo. Dejemos que el pueblo decida.

Ese ha sido el problema perenne de los pipiolos; no colaboración con los norteamericanos y con el pueblo. Hablan a nombre de los norteamericanos diciendo que ellos no quieren la estadidad y favorecen una constituyente en lugar de oír a todo el pueblo. En las elecciones generales se alían a los colonialistas y ahora los critican. Aún con ventaja, el PPD se opone a que sea el pueblo, sea el que decida. Pasarán a la historia como los enemigos del pueblo en su lucha contra el colonialismo. La lucha pequeña es la que le da vida al PPD y al PIP; se creen que unidos mantendrán la colonia y la justificación para tener tres partidos. Ya es hora de dejar las luchas tricolores y trabajar por el bienestar del pueblo y escucharlo. En lugar, se ha convertido en una elite tipo monárquica donde el pueblo sólo somos plebeyos.

Antidemocráticos son los que se opusieron al HR #2499 y a la libre expresión del pueblo de Puerto Rico mediante el voto popular. Los partidos políticos puertorriqueños deben de contestar simples preguntas de vital importancia para todos los Puertorriqueños:

1. ¿Tienen los puertorriqueños el derecho a expresar su opinión mediante voto popular ante el Congreso de los Estados Unidos, respecto a la relación política entre Puerto Rico y los Estados Unidos? ¿Sí o No?

2. ¿Considera usted que es necesario hacer cambios a la presente relación? ¿Sí o No?

3. ¿Está sus preferencias de cambios de "status" representadas en el proyecto aprobado por la Cámara de Representantes de los Estados Unidos, HR # 2499 Acta Democrática de Puerto Rico? ¿Sí o No?

Se hizo historia en el Congreso de los Estados Unidos con la aprobación del HR#2499 por la Cámara de Representantes de los Estados Unidos. Prácticamente todos mudos en Puerto Rico ante la posibilidad de que el proyecto HR# 2499 fuera endosado por el Senado y el Presidente Obama lo hubiese firmado y convertido en ley. Pasaron a la historia como opositores del derecho democrático al voto popular de los puertorriqueños. Con esta acción el gobierno de los EEUU se cerró al diálogo con el pueblo de PR sobre el tipo de relación entre ambos. La inclusión del ELA en la segunda consulta obligará al PPD a definir específicamente lo que es el ELA, cosa que ellos no quieren hacer. La oportunidad de continuar como colonia se les ha ofrecido nuevamente. Ser colonialistas o no, ese es el dilema.

El PPD cometió harakiri cuando decidió darle muerte a la consulta en el Congreso que propuso Pierluisi. Esperaron a última hora para enmendarlo y se los enmendó una republicana norteamericana, incluyendo el ELA (colonial). Su abyecta intención fue que no se hablara del tema de "status" porque, entre ellos, no saben si son estadistas, independentistas o colonialistas. Ahora que el Presidente decidió hablar y la pasada Cámara aprobó el HR # 2499, se encuentran en un callejón sin salida. Van a tener que hablarle al pueblo votante pero no saben que decir. ¿Qué defenderán, la Independencia, la Estadidad o la Colonia?

Algún día se honrara una ley y el pueblo tendrá su derecho democrático a expresarse libremente sobre su relación con los Estados Unidos. Cuatro alternativas se perfilan como probables: 1. ELA, colonia por consentimiento mutuo; 2. Libre Asociación, ahora defendida y representada por el MUS; 3. Independencia; 4. Estadidad. En ese momento se dará el corre y corre en los miembros de todos los partidos políticos definiendo su preferencia. El momento de definir y decidir llegó. Como en el pasado los líderes políticos serán el principal obstáculo al proceso descolonizador porque en la solución del problema, las restantes alternativas se excluyen del acceso a los fondos electorales. ¿Cual tendrá más fuerza, el proceso mundial anti colonialista o los intereses de los partidos políticos?

Tanto a Gutiérrez como a Velázquez lo que les importa es que se exponen a perder el poder de decir quien representa a los puertorriqueños. Cuando el PPD estaba en poder supremo en Puerto Rico, los pedidos del gobierno se canalizaban a través de ellos. Nadie va a parar el desarrollo de una sociedad más justa y equitativa. Los puertorriqueños tendremos derecho al voto popular sobre nuestra relación colonial con los EEUU. Gutiérrez y Velázquez han dejado claro su marca de reaccionarios colonialistas.

Fue muy vergonzoso el espectáculo de los Boricuas en la Cámara de Representantes del Congreso de los Estados Unidos durante el día jueves, 29 de Abril de 2011 que culminó en la aprobación del proyecto HR # 2499. Felicitaciones a los congresistas norteamericanos que defendieron valientemente el derecho del pueblo de Puerto Rico a expresarse mediante el voto popular sobre nuestra condición política. Ambos demócratas y republicanos en unión de propósito aprobaron el proyecto, ¡Hurra! Los puertorriqueños escenificaron la lucha fratricida entre hermanos colonizados tricolor; verde Gutiérrez, roja Velázquez y azul Serrano.

So excusa de "status", controlados por infantilismos emocionales, fallaron en consensualmente defender el derecho al voto popular del pueblo de Puerto Rico. Colerizados iban dispuestos a matar el proyecto cueste lo que cueste, con tal de desprestigiar la estadidad estimulando y fomentando el racismo en contra de los puertorriqueños. Ojalá llegue el día de madurar y defender lo común y hacer secundaria la diferencia. Aprendamos de la experiencia, sigamos el ejemplo bipartito del Congreso de los EEUU, unámonos todos en PR en defensa del voto popular.

Es una vergüenza la posición de la representante llamada boricua, donde ella vive el tipo de gobierno que se fundamenta en el voto popular. Ese mismo voto que la seleccionó a ella y al presidente Obama, pero para ella los puertorriqueños no merecemos el derecho al voto popular. Prefiere que unos pocos como ellas representen que hablan por nosotros. Nosotros no la elegimos y ella no nos representa. Pasará a la historia como una colonialista más; sumisa, avergonzada de ser puertorriqueña y cómplice de despojarnos de nuestro derecho a la libre expresión democrática mediante el voto popular.

El problema que tienen los populares y los independentistas con el aprobado proyecto HR # 2499 es que se oponen a que el pueblo hable. Todos ellos claman representar mejor nuestro bienestar colectivo que nosotros mismos. Este es el colmo de la arrogancia. Prefieren un chanchullo de ellos solamente para decidir el futuro de todos. Se olvidan que el pilar básico de la democracia es la expresión del voto popular. Sin este nunca los Estados Unidos hubiesen elegido un presidente negro. El futuro de los puertorriqueños no se lo podemos delegar a los políticos y menos a un chanchullo.

Caramba esto es como pedirle peras al olmo. El circo colonial legislativo es sólo un embuste para aparentar democracia en Puerto Rico. Puerto Rico le pertenece a los Estados Unidos y está sometido a los poderes plenarios del Congreso de los EEUU por virtud de la cláusula territorial de la Constitución norteamericana. Las verdaderas leyes que nos rigen en PR vienen diseñadas desde Washington, DC. No sólo son sus egoístas intereses lo que ellos defienden, sino las apariencias de democracia por parte de los EEUU en Puerto Rico. Ninguno de nosotros, tampoco ninguno de estos llamados legisladores de pacotilla tiene voz y voto en donde realmente se bate el cobre sobre PR, el gobierno norteamericano. Esta legislatura le hace honra a la tradición de los administradores coloniales españoles que viven en el baile, la botella y la baraja.

Es patético ver a los arrogantes, Gutiérrez y Prats, actuar como napoleoncitos acomplejados. Quieren usurparle el derecho democrático al pueblo de Puerto Rico de la libre expresión mediante el voto. Para así ellos continuar representando la fantasía del colonizado de que ellos son el poder sobre todos nosotros, el pueblo ignorante; sólo están escondiendo sus complejos de inferioridad ante el colonizador norteamericano.

Por años el PIP ha dicho que los americanos no quieren la estadidad para PR, pero se opusieron al HR #2499 porque puede que el pueblo la favorezca en el referéndum y los EEUU la otorguen. Los del PPD se opusieron al HR # 2499 porque temen que los EEUU les otorguen sus reclamos de soberanía con todo lo que eso conlleva. Ante estos miedos, ambos partidos prefieren que la colonia siga en manos de los norteamericanos. Estos sí que no son de aquí.

La demora en los trabajos del "Task Force" y la redefinición de sus tareas es un paso positivo. Al presente toda la atención está puesta en la reforma del sistema de salud de los EEUU. Creo que no es por falta de interés en los asuntos de Puerto Rico, sino prioridades del momento. El mayor impedimento es y será el PPD. La división interna los tiene paralizados ante la historia. Están entre la espada y la pared decidiendo si quieren ser parte de o independientes de los Estados Unidos. Su indecisión y la alianza con el PIP dan la impresión en los Estados Unidos que la mayoría del pueblo está en contra del proyecto HR # 2499. El miedo a salir del colonialismo tiene a los populares e independistas de carreritas al baño. Quien diría que los independistas, quienes por mucho tiempo han dicho estar en contra de la colonia, hoy son su mayores defensores. El cuento de que el proyecto está prejuiciado hacia la estadidad no se lo cree nadie, sólo ellos. Lo que ocultan es que la mayoría del pueblo está prejuiciado a favor de la estadidad.

Por años el PPD han venido reclamando cambios al presente "status" y se han quejado históricamente que el Congreso no les hace caso. Ahora tienen la oportunidad de que el Congreso los oiga pero se oponen y se oponen porque no quieren que el Congreso oiga al pueblo de Puerto Rico. Esta actitud antidemocrática no debe ser tolerada por ningún congresista. En la primera votación provista por ese proyecto, TODOS estamos de acuerdo hay que cambiar el presente "status". En la segunda votación, todos tienen y han tenido la oportunidad de definir las opciones a su antojo. Si no han presentado enmiendas con sus definiciones, sólo se debe a que entre ellos no saben lo que quieren y no se ponen de acuerdo como grupo. Sería muy triste que el gobierno norteamericano no se dé cuenta de esta realidad y el pueblo de Puerto Rico pague por la falta de consenso interno del PPD.

CNN le da cobertura nacional a la posibilidad de Puerto Rico convertirse en un estado de los Estados Unidos. Lo mismo hace National Public Radio, Wall Street Journal, New York Times, Washington Post y muchos otros periódicos norteamericanos. Ya han comenzado a explorar el sentir de los norteamericanos hacia los puertorriqueños. Nosotros tenemos dos de tres partidos oponiéndose al voto popular de los puertorriqueños ante el Senado de los EEUU. Es obvio que nuestro peor enemigo somos nosotros mismos y los fanáticos políticos multicolor. La verdad es que es difícil dejar de ser un colonizado después de 517 años de colonización en Puerto Rico.

El mensaje del Congreso es sencillo y claro; el "status" territorial es colonial y es aceptable para ellos si la mayoría de los puertorriqueños lo quiere así. La oportunidad para que el Senado lo apruebe y el presidente lo firme y haga ley es única con la reacción de ambos partidos cantando victoria por su aprobación. El PNP debe de aceptar que la estadidad para Puerto Rico no se va a dar al trágala. Ese partido debe de informarse, asesorase y educar al pueblo con datos las conveniencias de la estadidad para Puerto Rico. La presentación al Congreso debe ser una en el sentido de que hay consenso entre el PPD y el PNP en reconocer el derecho al voto popular del pueblo de Puerto Rico para decidir nuestra relación con los Estados Unidos así expresado en el HR# 2499. El gobierno norteamericano debe de honrar este derecho constitucional de los puertorriqueños. Los senadores que se opongan a honrar ese derecho de los puertorriqueños verán los efectos del voto hispano para su no re elección en el próximo noviembre.

La defensa al voto popular que hizo el Honorable Gobernador Luis Fortuño ante el Senado de los Estados Unidos es admirable. La solución mediante la Asamblea Constituyente parece pasé en los EEUU de acuerdo a un Senador en las vistas. Es obvio que hay senadores norteamericanos que favorecen las tres alternativas clásicas: colonia, independencia y estadidad. Con la independencia o con la soberanía política, es el sentir de un Senador que se perdería la ciudadanía americana. Esto deja fuera a los soberanistas que anteponen su soberanía ante la pérdida de la ciudadanía americana. Va a ser el pueblo quien rompa este anciano impasse entre puertorriqueños respecto al problema del "status".

Con toda probabilidad, el Senado de los Estados Unidos aprobaría una consulta al pueblo de Puerto Rico. El voto popular será el mecanismo a utilizar no la Asamblea Constituyente. Anticipo que la libre asociación quedará fuera y tendrá que ser representada por la independencia. Una vez independiente, si deseado, puede haber un pacto de libre asociación. Pero primero, tendría que ser libre para asociarse libremente. En este modelo se pierde la ciudadanía americana de acuerdo al senador Menéndez. La vista evidenció que hay senadores que favorecen el ELA, la estadidad y la independencia. El silencio los delata. Quieren que Puerto Rico siga siendo su propiedad colonial.

Es obvio que el estado colonial no les causa malestar a muchos norteamericanos. ¿A quién le amarga un dulce? Tienen el poder supremo sobre Puerto Rico a cambio de unas monedas. El dilema fundamental será independencia con ciudadanía puertorriqueña basada en los recursos propios, ELA como estado colonial con ciudadanía americana y ayudas federales pero con las directrices del Congreso y sin representación proporcional y justa, y finalmente estadidad con el inglés como idioma unificador e impuestos federales. Es obvio de las vistas en el Senado de los EEUU que ningún partido en PR conoce a ciencia cierta las consecuencias económicas para Puerto Rico con cada una de las fórmulas. Todos son ideales sin el fin práctico estar definido. Así es como votamos en PR, con las emociones y no con la razón.

Muy interesante las vistas del Senado de los Estados Unidos sobre el HR# 2499. Interesante ver a un senador norteamericano que ha vivido y conoce a Puerto Rico decir que basta tener tres puertorriqueños juntos en un salón para que comiencen todos a discutir, como los tres chiflados. A pesar de la objeción de Berríos, creo que él tiene toda la razón. Los tres partidos nunca han estado de acuerdo en nada. El impasse lo tiene que resolver el pueblo y no los políticos. Por los comentarios del senador, la asamblea constituyente no la usan desde los 1800's en los EEUU; lo cual hace al PIP y al PPD retrógrados en la evolución de los procesos democráticos.

Creo que ahí se quedó atascado la alternativa del PIP y el PPD. Ahora el tranque será por la definición de las alternativas. El PPD va a tener que convencer a los soberanistas a votar por el ELA, no por la libre asociación si quieren ganar. Por fin, parece verse la luz del final del túnel para usar el voto Popular para resolver de una y por todas el "status". De haberse aprobado el proyecto finalmente, nosotros pondríamos a trabajar a los políticos para convencernos que lo que cada cual de ellos propone sea lo mejor para Puerto Rico.

El momento llegó para todos los puertorriqueños decidir y opinar sobre el "status". El tema es bien conocido en el Senado de los EEUU. La presente composición es ideal para hacer historia y, por primera vez en la historia de la relación de los Estados Unidos con Puerto Rico, auscultar el sentir popular y no únicamente oír a los políticos que cambian cada cuatro años. Tan pronto aprobado, pasaría a las manos del Presidente Obama quien ha prometido resolver este anciano problema. Una vez ley, con el uso de la razón y pensamiento crítico, nos tocará a nosotros decidir lo que queremos. Esto sólo sería el comienzo de un diálogo bilateral entre el Congreso de los EEUU y todos los puertorriqueños.

Es triste ver que los norteamericanos todos saben que Puerto Rico es una colonia territorio de los Estados Unidos; unos quieren que siga la colonia y otros no. Pero los puertorriqueños siguen el canto de sirena de los populares sumisos de que somos un estado libre. La oportunidad de que el Congreso los oiga a los populares y se mueva a reconocer los cambios que por años han solicitado infructuosamente es esta. Sin embargo, se oponen porque es la voz del pueblo y no el chanchullo de la constituyente de unos pocos lo que allá quieren oír. El Congreso les dará una lección para que aprendan a respetar el derecho democrático del pueblo al voto popular y no la constituyente amañada que favorecen.

El Senado de los Estados Unidos se salió por la puerta ancha y continúan siendo dueños de la colonia de Puerto Rico. Todo gracias a los tres chiflados que lo único que hicieron fue entrarse a bofetadas frente del colonizador norteamericano. El PPD en su primera cita exige compromiso de antemano para cualquier pedido por nosotros. Si mi mujer me hubiese exigido esto en nuestra primera cita, hoy en día no estuviésemos casados. Es irónico que los que se oponen al colonialismo y las restricciones que esto conlleva en términos de comercio global sean los mismos que viabilizan el status colonial.

¿De cuál consenso estarán hablando en Washington? ¿Consenso entre los colonialistas y los no colonialistas? ¿Consenso entre los demócratas y los republicanos? ¿Consenso entre los estadistas, los estadolibristas y los independentistas? ¿Consenso entre los congresistas? ¿Consenso entre los puertorriqueños y los norteamericanos? ¿Consenso entre los liberales y los conservadores? ¿Consenso general? Me pregunto, ¿cuántos de ellos, incluyendo el Presidente, fueron elegidos por consenso? Me pregunto, ¿Cuántas medidas se convertirán en ley, incluyendo la reforma de salud e inmigración y se aprobarán en consenso? Me pregunto, ¿es el consenso el pilar de la democracia? Tanto el Presidente como los congresistas conocen la falta de consenso entre los políticos en Puerto Rico. Ellos muy bien saben que la falta de consenso es lo que perpetúa el estado colonial en que vivimos los puertorriqueños. Ellos también saben que es la falta de consenso lo que justifica la presencia de los tres partidos y sus ansias de administrar la colonia. También ellos saben que no existe consenso entre los políticos norteamericanos y puertorriqueños entre sí sobre la definición del "status" que cada cual prefiere.

No hay consenso ni aquí ni allá cómo sería la estadidad, la libre asociación o la independencia para Puerto Rico. Donde si pudiera haber consenso es en saber que para que se dé cualquier tipo de relación saludable entre seres humanos es necesaria la comunicación bilateral. Esta administración tiene la oportunidad única e histórica de establecer por primera vez en estos 112 años de relación política entre Puerto Rico y los Estados Unidos de América una comunicación directa entre el gobierno de los EEUU y el pueblo de Puerto Rico. De no hacerlo así, no habrá ninguna diferencia de lo que nos tienen acostumbrados la administraciones pasadas; la unilateralidad.

Por más que se quejen los jinetes del Apocalipsis, no van a parar la expresión del voto popular. Lo que está aquí en juego es el derecho de todos los puertorriqueños al voto popular al cual los populares y los pipiolos se oponen. Ellos favorecen una Asamblea Constituyente la cual es una fantasía y una maniobra para continuar con la colonia y asegurar la vida de sus partidos colonialistas y anti democráticos. Si en todos estos años nunca se han puesto de acuerdo, la Constituyente no va hacer magia y poner de acuerdo al trío de partidos políticos. Los populares tienen lo que no tiene ningún otro partido; dos oportunidades de ser favorecidos en cualquier plebiscito y con todo y esto le temen a la voz del pueblo. Con un chanchullo entre independentistas y estadolibristas no se va a resolver el problema colonial. El Senado y el Presidente les darán una lección en el significado de la palabra democracia, gobierno por el pueblo, favoreciendo un referéndum y no una constitucional. Lo hicieron en el año 1952, pero no ahora.

El miedo a la libertad entumece al colonizado ante el colonizador y entorpece la comunicación entre ellos. Estos son momentos históricos para poder establecer una comunicación directa entre el pueblo de Puerto Rico y el Presidente Honorable Barack Obama. Al colonizador hay que hablarle de frente y sin miedos. El Presidente ha abierto un canal de comunicación mediante su "Task Force" y su co presidente Cecilia Muñoz (*PuertoRico@who.eop.gov.*). Todos tenemos la oportunidad y la responsabilidad de poder expresarnos respetuosamente y comunicar nuestras ideas y sugerencias para mejorar las leyes que rigen nuestra relación de pueblo a pueblo. Ya yo lo hice para después no decir que al momento de hablar me quedé mudo.

Un plebiscito criollo es una pérdida de tiempo y dinero del pueblo de Puerto Rico sin la aprobación del gobierno federal. Todos sabemos el resultado de antemano sin gastar un centavo. Los políticos de los tres partidos no se pondrán de acuerdo en NADA. Nuestras esperanzas para comenzar un proceso de descolonización están todas en proyectos como el H R # 2499 que tan exitosamente ha sido saboteado por el PIP y el PPD. Los del PNP están desconsolados con el nuevo HR # 2499 aprobado por la Cámara porque acepta la colonia para Puerto Rico mientras los puertorriqueños la favorezcamos mayoritariamente. Para los norteamericanos dos de los tres partidos en PR, no desean cambio; tampoco favorecen la expresión del pueblo en un proceso democrático del voto popular. Puede que más que dar una opinión, el gobierno de los Estados Unidos comience el proceso de descolonización. Proceso tan temido por nuestros políticos porque ahí se le van las habichuelas a muchos de ellos.

El comportamiento del Sr. Orellana en la reciente celebrada vista del "Task Force de la Casa Blanca" en Puerto Rico es el de una personalidad colonizada. Es como si el problema del colonialismo no es nuestro, sino de los colonizadores (España y los Estados Unidos). Es como si nosotros no tenemos responsabilidad en el asunto ni autoría. No aportó al diálogo, sino que arrogantemente pide que "ellos", el "Task Force", como si fueran una masa amorfa, digan lo que están dispuestos a dar para entonces nosotros tratar de ponernos de acuerdo y decidir lo que queremos. Este es el juego que nunca acaba, pues justifica la presencia de los partidos tradicionales en la colonia; cosa que quiere el colonizador. La prioridad no está en nosotros pero en nuestras necesidades y planes para satisfacerlas. Se sumerge en el idealismo y la palabrería sin sustancia y se hace parte del desacuerdo manteniendo viva la lucha fratricida tribal que entorpece el consenso contra el colonialismo. Sin presentar una solución viable a nuestro desarrollo económico como comunidad solicita, acojamos la independencia sin definirla. Es como un acto de fe y no de razón. Por eso, pisan y no arrancan y se oponen al proyecto HR# 2499 que busca por primera vez en la historia de la relación entre PR y EEUU viabilizar un diálogo con el pueblo sobre nuestra relación política y una clara expresión de ¿Colonia, sí o no? Le temen a la expresión del pueblo por que han sido históricamente incompetentes de obtener el apoyo mayoritario.

Con la aceptación del (ElA) en 1952, estuvimos todos de acuerdo con los Estados Unidos hacia un gobierno republicano. No basta ser mayoría, pero todos consentimos en las leyes constitucionales y las leyes internacionales aprobadas por la ONU, al igual que las leyes de los Estados Unidos que aceptan como fórmulas descolonizadoras tanto la anexión como estado al igual que la independencia de los países colonizados. Excluir una posible solución es en ir en contra del ELA, la constitución norteamericana y las leyes internacionales. No hay puntos medio; somos colonia. Somos colonia por 517 años. ¿Cuánto más debemos de esperar para cambiar? En el HR # 2499, la Cámara de Representantes de los Estados Unidos reconoce como aceptables la colonia por consentimiento mutuo (ELA), la Estadidad, la Independencia o la Libre Asociación como un país soberano. Lo que realmente aquí está en juego es el derecho del pueblo de Puerto Rico a votar por lo que preferimos. ¿Por qué seguimos oponiéndonos al poder del voto popular? Tanto la Cámara de Representantes de los EEUU como el Presidente Obama han reconocido todas las soluciones anteriores como aceptables, pero nosotros insistimos en la perenne lucha de ninguna de las anteriores. Los retos a debatir de que esto no es sino una actitud colonial a favor de la colonia para Puerto Rico de nuestra parte.

Se le nota la costura al cabildero Manuel Rivera. Quieren saber, ¿cuánto dinero va a recibir de otorgársele la independencia o la soberanía a Puerto Rico? ¿Cuánto recibiría y cuánto hay que pagar los puertorriqueños para ser el estado 51? Esto es más fácil de calcular, pues ya hay 50 otros ejemplos y por aproximación, se puede estimar. Lo que es único y distinto es la soberanía y la independencia. Estando los Estados Unidos sumidos en un déficit multimillonario y siendo el debate principal político entre demócratas y republicanos norteamericanos la reducción del déficit, es lógico cuestionarse cuánto nos va a dar los Estados Unidos. La preocupación del abogado es obviamente una de tipo económico. Al parecer, la defensa de los ideales soberanos e independentistas tiene un precio soñado. Me pregunto, ¿cómo reaccionarían los independentistas y los soberanistas si la contestación a su pregunta fuera que de otorgarse la soberanía o la independencia recibirían $0.00? ¿Cambiarían sus posiciones? Ahora, este cabildero reclama no se ha podido expresar y no se le ha escuchado; como buen colonizado puertorriqueño e incompetente lo dejó para última hora. No usó los canales abiertos para todos nosotros y, días antes de que se someta el informe final a la Casa Blanca y al pueblo de Puerto Rico, forma un berrinche. Les ha tomado por sorpresa y anticipaban que el Presidente Obama le iba a dar largas al asunto del "status" como tradicionalmente han hecho todos los otros presidentes de los Estados Unidos. ¿Cuál será el miedo de estos individuos representados por este incompetente?

Le debemos a Ms. Foxx, que dicho sea de paso, tiene varios esqueletos en el clóset que apestan a racista, la enmienda al HR#2499 en que tanto el PPD y el PNP están debidamente incluidos en una contienda de cara a cara y es considerada justa para ambos partidos. Ambos partidos han cantado victoria con su aprobación. Si esto no es consenso, entonces desconozco el significado del término. El PNP debe de aceptar que no va a haber estadidad en Puerto Rico al trágala y el PPD debe de aceptar que la definición del ELA tendrá que ser aceptable y razonable para el Congreso de los Estados Unidos, pedir no necesariamente significa otorgación. El proyecto sólo inicia un proceso; no es la culminación de este. Los hispanos ajustaremos cuentas con los senadores que se opongan a la libre expresión de los puertorriqueños en los comicios en el próximo noviembre.

Es irónico que la enmiende Foxx, de una republicana que le dio vida al ELA en el HR# 2499, ahora son ellos mismos quienes le van a dar muerte a la colonia como existe al presente para sí disminuir el déficit del presupuesto federal. Se le hunde el barco; tienen el cuarto lleno de agua el partido de la Gran Mentira Colonial. Es también patético y triste oír que, a nivel de los líderes de los tres partidos políticos en Puerto Rico, no exista consenso para autorizar el voto del pueblo de Puerto Rico en lo que respecta a nuestra relación con los Estados Unidos. Aquí se ve claro que todos trabajan para sus intereses partidarios y no a favor de la expresión democrática de nuestro pueblo; vergüenza les debería dar. Con un voto entre la Estadidad, la Independencia y la Libre Asociación, todos deberían de estar contentos, excepto los colonialistas. Ahora sabremos, ¿cuántos colonialistas hay disfrazados de estadistas, independentistas y soberanistas?

El control político en Puerto Rico todavía lo tienen los favorecedores de la colonia. La derrota del HR # 2499 es evidencia de esto. El bloqueo a la expresión del pueblo mediante el voto popular y el favorecer el chanchullo de una Asamblea Constituyente es porque que se creen que saben más que el pueblo y tienen delirios de grandeza. Es su mejor estrategia para mantener el "status quo" y colonial en Puerto Rico. Es la estrategia preferida por el PPD, el PIP y el MUS. A todos ellos les debemos agradecer que el pueblo haya recibido una tapa bocas de parte del Congreso y no se nos consulte como pueblo sobre nuestra preferencia de "status". Lo prefieren así porque saben que han tenido hasta ahora el control de las estructuras sociales y organizaciones que pudieran en determinado momento constituir dicha asamblea constituyente.

La actitud servil y ñangotada del PPD ante el Congreso de los Estados Unidos los hace defensores de su control político hacia Puerto Rico. Prefieren que ellos tengan el control, pues creen que si somos nosotros mediante la estadidad, el pedazo del bizcocho federal será más pequeño para los partidos políticos no creyentes en la estadidad. Los independentistas y soberanistas están en la quiebra de un plan económico autosustentable, sostenible y específico para el desarrollo económico de Puerto Rico, así que prefieren mantenernos como colonia. Sus ofertas de solución de "status" están condicionados a cuánto dinero los norteamericanos, ahora en casi quiebra, nos puedan regalar en un súper "block grant" de dineros.

Nuestra locura de la personalidad colonizada nos mantiene esclavos y subordinados dentro de un sistema social colonial condenado por la comunidad internacional. Considero ingenuo no aceptar que esta triste realidad es de nuestra propia creación. Somos y hemos sido colonia por consentimiento mutuo. Hemos aprendido a vivir en la economía subterránea como principal mecanismo de defensa hacia los colonizadores y sus subordinados alcahuetes administrativos. Nos burlamos de los impuestos federales, estatales, leyes federales y estatales en un estado de connivencia de anomía social.

Esta cultura, producto de los procesos de evolución social contra el colonialismo, está muy arraigada en nosotros mismos. De una manera u otra, consciente e inconscientemente, nuestras acciones van dirigidas a preservar el estado colonial con sus derivados adaptativos. La lucha contra el colonialismo comienza en nuestras personalidades. La personalidad colonizada nos lleva a ver la sociedad en reacciones discretas positivas y negativas hacia el colonizador. No somos todos puertorriqueños, sino que unos somos pitiyanquis y los demás son anti-yanqui; uno pro gobierno y el otro pro anarquía.

El conflicto hacia la autoridad toma preponderancia en la personalidad del colonizado y oblitera toda otra característica que define el ser. El colonizado establece su valor personal con su perenne lucha contra las autoridades en la familia, la escuela, el partido y donde quiera que se ejerza algún tipo de autoridad. Debemos de aprender de la derrota del HR #2499. Cualquier y todo tipo de esfuerzo positivo contra el colonialismo en Puerto Rico tendrá que ser con el consenso de todos. Todos tenemos que estar de acuerdo de que no queremos más colonialismo para Puerto Rico. Si Pierluisi no hubiese hecho del proyecto HR # 2499 uno de Estadidad a la trágala y hubiese incluido desde el principio la colonia por mutuo acuerdo, otros hubiesen sido los resultados. No es fácil aceptar la realidad de que el colonialismo está sembrado en lo más íntimo de nuestro ser y nosotros mismos, con nuestro comportamiento sectarita colonizado, lo hacemos permanente.

No es tan difícil como parece; es como pedirle al gato que le dejen de gustar los ratones pedirle al país imperialista que deje su pasión y abandone sus posesiones. Los Estados Unidos no son España, quien nos abandonó y nos creó un desorden de "stress" post traumático. Ahora no confiamos ni en la luz eléctrica. Es la independencia la que se quieren sacar de sus espaldas los norteamericanos. Del informe se infiere que esa es la solución menos probable para los EEUU. De las restantes, el ELA y la Estadidad, es obvio que la preferencia inferida y preferida por EEUU es el ELA. El ELA, de acuerdo a los casos (insulares) resueltos por el Tribunal Supremo de los EEUU, les permite a ellos discriminar legalmente contra PR en términos de beneficios federales. Cortar el presupuesto a su antojo unilateralmente y nosotros no tenemos recursos suficientes para apelar, oponernos o rechazar los cortes. Especialmente en estos días que el problema central en el Congreso es el déficit presupuestario.

Por lo que el PNP le tiemblan las rodillas con una consulta en verano es porque saben que tienen las de perder de acuerdo a la historia de eventos semejantes contra el ELA. Si pierden claramente contra el ELA, esto los enterrará como partido legítimo. Pues, para los americanos, nosotros estamos contentos y queremos seguir siendo colonia del país más poderoso del mundo y seguir "mamando" de la "tetita" americana sin contribuir con impuestos federales.

Las vistas en el Senado, al igual que lo ocurrido en la Cámara de Representantes de los Estados Unidos con la aprobación del proyecto de ley HR 2499, hacen clara la preferencia del gobierno norteamericano por el presente "status político". Con el título de propiedad en el Congreso, ayudas federales para la economía de Puerto Rico, y con un gobierno de súbditos colonizados que deciden unas tonterías mientras ellos deciden lo fundamental, reclutarnos a pelear en sus guerras sin poder votar por el Jefe en Comando.

El ELA es el único "status" que tuvo dos oportunidades en el posible referéndum frustrado. Esto está muy de acuerdo con el historial electoral de los puertorriqueños favoreciendo la colonia históricamente. Quedó plasmada en los registros visuales y auditivos del Senado de los EEUU, los cuales muchos disfrutamos de observar vivo vía Internet; el perenne desacuerdo y comportamiento infantil emocional por la lucha tricolor de nuestros personajes políticos. Sus individualistas respectivas posiciones prevalecieron en lugar del interés colectivo como comunidad que desea, ansia y tiene derecho a participar en las decisiones políticas mediante el voto popular. Los tres partidos tienen "F" por no poder ponerse de acuerdo y viabilizar el voto popular del pueblo de Puerto Rico. Son un hazmerreír cuando sólo tres no se ponen de acuerdo; imagínense varias docenas en una constituyente.

La pérdida del asiento del demócrata senador Kennedy por medio de la victoria de Scott Brown republicano marcó la pérdida del poder demócrata en el Senado de los EEUU. Le debemos al senador Brown la aparente muerte del HR #2499. Aunque en realidad es autoría del PPD con su alianza con los demócratas, ahora divididos entre favorecedores del PPD y el PNP. La inclusión del ELA en la segunda consulta del HR # 2499 hace obvio que el Congreso prefiere mantener su colonia mediante la prevalencia del ELA.

Esta lucha en el partido demócrata también ha contribuido a la agonía del HR #2499. La división de los demócratas puertorriqueños entre los favorecedores de la estadidad versus los favorecedores de la colonia (ELA) no favorecía la aprobación del HR #2499. Ya pasadas, estas próximas elecciones del Congreso y con una nueva configuración de poder en el Congreso y un presidente en busca de reelección en las futuras elecciones presidenciales en los EEUU, auguran un nuevo panorama para Puerto Rico. Ninguno dejará ir de gratis su posesión colonial y pocos querrán compartir el poder con los puertorriqueños en que todo lo resolvemos discutiendo e insultándonos.

Esta muerte es más bien representativa de la muerte de la independencia para PR en su versión de Libre Asociación o Independencia. Anticipo que de aparecer en el Congreso un proyecto semejante al HR # 2499, las opciones a debatirse serán diferentes; serán la colonia "ELA" o la Estadidad. Ya sabemos lo que quieren en el Congreso para Puerto Rico. Veremos, ¿cuál será la preferencia de los puertorriqueños? Mientras tanto, nosotros seguiremos la lucha tribalista para así asegurarle el guiso a los partidos políticos y mientras más sean mejor, más bocas para alimentar con los dineros del pueblo y el sitiado norteamericano y el fondo electoral, colonos contentos.

La crisis parece ser personal de Rubén Berrios. Pasó y está retratado para la historia como uno de los saboteadores del HR #2499. Su propuesta actual no difiere mucho del proyecto que ayudó a dar muerte. Quizás son pesadillas de esos momentos la causal de su crisis presente; la consciencia colonialista lo tortura. Mientras que el representante Aponte es ingenuo o se hace, tanto aquí como allá, a nadie le interesa discutir el tema del colonialismo en Puerto Rico. El PNP y el PPD tienen la misma posición que los Estados Unidos ante las Naciones Unidas. Esto es un asunto interno que nos corresponde a nosotros únicamente resolver; nunca en consenso han reclamado poner a PR en la lista de colonias. Si lo hicieran, los EEUU los oirían más atentos. El proyecto de ley HR #2499 abría las puertas a la discusión pública auspiciado por el Congreso sobre las posibilidades legales que definen la relación entre Puerto Rico y los Estados Unidos. En otras palabras, la discusión del colonialismo en Puerto Rico.

El silencio en el Senado norteamericano, así como la secretividad favorecida por el PPD y el PIP, son encubridoras del colonialismo en Puerto Rico. Una consulta criolla no aportaría nada nuevo a la discusión pues sin una definición de términos del Congreso sobre las posibles alternativas es sólo dar palos a ciega. Aunque nuestros políticos todos reclaman que tienen claro lo que conlleva y la definición de su fórmula correspondiente, sólo son más mentiras de políticos demagogos. Pues, en un contrato de relación es necesario el consenso de ambas partes en la definición de término. Cualquier fórmula exige de una definición consensual de ambas partes, PR y EEUU. Ninguno tiene un acuerdo escrito de la definición consensual de sus fórmulas, esto es sólo política barata de ingenuos colonizados.

El Congreso, al igual que todos nuestros políticos, se rehúsa a una discusión honesta y abierta bilateral sobre la definición de términos. Mejor que un plebiscito criollo sería una definición clara y abierta de cada partido de lo que es su fórmula con detalles específicos. ¿Cuánto nos va a costar y cuánto le va a costar al Congreso, y cuáles son los términos específicos a contratarse? Ni los de aquí, ni los de allá saben las contestaciones concretas a estas preguntas, por eso para ellos es mejor no discutir el tema y seguir manteniendo el juego electoral; baile, baraja y botella con los dineros del pueblo. La personalidad colonizada es egocéntrica, narcisista y no reconoce otras perspectivas distintas a la propia. Le sirve bien al colonizador con su actitud intransigente y divisionista; así los se mantienen en el poder.

No sólo la independencia es descolonizadora. El derecho internacional reconoce la libre asociación y la estadidad como alternativas legítimas para la descolonización de cualquier país.

Nunca Puerto Rico ha tenido, ni desarrollado o implementado un plan de desarrollo económico propio. Por los más de 400 años de los 516 años de coloniaje en PR, España era quien lo diseñaba. Por los pasados 112 años han sido los EEUU quien lo diseña para nosotros con una sola voz en y sin voto en la Cámara de Representantes y sin voz y voto en el Senado de los EEUU. Ningún partido o movimiento político en PR ha diseñado un plan de desarrollo económico viable y ejecutable que les haya traído riquezas a los diseñadores y que sirva como ejemplo para el resto de la población, basándolo únicamente en nuestros recursos y destrezas. Dentro del marco actual de dependencia económica hacia los EEUU, la estadidad es la única opción que nos permite participación proporcional y justa en el diseño y ejecución del plan económico para Puerto Rico.

El dueño de Puerto Rico, el Presidente de los Estados Unidos Barack Obama, tiene la palabra ahora. Sus oídos han estado abiertos a las expresiones del pueblo de Puerto Rico en sus dos vistas públicas en San Juan y en Washington, DC. Me parece que no hay necesidad de seguir esperando por sus expresiones. Todos esperamos ansiosamente oír sus expresiones sobre el futuro de Puerto Rico y si nos va a ayudar a descolonizarnos o si prefiere, como todos los anteriores presidentes, seguir siendo dueño de una colonia consensualmente disfrazada ante la comunidad internacional. Todos oiremos atentamente lo que tiene que decir el Presidente Obama.

Es un voto anticolonial lo que se busca en el plebiscito de Fortuño. Lo que pasa es que muchos prefieren la colonia y no se atreven decirlo públicamente; entre ellos, el PIP, el PPD, el PPR, el MUS y algunos en el PNP. En el segundo voto todos tienen igual de oportunidad de expresar su preferencia por una solución no colonial y definirla en su predilección. ¿Por qué los puertorriqueños le tenemos miedo a hablar directamente con el colonizador y buscamos otros sitios para hablar a sus espaldas y desahogarnos evitando la comunicación directa? ¿Cuándo llegará el día que todos los partidos políticos y el pueblo en general se expresen en consenso afirmando que el estado colonial no es aceptable para todos los puertorriqueños? Hay que modificarlo y establecer una conversación abierta y continua, democrática, bilateral e inteligentemente entre ambos.

En esta ocasión Rubén tiene la razón; este nuevo movimiento soberanistas (MUS) parece un mini PPD. Suenan a un grupo de despechados que ningún partido político los quiere. Dejaron el PIP, y el PPD los botó a la calle. La Junta de Gobierno del PPD entiende que AAV, con sus ideas soberanistas, los llevó al fracaso electoral del 2008. De golpe y porrazo, eliminó las "plumitas liberales" pro libre asociación e independencia. En el PPD anticipan ganar las elecciones eliminando el fantasma de la independencia de sus filas. Aquellos que hablaban de soberanía dentro del PPD pronto serán mudos y, peor aún, no tendrán el apoyo de la maquinaria interna del partido. Sueñan que con su silencio y el apoyo de los nuevos soberanistas puedan conservar sus posiciones electoreras y así estar en posición de intercambiar favores.

Rubén también debe dejarse de pamplinas porque él mejor que nadie sabe por sus conocimientos en las leyes internacionales que el proceso de descolonización se hace realidad mediante la autodeterminación de todo el pueblo expresado en el voto popular libre y democrático. Representando sus preferencias por las opciones descolonizadoras como lo son; estadidad, libre asociación e independencia. En los registros gráficos del Congreso de los Estados Unidos está escrito que él y su partido, en confabulación con el PPD y en sentimiento común anti estadista, se opusieron a la expresión del pueblo de Puerto Rico sobre su relación con los Estados Unidos como suplicado ante el Congreso de los EEUU en el proyecto de ley HR # 2499.

La descolonización se lleva a cabo mediante la autodeterminación de todo el pueblo, no mediante la expresión de un grupo de narcisistas colonizados que le temen a la verdadera autodeterminación del pueblo y la descolonización de Puerto Rico. Cualquier parecido de estos grupos con dictaduras no es pura coincidencia. La descolonización de Puerto Rico comienza con un frente unido de todas las opciones ante el Congreso de los EEUU; evento que el colonizado no puede hacer debido a su narcisismo sectario.

Es una grata sorpresa leer el mensaje del Presidente Barack Obama en el periódico en Puerto Rico. En los registros de mi memoria, nunca antes esto había ocurrido. Mis más sinceras felicitaciones por este gesto de respeto y acercamiento hacia el pueblo puertorriqueño. Aunque es obvio que el mensaje está dirigido en términos generales, aun así, marca el inicio de un cambio de actitudes hacia esta parte del hemisferio. Comenzar con la situación de Cuba es un primer e importante paso para mejorar las relaciones. Esta medida, aunque apoyada por algunos congresistas para otros, principalmente los cubanos, la ven de forma negativa y un paso a levantar el embargo algo de lo que ellos se oponen. Es contradictorio que se opongan a que sus familiares se beneficien de los productos y el mercado norteamericano que, en última instancia, mejorará la calidad de la vida de los cubanos en Cuba. Este acercamiento puede que se extienda a nosotros con una consulta avalada por el Congreso de los EEUU para definir y acabar con el estado colonial, si así lo queremos los puertorriqueños. Sin embargo, le recuerdo al Presidente que la abolición de la esclavitud no la precedió un referéndum. El colonialismo es sino una forma de esclavitud dirigida hacia una nación en lugar de hacia un individuo.

Yo diría que la Casa Blanca es diligente con el proceso de resolver el status colonial de Puerto Rico. Vistas presidenciales en San Juan y Washington, DC y vistas en el Senado de los Estados Unidos no es pura coincidencia. Se hace obvio el liderato de la Casa Blanca para sorpresa de muchos. Otros también están sorprendidos con los comentarios del Sr. Perrelli del Departamento de Justicia. Federal en la revista Main Justice, cuando dijo que la Casa Blanca está abierta a la posibilidad de que Puerto Rico se convierta en un estado de los EEUU. Poco a poco, se van aclarando los mitos con que nuestros políticos han engañado a nuestro Pueblo por años.

Pronto se hará claro que el ELA como está es colonia y sólo continuará si la mayoría del pueblo de PR la favorece, a pesar de la oportunidad única en nuestra historia que se nos ofrecerá para terminar el coloniaje en Puerto Rico. ¿A quién le amarga un dulce? El Congreso de los Estados Unidos no quiere cambiar el estado colonial de Puerto Rico. No están dispuestos a aceptar el poder gubernamental para PR, ya sea con la independencia o con la estadidad. Con tanto sumisos y obedientes colonos subordinados en la Isla difícilmente tendremos gobierno propio. ¡Que viva la colonia contenta!

Sugerencia para este comité tripartita convocado por Fortuño, dos consultas como lo recomendó Obama: 1. ¿Unión con los Estados Unidos o nación independiente?; 2. Quien gane el primero se enfrenta en el segundo en noviembre próximo, Estadidad vs. ELA o Independencia vs. Libre Asociación. ¿Cuántas neuronas tendrá este comité tripartito para lograr un consenso? Lo paradójico de este asunto es que el Presidente sugiere un tipo de consulta y los favorecedores de la estadidad se oponen a su recomendación. ¿Será esto un anticipo que PR se convertiría en un estado oposicional a las recomendaciones de los presidentes de los EEUU?¿Cuál será la parte que el legislador Sr. Vega no entiende sobre PR y el "status"? En 1898 ocurrió la invasión militar de los Estados Unidos a Puerto Rico antes de que él naciera, pero eso no lo excusa de no conocer la historia.

En ese año, España le regaló a Puerto Rico a los Estados Unidos. Puerto Rico es propiedad de los EEUU. La constitución norteamericana legitimara el regalo de la colonia mediante un tecnicismo conocido como la cláusula territorial. A este caballero lo deben llamar el Llanero Solitario. Los soberanistas en el PPD están mudos y con hablar se exponen a que los boten como bolsa del PPD. La Junta de Gobierno lo decidió y el presidente del partido, al endosar la preferencia de plebiscito de la Casa Blanca, lo hace mandato presidencial. El PPD quiere la unión con los Estados Unidos y no la independencia o libre asociación. Si sigue hablando pronto se encontrará en el llano, sólo y fuera del PPD.

El plebiscito criollo es el comienzo de la solución. La historia de las naciones es la lucha por la autodeterminación de sus asuntos, como por ejemplo los Estados Unidos contra Inglaterra. Esto es un derecho rogado y luchado que en ocasiones es causal de guerras entre naciones. Nosotros nunca como pueblo unido hemos reclamado este derecho inalienable de toda nación, así dispuesto en el derecho internacional. La lucha comienza con el pueblo y sus deseos de tener control de sus propios asuntos; este es el primer paso. La libertad, el poder de decidir nuestros asuntos y los derechos y responsabilidades que conlleva no pueden ser impuestos a nosotros por los EEUU o la comunidad internacional. Pues, sería esta acción sólo una variante más del colonialismo.

Somos nosotros los responsables de iniciar y sostener el proceso que culmine en la adquisición de los poderes que nos libere del poder supremo de la metrópolis hacia nosotros. La voz del pueblo no es vinculante hacia el Congreso, pues esto es la naturaleza del colonialismo. Nuestra voz no cuenta para pool ni banca en el Congreso. Ellos tienen su propia voz y el proceso no termina; sólo empieza cuando el pueblo de Puerto Rico en consenso reclama acabar con la sumisión y el sometimiento a los poderes plenarios del Congreso de los EEUU hacia Puerto Rico. Evento que nunca ha ocurrido en PR y nos convierte en los más serviles, dóciles, subordinados y sumisos colonizados de la historia mundial presente.

Aparentemente por la poca participación en la sesión de la tarde del "Task Force" del Presidente Obama en San Juan, el coraje no es sólo del gobernador. Los políticos en Puerto Rico están todos molestos y su molestia se dejó ver al abandonar la audiencia. Políticos electos fueron excluidos de expresarse en la sesión de la mañana de mesa redonda. Para agravar más a estos políticos, tuvieron que compartir con políticos no electos del PIP del PRP; expertos en el área de salud, economía y ambientalismo. La supremacía de los políticos en estas vistas se vio seriamente disminuida. En mi opinión, los mejores comentarios vinieron de parte de los no políticos. La glorificación de que por ser electos, instantáneamente se convierten en expertos en todas las áreas se desvaneció.

Los Estados Unidos, con su invento de territorios no incorporados a los cuales se les puede discriminar en términos de beneficios económicos y sin representación efectiva y proporcional a nivel político basada en la falta de pago de impuestos federales, han encontrado la solución legal a la colonización benefactora. Es obvio pensar es que ese es el "status" preferido por el gobierno federal. De esta manera no pierden los derechos de propiedad del territorio; no tienen que compartir el poder político con un estado Hispano y así complacen a la mayor parte de los colonizados puertorriqueños. No me sorprendería que el Presidente Barack Obama iguale a Muñoz Marín con una solución al "status" que mantenga el poder colonial de los EEUU hacia PR y que excluya la estadidad y la independencia; algo así como ELA, consentimiento mutuo colonial.

Si al pueblo de Puerto Rico se le presenta la opción de escoger únicamente soluciones descolonizadoras, escogerá la estadidad. Sin embargo, muchos prefieren la colonia para no tener que pagar impuestos federales y para no tener la fiscalización federal en los asuntos locales. Con el mantenimiento de la colonia, nos hacemos cómplices de la corrupción, ineficiencia, inefectividad, patronazgo y favoritismo en las administraciones gubernamentales. Son muchos los que serían encausados por evasión de impuestos por el IRS y muchos se sorprenderían de los nombres que saldrían a relucir. El PPD no necesariamente desaparecería como partido político, sólo tendría que definirse ideológicamente alejados del colonialismo, obsoleto y deshumanizante, para la raza humana. El helicóptero persigue el dinero. Si las ganancias económicas de la colonia terminan en la metrópolis, allí aterrizamos nosotros los puertorriqueños, ahora mayoritariamente en suelo gringo. Esa es la razón primordial de la emigración en masa de los puertorriqueños hacia los Estados Unidos; buscar donde está el dinero y la mejor calidad de vida.

Votar por el ELA en el plebiscito es creerse que vamos a votar, por un estado que no es estado, por una libertad inexistente y por un pacto de asociación que no lo encuentran ni en los mejores centros espiritistas. El PNP no siguió las recomendaciones de la Casa Blanca para enfrentar la estadidad a el ELA en la segunda ronda porque saben que son muchos en PR los que no quieren pagar impuestos individuales federales, ni tener mayor fiscalización federal en nuestros asuntos criollos donde la corrupción, la economía subterránea, el favoritismo, el panismo político, la jaibería y la vagancia son las leyes que realmente la mayoría obedece en la colonia.

El plebiscito que se lleve a cabo en Puerto Rico en esta ocasión será diferente de todos los anteriores. En este no son sólo los ojos locales los pendientes del voto popular, sino que la comunidad internacional, el Congreso, el Tribunal Supremo de los Estados Unidos y el Presidente Obama tendrán los ojos pendientes de lo que decidamos los puertorriqueños sobre nuestra relación común. Al PPD sólo le queda defender la colonia y la defensa por las grandes corporaciones norteamericanas con negocios en Puerto Rico. El PNP hará su reclamo de estadidad basada en el voto popular y entonces la bola estará en la cancha del norte. Los soberanistas e independentistas estarán mudos por la escasez casi total de fondos federales en su presupuesto presente y no dirán ni esta boca es mía.

El PNP no quiere dejar pasar este cuatrienio sin avanzar la estadidad para Puerto Rico. Ha sido promesa de campaña y muchos dentro del partido los critican por no hacer nada. Hacen de la estadidad un asunto principal en las elecciones generales. El electorado tendrá la opción de sacarlos de la gobernación si están en contra de la estadidad y aquellos que prefieran la estadidad sólo tienen una opción, el PNP. Los que voten PPD optan por la sumisión, subordinación y ventajera económica para las grandes corporaciones norteamericanas que es la colonia de Puerto Rico. El voto en estas elecciones es un posible voto descolonizador. Con sus opciones legítimas, podremos ver quienes en realidad quieren descolonizar a Puerto Rico.

El poder político conlleva un mayor grado de responsabilidad individual. Esto es algo que muchos se ufanan en querer y tener, pero en realidad no es parte del repertorio de cualidades en la personalidad colonizada. Prueba de esto es la siguiente situación hipotética. Si realmente estamos convencidos que el pueblo de Puerto Rico es quien debe decidir, el procedimiento a seguir debe ser uno sencillo y claro. Los tres partidos principales en PR en consenso se unen y demandan al gobierno federal ante el Tribunal Supremo de los Estados Unidos y ante las Organización de las Naciones Unidas simultáneamente, reclamando el derecho inalienable del pueblo de Puerto Rico para decidir el futuro político de nuestras vidas.

Se solicita el remedio de que, por un tiempo específico de tres años, el Congreso le transfiera al pueblo de PR el título de propiedad de la Isla que los EEUU recibió de España con el Tratado de París de 1898. Durante ese tiempo, en específico el Congreso de los EEUU no tendría inherencia en nuestros asuntos. Igualmente, las ayudas federales al gobierno, no las de los individuos, cesarían durante ese período. Tendríamos la responsabilidad de velar por nuestra propia defensa militar, controlar la migración poblacional, regular el comercio internacional y nuestra economía. De esta manera, tendremos la oportunidad de decidir cuál tratado de relación internacional es el más que nos conviene a nosotros, en base a nuestros recursos y trabajo. El poder sería trasferido a una Asamblea Constituyente que sería validada mediante el voto popular de todos los puertorriqueños en Puerto Rico.

El PPD es un partido de colonialistas contentos que sólo saben ser súbditos del Congreso a cambio de una que otra 936. En su origen fueron arquitectos del proceso de industrialización a cambio de venderle sus almas al Congreso. Con disfraz de dos caras, una de obediente súbdito y con la otra de orgullosos de la nacionalidad, orquestaron la Gran Mentira Colonial e industrializaron a Puerto Rico. Con el mazo en la mano fueron cortando cabezas del nacionalismo puertorriqueño. Hicieron de la independencia una mala palabra e institucionalizaron el miedo a la independencia. Ahora que la economía norteamericana se encuentra en su peor momento con una gran posibilidad de no hacer los pagos a los veteranos y el seguro social, se quitan la máscara de nacionalistas y le besan el trasero al Congreso y al Partido Demócrata. Los demócratas de origen puertorriqueño de allá les quitan las máscaras y los llaman colonialistas.

Aquí se hacen los desentendidos; no importa que tres presidentes norteamericanos hagan lo mismo y les llamen colonos. Se sienten con todo el derecho de ser colonos porque son muchos los que están contentos con la colonia. Todos saben en Puerto Rico que esto de los ideales estadistas e independentistas es una farsa y comparsa de baile de máscaras de cada cuatro años para poder sentarse en la mesa grande y repartir el bacalao. Pues, a la hora de la verdad, todos quieren su seguro social sin pagar contribuciones federales. El orgullo nacional prometieron asesinarlo en el 1952 con el veneno del ELA. Quien no madura es este pueblo saturado de mentes colonizadas.

También enajenados de la civilización, los independentistas, en condición de suicidio en anomía social, insisten que sólo son puertorriqueños los que quieren la independencia para PR y los estadistas sólo son colonizados al cuadrado. Insisten que allá no nos quieren; no importa lo que diga Obama, las medianoches compartidas y su equipo de trabajo. Tiempos muy interesantes los que vivimos hoy en día en la colonia.

En Puerto Rico existe y ha existido consenso por los pasados 517 años; esa ha sido nuestra triste realidad política. El consenso ha sido entre las metrópolis para mantener la situación colonial y el pueblo de Puerto Rico que siempre ha optado por este status. Los partidos y los movimientos políticos sólo han sido payasos que bailan al ritmo del colonizador y el colonizado manteniendo la colonia. Metrópolis y pueblo han estado en consenso perenne a favor de la colonia. Los únicos que no están de acuerdo aparente y alegadamente, pero en realidad están de acuerdo, son los partidos coloniales.

No están de acuerdo en sus preferencias y persisten en su lucha fratricida complaciendo al colonizador en su estrategia de "divide et imperas"; pero en realidad están de acuerdo subliminalmente en mantener la lucha fratricida para así mantener la colonia, complacer al colonizador y al colonizado, mantenerse como clase aparte. El ELA es un status colonial donde se enmascaran las crasas violaciones de los derechos democráticos de una población de estar debidamente representados en las esferas de poder que los gobiernan. Durante 59 años, estuvieron en silencio confabulados con los políticos coloniales para mantener el "status quo". Obviamente estamos esperanzados de que comience una nueva era de descolonización en PR, gracias al Presidente Obama.

Mi opinión es a los efectos de que muchos independentistas por mucho tiempo esbozaron una estrategia de favorecer a los estadistas convencidos de que no se les otorgaría la estadidad a Puerto Rico de solicitarla, y entonces se verían obligados a reconocer la independencia. La primera pregunta que el "Task Force" quiere que contestemos es ¿queremos ser independientes o estado? ¿Cuál es entonces la inferencia lógica a hacer, sino que aceptan la estadidad como posibilidad?

Es infantil y mediocre la actitud del PNP, no siguiendo la preferencia de la Casa Blanca para los dos plebiscitos. Todo porque en el primer plebiscito no los distingue del PPD como partidos que quieren lo mismo; unión con los Estados Unidos. Los celos los matan. Quien más ha hecho por la estadidad para Puerto Rico ha sido LMM y sus huestes del PPD. Primero, neutralizaron y destruyeron el movimiento independentista y luego cosecharon triunfos electorales defendiendo la unión permanente. Tácticamente y para ganar elecciones disfrazaron sus intenciones de estadidad en pro de la soberanía.

Así se les unió un chorro de ignorantes de la historia del partido y otros muchos oportunistas en busca de ser elegidos electoralmente. En 1952, con la creación del ELA, el camino se hizo para la eventual estadidad (unión permanente) sometiéndonos sumisa y subordinadamente al federalismo y el gobierno republicano de los EEUU. Es paradójico que quien puede que pase a la historia como el gran obstaculizador de la estadidad para PR sea el PNP, tratando de reclamar derechos exclusivos de la estadidad y excluyendo a los estadistas del PPD. Otra payasada más de nuestros políticos coloniales.

Ahora todos critican el informe de Obama como una bachata, una falsa y una mediocridad. La verdad es que lo señalado en el informe duele, y duele más para todos los políticos y líderes cívico sociales que aparecen retratados en el informe y no quieren aceptar como verdaderos los señalamientos hechos. Para empezar, hacen claro que PR es una posesión de los EEUU, como regalo a ellos de nuestra venerada Madre Patria. Luego, hace claro que estamos bajo el dominio de ellos mediante la cláusula territorial de la constitución de los EEUU. Posterior, dice que tenemos "cierto" control de asuntos locales. Termina luego diciendo que después de 59 años de gobierno local, gobernador y dos cámaras, al día de hoy no hemos diseñado un plan de desarrollo social donde cimentar nuestro crecimiento económico.

En palabras finas nos llaman vagos al decir que menos de la mitad de la población que puede trabajar lo hace. Nos dicen que la corrupción ha caracterizado el manejo de los fondos federales y es prevaleciente en todas las esferas, incluyendo la ejecutiva, legislativa y judicial. Nos dice que los que nos gobiernan no se comunican bien entre sí; no hay la fiscalización necesaria entre las ramas de gobierno. Que no tenemos un sistema eficiente de contabilidad donde no sabemos lo que tenemos, como lo gastamos y en que lo gastamos, y el mejor ejemplo son el Departamento de Hacienda y la UPR. Nos señalan deficiencias a mejorar y ayuda en términos del desarrollo de viviendas, manejo de desperdicios, erradicación del dengue, deficiencias en el sistema de comunicaciones y asistencia y buen uso de fondos federales Todavía nos queremos creer que nosotros lo hacemos mejor y por eso decimos que el informe es una porquería; no son las malas administraciones.

Si todavía en Puerto Rico alguien tiene duda de quién manda en Puerto Rico, estos eventos los pueden iluminar. Aunque hay muchos que no lo ven porque no lo quieren ver, el embuste de gobierno propio con el ELA queda al descubierto. Mandan en la policía, mandan en el aeropuerto, mandan en los puertos, mandan en la educación, mandan en los hospitales, mandan en el sistema judicial, autorizan a tener o no el gobernador electo y deciden cuántas cámaras debe de tener el gobierno. Cualquier parecido con una colonia NO es pura coincidencia.

Es escandaloso el informe de justicia federal sobre nuestra policía sometida a pedidos de un congresista que nosotros NO elegimos. Nosotros ante esta situación que el pueblo intuye de corrupción por todos lados, aunque no conceptualiza, nos hemos adaptado a la sumisión creando la cultura de la pobreza. Cualificando para los beneficios federales para combatir la pobreza a la vez que disfrutamos de una economía subterránea basada en el robo, a imagen y semejanza del robo colonial. La clave para el éxito es estudio y trabajo, pero con 70% de la población sin trabajar o trabajando a tiempo parcial no saldremos del hoyo. En el año pre eleccionario anticipo más lloriqueo colectivo y menos estudio y trabajo. Todos viviendo la fantasía de que Superman (USA) venga al rescate para tener la desilusión navideña de que Superman no existe.

En el PPD se han dado cuenta que el independentismo, mayoría en los cincuentas, en el presente es ínfima minoría; muchos acogidos al seguro Social norteamericano. Con la misma boca se comen lo que les da el norteamericano y con ella lo muerden en conflicto personal existencial. Los estadistas, en minoría en los cincuenta, hoy son mayoría y siguen creciendo. La burocracia gubernamental está destinada a desaparecer con un proceso de descolonización en PR y por esto nunca ha ocurrido. El momento es idóneo, pues el Presidente Obama no tiene intereses comprometidos con esta burocracia tan politizada, excepto con el pueblo de Puerto Rico. Es anticipable que las ventas de anti diarreicos aumentara después de las reuniones con el Task Force de Obama para todos los partidos, movimientos políticos y fanáticos seguidores.

La Reforma de la Salud Publica, la Reforma de la Educación Pública y ahora la reforma del sistema tributario norteamericano son los grandes logros durante este período de la administración del Presidente Obama. Ya su administración le hizo el planteamiento al Tribunal Supremo que declare constitucional la imposición de que todo individuo esté obligado a comprar un seguro de salud. Se cita como precedente la imposición del pago del seguro social.

En cuanto a la educación, "Race to the Top "impone un sistema de evaluación de los maestros en escuelas públicas basados en ejecutorias medidas objetivamente. Hace con esta iniciativa el funcionamiento y el mejoramiento de las ejecutorias de los estudiantes el factor primordial cuando se evalúa la calidad del maestro. Esta medida curiosamente cuenta con el endoso de tanto republicanos como demócratas. Los maestros con este sistema dejan de ser "vacas sagradas" y están sujetos a evaluaciones objetivas como muchos otros profesionales. Dato curioso es que son los maestros comparados con los abogados y médicos los menos que pierden sus posición por incompetencia en el desempeño de sus funciones en todo los Estados Unidos.

En cuanto a la reforma del sistema tributario, persigue derrotar la filosofía económica republicana del "trickle down". Esta afirma que mientras más dinero tengan los ricos, más dinero harán disponibles para crear empleos; cosa que no se ha visto en el presente. Mientras que las grandes corporaciones tienen ganancias exorbitantes, el desempleo esta altísimo. Ahora el Presidente quiere que todo aquel que gane más de $250,000 pague más impuestos y contribuya más al tesoro federal para así poder financiar su plan de crear más empleos mejorando la infraestructura, la educación y la investigación científica. Para mí, la credencial que él está todavía pendiente de establecer es la de abolicionista.

Me pregunto, ¿cómo él reaccionaria ante una demanda al gobierno federal de los EEUU reclamando el derecho inalienable del pueblo de PR de decidir su futuro político? ¿Apoyaría él la trasferencia del poder del Congreso hacia el pueblo de Puerto Rico, para así el pueblo decidir libremente sobre su preferencia por el status político y entonces poder negociar de tú a tú?

Lo interesante de la propuesta del "Task Force" para el posible plebiscito es que ponen la Estadidad y el ELA en el mismo lado del cuadrilátero. La propiedad (PR) se queda con el mismo dueño, los Estados Unidos. Excepto que con la estadidad para Puerto Rico, hay participación equitativa y proporcional en las decisiones del Congreso comparado con los otros estados pagando por este derecho impuestos federales para así poder elegir el Presidente, tener dos Senadores y varios Representantes que defiendan nuestros derechos. Por otro lado, con el ELA no pagamos impuestos federales y seguimos sometidos, sumisos y subordinados a la generosidad y migajas de fondos federales para que el partido de turno se las robe. "To be or not to be"; he ahí el dilema del colonizado.

Lo que está cada día más cerca en Puerto Rico es el fin de la colonia. El fin del gobierno del baile, baraja y botella que nos tienen acostumbrados los administradores de la colonia. El beneficio individual y el favorecer a los fieles sumisos feligreses del partido sustituyen el bien común y comunitario.

Todos hacen lo mismo; unos más discretos que otros, pero al final la política partidista dicta los beneficios a recibir por los individuos. La oposición al proceso de descolonización en Puerto Rico se hará manifiesto en todas las direcciones mediante falsas y aparentemente diferentes ideologías que sólo esconden a los sumisos, obedientes, bien indoctrinados y subordinados colonizados. Todos los opuestos al plebiscito descolonizador sólo son colonizados con un lavado cerebral estilo CIA.

Durante todos estos años, la política en Puerto Rico ha sido un juego. Es un juego, pues él que verdaderamente manda aquí está en el Congreso de los Estados Unidos. Todos se burlan de la farsa que actúan los políticos, pero ellos viven creyéndose que el pueblo les cree. El pueblo vive en un estado de anomía social distanciado de las reglas de juego de los políticos. Raramente las medidas tienen sustancia y menos las críticas. Se discute en la legislatura el día del buen trato en lugar de las leyes de cabotaje, la administración del presupuesto en lugar del colonialismo, los derechos de los estudiantes universitarios y trabajadores en lugar de la economía de dependencia de los Estados Unidos. La subordinación y el sometimiento a los poderes plenarios del Congreso se aceptan a cambio de una economía subterránea debajo del radar federal; dependencia y sometimiento a cambio de ayudas federales con poca fiscalización. Todos somos parte de este juego colonial y de la cultura de colonizados que no tiene visos de cambio. Lo que es el sexo y la política son los deportes nacionales en Puerto Rico.

Lo que realmente es una distracción es el trivializar y minimizar la importancia del presente "status" colonial para Puerto Rico. Estamos en el hoyo de una recesión continua porque somos colonia sin poder de decidir nuestros asuntos nacionales. Continuamos como el avestruz con la cabeza dentro del hoyo por el miedo a enfrentarnos al poder colonizador del Congreso de los Estados Unidos y de que nos retiren los dólares, sino pagamos impuestos federales. Ya el presidente Obama lo dijo; el Congreso de los EEUU tiene la última palabra respecto a PR. Fue más allá y dijo que una mayoría simple no los va a mover a cambiar la colonia por cualquier otra cosa que no sea colonia.

Aquellos que no aceptan esto como una tragedia mayor para el pueblo de PR sólo defienden el poder de los EEUU contra el pueblo de Puerto Rico. Prefieren hablar de lo que no podemos controlar y lo que está en manos del Congreso de los EEUU. Estamos carentes de participación ciudadana del pueblo de Puerto Rico sobre las leyes que nos rigen en lugar de discutir y luchar por lo que el derecho internacional nos reconoce; el derecho a decidir nuestro futuro político. Este es el colmo del colonizado, obediente, sumiso, subordinado y cobarde ante el poder imperial de los EEUU.

Lo que se nos hace difícil de entender a los puertorriqueños es que el informe de la Casa Blanca nos dice clara y fielmente cómo somos nosotros los puertorriqueños y cómo han sido de ineficientes las pasadas administraciones gubernamentales. Cuando en los años 70 la tasa de participación laboral era de un 41%, en 2010 solo fue un 47%. La mayor parte de los hábiles al trabajo no lo hacen; en mi barrio les llamamos vagos. También nos dicen que todas las administraciones gubernamentales pasadas y presentes nunca han elaborado un plan de desarrollo comprensivo para Puerto Rico.

Nos señalan con precisión los fundamentos básicos en administración de fondos, fiscalización, monitoreo, falta de conocimiento de lo que se tiene, de cómo se gasta, pobre utilización de fondos disponibles con la vergüenza de tener que devolverlos por no usarlos a tiempo y apropiadamente, ineficiencia e inefectividad en prestación de servicios al pueblo. Falta de un sistema actualizado de comunicación con la intención de mantener mal informado el pueblo y de continuar robándose los fondos federales. Ausencia de un plan de desarrollo y acceso a agua potable para todos y manejos inapropiados en los servicios de salud, incluyendo manejo ineficiente y erradicación del dengue endémico en Puerto Rico.

Nos dicen que las administraciones gubernamentales han sido y son incompetentes, ineficientes y corruptas. ¿Están mintiendo, o es que la verdad duele? También nos dicen que para desarrollar una economía saludable, sostenible y sustentable, tenemos primero que bregar con estos problemas y nos ofrecen ayuda. Y como muchos no saben hablar inglés, van a buscar allá quien nos lo diga en español. El escrito es una joya descriptiva de nosotros y del camino a seguir para mejorar como sociedad organizada, y entonces poder combatir la pobreza. El problema fundamental para muchos es que el informe de Obama va dirigido a combatir la pobreza del pueblo, no la de los partidos políticos. Pone a todos los partidos políticos en Puerto Rico en la cuneta de la incompetencia, corrupción, ineficiencia e inefectividad. ¡La verdad duele!

Los amores que surgen a raíz del despecho están condenados a ser efímeros. Abandonaron el PIP y así el ideal de la independencia. Se unieron al PPD en búsqueda de refugio y prebendas. AAV y Miranda los cobijaron y juntos todos llevaron al PPD a su peor derrota electoral. La Junta Central del PPD los condena al ostracismo. Solos y desamparados llaman la atención de los indiferentes. Carecen de sustancia y se valen de metáforas y frases con la fantasía de que funcionen como la flauta de Hamelin. Añoran los tiempos de Muñoz donde se poetizaba al jíbaro analfabeto con frases mágicas y promesas huecas de pan, tierra y libertad para conseguir su voto. Le hacen honor a Manrique creyéndose que todo tiempo pasado fue mejor. Ya es tiempo de que despierten de ese sueño y hagan algo más que reclamar ser mejores administradores coloniales que los veteranos alcahuetes coloniales. ¿Por qué no empiezan con diseñar un plan de desarrollo económico que aumente la productividad nacional dentro de los recursos de cada cual y en esfuerzo colectivo producir y vivir orgullosos del trabajo propio? ¿Por qué no pregonar por la unidad nacional en lucha consensual contra el colonialismo en lugar de crear más divisiones en una sociedad ya dividida e hipnotizada por la política imperial de "divide et imperas" que sólo le sirven bien al colonizador y a los partidos políticos colonialistas? El MUS es producto del sectarismo y el narcisismo primitivo de mentes colonizadas que sufren del despecho político partidista.

Si los estadistas quieren lograr la estadidad para PR, o los estadolibristas quieren culminar el ELA, sólo tienen un camino exitoso; solicitar por consenso la independencia para PR ante el Congreso y la comunidad internacional. Con el poder en mano de decidir nuestro futuro entonces seremos capaces de negociar la mejor relación con los Estados Unidos que nos convenga a nosotros. Aquí es cuando al colonizado le tiemblan las patitas ante el colonizador. Sólo desde una posición de poder se puede negociar para nuestra ventaja; lección de ex presidente Ronald Reagan contra los rusos. De otra manera, seguiremos siendo mendigos ante el poder imperial de los EEUU y el Congreso de los EEUU. Aquí es cuando se separan y diferencian los colonizados de los no colonizados. Ahora veremos cuántos son sumisos, obedientes, subordinados colonizados en Puerto Rico.

Los peores enemigos del pueblo de Puerto Rico son los políticos y muchos seudo intelectuales con su rimbombante demagogia. El informe de la Casa Blanca, suscrito por el Presidente Obama, hace historia al reconocerle el derecho al pueblo de PR a expresarse libre y democráticamente sobre nuestra relación con el colonizador. Nunca antes ningún presidente de los Estados Unidos tomó tan acertada decisión sobre el derecho democrático del pueblo de Puerto Rico. Hasta este momento, las negociaciones han sido directamente con los partidos políticos y no con el pueblo.

Es una vergüenza que muchos individuos y la mayoría de los políticos se expresen en contra del derecho del pueblo para hablar sobre este tema tan importante para nuestras vidas. El narcisismo del colonizado los ciega y no se dan cuenta que no son más inteligentes que la inteligencia colectiva del pueblo; cimiento básico de la democracia. Nunca en nuestra historia ha existido consenso para descolonizar a Puerto Rico entre los partidos políticos. El consenso siempre ha sido mantener el "status quo" mediante el conflicto perenne. Todos saben que sólo con el consenso se establece un procedimiento democrático que pueda viabilizar la descolonización de Puerto Rico. Sin embargo, TODOS le huyen al consenso como el diablo a la cruz.

No es posible que todos sean brutos. La realidad es que el inconsciente los domina y los obliga a preferir ser colonizados porque en este "status" hemos sobrevivido 517 años de colonización en Puerto Rico. Ahora hay una nueva forma de mantener el "status quo" que, dicho de paso, no es original; pues Rodríguez de Orellana fue el primero en sugerirla. Dejemos que los norteamericanos hablen por nosotros. Este es el colmo del colonizado.

Vivimos en un mundo de locura en Puerto Rico. Como obedientes colonizados esperamos a ver con cuánto el colonizador nos va a dotar para entonces definir qué tipo de soberanía o independencia o estadía a plazos cómodos podremos planear. Nadie cuenta con un plan de desarrollo de los recursos propios del país, tampoco el apoyo de una red social comprometida a unir esfuerzos y trabajo para hacer viable una solución que favorezca a la mayoría del país.

Aquí se vive la ley de la selva, puñal en boca para agarrar lo que puedas y arrebatarle al prójimo lo más que puedas, so excusas de que eres de otro color, clase, genero, sexo o partido político. La rebelión de las masas y la paralización del país es la orden del día al presente en la Isla. Y por más que se dé, no ha resuelto nuestros problemas. El problema de la indecisión de resolver el "status" no es tan difícil. No se hace porque de resolverse se eliminan dos terceras partes de los partidos políticos.

El sistema colonial a quien le sirve de perillas es al colonizador y a los partidos políticos y sus respectivos alcahuetes. El bienestar del pueblo de Puerto Rico ha sido históricamente secuestrado por los partidos políticos que luchan fanáticamente por el poder de gobernar para distribuir los bienes del pueblo hacia sus cómplices de lucha. El altruismo no aparece en el lenguaje de la lucha tribalita colonial.

La estadidad es un golpe de estado a toda esta clase de vividores de la lucha politiquera en Puerto Rico. Nadie realmente quiere la soberanía o la independencia, pues no estamos dispuestos a pagar por ellas nosotros mismos y esperamos que Santa Claus (USA) nos las regale en un plazo de 25 años. Puerto Rico necesita unidad de todos los sectores para luchar contra el colonialismo. Esta lucha pequeña y divisionista es lo que mantiene al colonizador en el poder.

Mediante esta actitud de Rubén en favorecer el plebiscito propuesto por Fortuño, pasará a los anales de la historia internacional como un abolicionista y anticolonialista. Los 517 años de colonialismo en Puerto Rico se enfrentan a su mayor peligro de desaparecer. Ahora tenemos a dos de los principales partidos coloniales en consenso para dejar de serlo. La verdad se hace evidente para el tercero; es un partido que disfruta y prefiere la sumisión y subordinación colonial.

No es de extrañar, pues en el proceso de la abolición de la esclavitud individual no todos los esclavos estuvieron de acuerdo con su libertad. Pues esto conllevó mayor responsabilidad individual para su sustento y sobrevivencia.

Semejantemente pasó cuando los Estados Unidos se descolonizaron de Inglaterra; hubo algunos que preferían seguir bajo el dominio inglés. La descolonización de un pueblo se adviene mediante la abolición del poder unilateral del gobierno del colonizador hacia el país colonizado.

No hay peor ciego que el que no quiere ver. El MUS son independentistas cobardes y eso todos lo saben en Puerto Rico. Buscan la independencia con los chavos del gringo. El informe de Obama es tan completo y excelente que describe políticamente todos nuestros malos manejos e incompetencias, desde los malos manejos de fondos federales, educación, turismo, salud, energía, Vieques, falta de plan de desarrollo económico, falta de amor y dedicación al trabajo, ineficiencia e inefectividad de servicios gubernamentales, manejo del agua, electricidad, los desperdicios, las estadísticas vitales, las comunicaciones, la pelea monga de los políticos para silenciar la voz del pueblo y a escondidas en chanchullo privado decidir la vida de todos los puertorriqueños.

Cuando nos dicen la verdad de la relación de arrimaos parásitos del sistema norteamericano sin contribuir al tesoro federal, y aun así nos dan la oportunidad de seguir "mamando" de la leche federal a cambio de mantener el título de propiedad de PR en los EEUU, decimos que no oímos nada nuevo. ¿A quién le amarga un dulce? ¿Que no dicen nada nuevo? Esto es una ironía. Nos dicen claramente que estamos "jodios" porque así lo queremos nosotros. No porque no existan soluciones y alternativas ni tampoco porque no nos quieran ayudar. Seguimos mordiendo la mano que nos alimenta para así no parecer vagos, colonizados, mediocres, buscones que no queremos salir del hoyo por nuestro propio esfuerzo y trabajo. Independencia vs. Estadidad.

Normalmente, el enemigo común une las sociedades. En la unión está la fuerza contra la adversidad. Pero esto sólo ocurre en personas y sociedades normales. En la colonia los colonos no pierden la oportunidad para hacer política barata, no importa sea a costa del sufrimiento de sus hermanos. La calidad humana de los individuos se refleja especialmente ayudando al prójimo, no criticando a los que tratan de ayudar. Desde las gradas todos somos jonroneros.

El colonialismo se define como el control del gobierno y la propiedad del territorio por una nación usualmente más grande y poderosa militarmente que el territorio colonial. La ONU define claramente la situación colonial y las soluciones aceptables para la descolonización de cualquier colonia a nivel mundial como la estadidad, la independencia o la libre asociación. En la estadidad, la soberanía es compartida con el gobierno federal, teniendo justa y proporcional representación en el gobierno federal. Con la independencia o libre asociación, la soberanía es nacional. En la colonia no hay soberanía; la metrópolis es dueña y tiene poderes plenarios sobre la colonia.

O nos decidimos o nos deciden. Se acabó el mambo de los partidos políticos y los políticos de bares. El Presidente de los Estados Unidos respeta y hará respetar la expresión de la población puertorriqueña viviendo en Puerto Rico. Explícitamente hay un reconocimiento de la identidad cultural distinta puertorriqueña. Destruye el mito de que no nos quieren como estado. Destruye la creencia de que la ciudadanía americana no se afecta con la independencia para los nacidos posterior al reconocimiento de la independencia para Puerto Rico. Si deseamos continuar ser colonia de los Estados Unidos, ellos no se oponen. Les da un regaño a los partidos políticos por el quítate tú para ponerme yo, que nos ha tenido sumidos en la situación colonial de administración gubernamental basada en colores partidistas, no en eficiencia y efectividad gubernamental. Hace claro que la culminación del ELA sólo se logra con la estadidad o la independencia o la libre asociación; eso son los únicos caminos para la descolonización de Puerto Rico. Ahora nos toca a nosotros decidir y dejar la demagogia inmovilista.

Para muestras un botón basta. Para el MINH, el colonizador no tiene derecho a hablar; suenan a dictadores. Cuando por primera vez en nuestra historia un Presidente de los Estados Unidos, en esta ocasión uno negro, el Honorable Obama, está dispuesto a oír la voz del pueblo, este grupo lo rechaza. Parece que están siguiendo las recomendaciones de Fidel Castro con respecto a Obama. Históricamente, en los EEUU hemos creado una fama que los odiamos, no los queremos aquí y estamos dispuestos a matar sus presidentes y representantes del gobierno. Que somos gente violenta, traficantes de drogas, que todo lo resolvemos a las pescosas, matando al prójimo y abusando de nuestras mujeres y niños.

No en balde, no pisan el terruño. Al pasar de los años, muchos puertorriqueños se han reubicado en el norte constituyendo al presente una mayoría de todos nosotros. Muchos de estos, con sus contribuciones económicas e intelectuales, han causado un cambio de actitud de parte de ellos hacia nosotros. La visita del Presidente Obama es simbólica de este proceso. Es paradójico que ante la publicación de su informe sobre nosotros, todos reaccionaron indignados y ofendidos y únicamente el PPD aceptó sus propuestas para hacer posible la expresión del Pueblo respecto a nuestra relación política.

El narcisismo y los conflictos con la autoridad del colonizado se hacen evidentes en los líderes de los partidos políticos. La historia está escrita y por primera vez en nuestra historia de colonia, el Presidente de los EEUU quiere oír al PUEBLO, no a unos pretendientes de genios que no han hecho nada para cambiar nuestra situación colonial. Los partidos políticos en PR están en la obligación de consensualmente salirse del medio, recoger sus EGOS, y facilitar la comunicación entre el Presidente Obama y el PUEBLO de Puerto Rico. La humildad de nuestros políticos ha estado ausente en nuestro devenir histórico; su arrogancia y complejo de inferioridad disfrazada de superioridad no son representativos de nuestras buenas costumbres pueblerinas. Nuestros líderes y partidos políticos son un estorbo e impedimento innecesario porque no llegan a un consenso para que nosotros como pueblo nos expresemos. Según todos ellos, nosotros no sabemos hablar y ellos tienen que definir el lenguaje específico para que el Presidente Obama entienda qué es lo que nosotros queremos. Lo triste del caso es que nosotros consentimos en su arrogancia y menosprecio a la inteligencia de nuestro pueblo.

La colonia es una vergüenza para algunos norteamericanos; otros lo ven como una posesión que no están dispuestos a abdicar. La colonia es el "status" necesario para seguir manteniendo los políticos y partidos políticos que esconden sus incompetencias administrativas con cuentos de "status" preferido. El guisito de la politiquería y de aguinaldos de status se acabará con la descolonización. Para malestar de todos, el referéndum del Congreso pudiera incluir ELA, Estadidad, Independencia y Libre Asociación. El pueblo tendrá que decidir su preferencia. Una vez el pueblo decida, una Comisión de puertorriqueños y norteamericanos buscaran viabilizarla y hacerla operacional. Con esta movida se acabaran las especulaciones de lo que están dispuestos a dar ellos versus ¿qué es lo que queremos nosotros? Aquí es cuando la puerca torce el rabo.

Son muchos los que asistirán a la reunión de seguimiento del "Task Force" de Obama con la comunidad en Puerto Rico sin leer ni entender el informe de la Casa Blanca sobre Puerto Rico. Es claro que desde 1900 el Tribunal Supremo de los Estados Unidos señaló el camino para incorporación de la Isla a los EEUU. Desde los Presidentes Ford, Nixon, Reagan, los Bush, Clinton y ahora Obama, hacen claro que tienen intenciones de hacer PR el próximo estado de los EEUU.

El primer voto sugerido, Estadidad vs. Independencia, va dirigido a demostrar que el 97% de la población quiere la estadidad para Puerto Rico. Unos la quieren de inmediato; otros a plazos cómodos. El informe hace claro que respetarán la cultura y el idioma. En otras palabras, un estado Hispano; por eso la supremacía blanca de los EEUU están en estado de pánico.

El informe es más bien una guía para los federales de cómo mejorar la situación de la Isla con más intervención federal en todas las áreas de la sociedad. Claro que habrá resistencia a esta fiscalización federal, pues la corrupción está en todos los partidos de la Isla y todos se ven amenazados con mayor intervención federal. También dice el informe que mientras más rápido tomemos esta decisión, más rápido será el crecimiento económico y el mejoramiento de la calidad de la vida. Nos dan una oportunidad de nosotros pedir la descolonización de Puerto Rico, pero si no lo hacemos, nos dicen que tienen el poder de hacerlo unilateralmente y tienen razón pues somos su propiedad, le guste a quien le guste o no. Para los que no se han dado cuenta hasta ahora, la estadidad está en camino para PR, excepto que en la primera votación 97% voten a favor de la independencia.

El meollo del asunto no es un conflicto entre estadidad vs. ELA. Lo vemos así porque estamos acondicionados por 517 años de colonialismo en una mentalidad de colonizados. El meollo de la descolonización de Puerto Rico trata de si Puerto Rico tiene o no, gobierno propio y si los puertorriqueños alguna vez han tenido el poder de auto determinar su futuro político fuera del marco político colonial. En 1952, cuando se aprobó la Constitución de Puerto Rico, las Naciones Unidas sacan a Puerto Rico de los territorios coloniales. La verdad es que el proyecto de constitución que envío Luis Muñoz Marín no fue aceptado en el Congreso; este organismo lo modificó y entonces fue aprobado.

A todas luces la autodeterminación no funcionó y lo que ocurrió es que se validó los deseos del Congreso de los EEUU, no el deseo de los puertorriqueños. Hacer este asunto un asunto de preferencias de status es una falta de respeto al derecho inalienable de un país de decidir su futuro político fuera de la coacción de la metrópolis que todo el mundo sabe tiene la última palabra y que claramente con este hecho, queda confirmado que Puerto Rico es una colonia de los Estados Unidos, so mensos.

Desde la perspectiva de la personalidad del colonizado en Puerto Rico, el proceso plebiscitario es complicado porque su enfoque es emocional, no racional. Para el colonizado, el proceso se traduce a uno de emociones hacia el proceso de asimilación, gusto o disgusto, con el proceso de asimilación hacia la cultura del colonizador; en nuestro caso, emociones negativas o positivas hacia los Estados Unidos y su cultura. Emociones hacia un lado, el proceso objetivo es otro muy diferente.

El estado colonial significa que el título de propiedad de la colonia, Puerto Rico, reside en la metrópolis los Estados Unidos. Esto es así desde 1898 con la firma del Tratado de París para acabar la guerra entre España y los EEUU. El proceso de descolonización es uno de transferencia de ese título de propiedad a la colonia. Esa trasferencia cuesta dinero y, por ejemplo, Haití todavía sufre las consecuencias negativas de la compra de su título de parte de Francia. Los líderes políticos no lo presentan de esta manera, pues el crisol de la personalidad colonizada también está presente en ellos. La pregunta racional hacerse es, ¿cuántos puertorriqueños están dispuestos con su trabajo, dinero y recursos realmente descolonizar Puerto Rico, comprando el título de propiedad que está en manos de los EEUU?

CAPÍTULO CUATRO

Economía y gobierno en la colonia:

A l igual que Rusia y China, Cuba se ha dado cuenta de que el ideario de Lenin sobre la dictadura del proletariado es disfuncional y conducente a la no productividad económica. Los hermanos Castro públicamente han reconocido que con este tipo de organización social han creado la fama mundial de que se puede vivir en Cuba sin trabajar. Cuba se ha convertido en el paraíso de los vagos. Mientras que el gobierno reparte la pobreza igualitariamente para todos y todos reciben la misma dosis de servicios gratis, no hay incentivo para el trabajo. La dictadura del proletariado en teoría es la dictadura de la clase trabajadora contra la burguesía. La realidad es que la dictadura son básicamente los gobernantes representados en el Partido Comunista. El trabajador se convierte en quien sostiene a los gobernantes. A los trabajadores les toca las migajas después que el partido harta a todos sus vagos.

El odio creado e indoctrinado por esta nueva clase social de políticos vividores en contra de la práctica privada no desaparecerá de la noche a la mañana en Cuba. Es probable que pase como ocurrió en Rusia que la apertura a la práctica privada conllevó el regalo de la propiedad pública para los máximos líderes político militares. De la manera difícil, los cubanos se han dado cuenta que la lucha y el antagonismo del sector público contra el privado resulta en una disminución de la producción económica nacional, la aparición de la economía subterránea y un florido crecimiento de vagos.

Como la realidad duele, algunos optan por cerrar los ojos ante los datos objetivos. El nacionalismo en Puerto Rico ha cumplido la función de mantener el orgullo en alto de ser puertorriqueño. Sin embargo, el propio nacionalismo es un ente dinámico y se transforma basado en las experiencias de vida. La relación con los Estados Unidos, ha transformado este nacionalismo hacia una aceptación mayor de la cultura norteamericana para muchos puertorriqueños. Algunos siguen anquilosados en el nacionalismo de los 50.

El otro lado de la moneda es que sobre 90% de la población aprecia la ciudadanía Americana y sus beneficios y no están dispuestos a perderlos. Contra esto luchan los soberanistas e independentistas. Evidencia de esta transformación lo es el hecho de que más de la mitad de los puertorriqueños viven en los EEUU. Al presente, muchos puertorriqueños están mudándose hacia los EEUU con un decrecimiento de la población en Puerto Rico. Se van en búsqueda de mejor calidad de vida y mejores servicios médicos y educativos para sus hijos. Los que se quedan atrás no quieren perder las múltiples ayudas federales como el PAN y el Seguro Social que los mantiene vivos luchando contra la pobreza extrema.

Desde 1898, las dos únicas soluciones a la situación colonial de Puerto Rico, la estadidad y la independencia, han corrido rumbos diametralmente opuestos. La independencia, en aquellos momentos mayoría, hoy es minoría. La estadidad, en aquellos momentos minoría, hoy es mayoría. Mientras los estadistas están montados en la guagua, los independentistas andan a pie. La razón primordial de esta diferencia ha sido las diferentes perspectivas que de la nacionalidad tienen ambos bandos. La perspectiva de la nacionalidad en los independentistas es una de carácter idealista; viven en la torre de marfil enamorados de las ideas.

La nacionalidad para el independentista está divorciada de la economía. La economía que es el esqueleto de las sociedades no es prioridad para los independentistas. Muchos de ellos que no pueden mantenerse a ellos mismos pretenden mantener a casi cuatro millones de habitantes en Puerto Rico. Para los estadistas, la solución a la economía de PR está en la de unirse y ser parte de la economía más grande del mundo, los Estados Unidos. He ahí la explicación a la discrepancia en el crecimiento o disminución de ambas tendencias políticas. Bien lo dijo Bill Clinton; "es la economía, estúpido".

Desde 1952, con la creación del ELA, Puerto Rico se ha polarizado entre los empresarios locales versus los norteamericanos. El ELA injustamente y desproporcionalmente favoreció y todavía favorece al empresario norteamericano ante el puertorriqueño. El desarrollo industrial de PR comenzó con sus pilares de cuatro industrias norteamericanas. Una sólo tuvo éxito la del cemento a cambio de exportar la mano de obra boricua hacia los EEUU donde los norteamericanos no querían trabajar o las uniones creaban exigencias que disminuían las ganancias corporativas; esto es la famosa "Operación Manos a la Obra".

Aquí el ELA le sirvió en bandeja de plata al empresario norteamericano nuestro comercio. Nos dirigieron al mono cultivo; a la exportación del producto sin refinar aquí y haciéndonos dependientes de su producto refinado que tenía su origen en nuestra tierra. Allá en los EEUU, nos ganamos las antipatías del pueblo trabajador norteamericano, pues la mano de obra barata bajó los salarios a los obreros norteamericanos y ayudó a disminuir el poder de las uniones y gremios de trabajadores. La máxima alcahuetería de nuestros gobernantes fueron las 936, mejor conocida en los EEUU, como el máximo mantengo corporativo de parte de PR hacia los empresarios norteamericanos.

Aquí desde entonces, el gobierno se encargó de crear un aparato gigante gubernamental defensor del empresario norteamericano mientras desprestigiaba al empresario local como los colmillús. El ELA ha sido el instrumento defensor de la ganancia de los empresarios norteamericanos contra el local, sumisos, subordinados, alcahuetes del empresario norteamericano a costa del pobre desarrollo del empresario local. El odio hacia el empresario local ha sido institucionalizado en Puerto Rico con el ELA. Aquí en Puerto Rico, los grandes intereses son los del gobierno y los de los partidos políticos colonizados que se comportan como en el pasado se comportaba la General Motors en los EEUU y se encaminan hacia el mismo derrotero de la bancarrota, excepto que papá Obama haga con el ELA lo que hizo con GM.

Por 112 años, todos los partidos políticos en Puerto Rico han estado protegiendo a los inversionistas norteamericanos, haciéndoles creer que el pueblo no tiene voz. Deciden quién entra y sale y todo lo que les da la gana en acuerdos a puertas cerradas. El negocio entre los inversionistas y los políticos locales es sólo un granito de arena en comparación con lo que pasa en la económica local y la inversión norteamericana. Todos estos años los grandes beneficiados han sido los políticos y las compañías norteamericanas que hacen negocio aquí.

El cooperativismo en los puertorriqueños tiene beneficios adicionales a las económicas. El cooperativismo va acorde a nuestra historia cultural. Es este espíritu cooperativista quien puede salvarnos como nación. Sin embargo, nuestra personalidad colonizada nos lleva a actuar en contra de esta tradición cultural y nos enfrascamos en la consabida lucha trivial, ya sea de colores o de clases. El sentido del todo se sustituye por el individualismo arrogante de poseer la única verdad. El desarrollo, promoción y financiamiento de todo tipo de empresas privadas cooperativistas debería de estar en el corazón de todos los puertorriqueños.

El dinero es lo que hace al monito bailar. La economía de Puerto Rico es una dependiente de la de los Estados Unidos. El nivel de desarrollo económico en PR ha sido sufragado con dólares norteamericanos. Los EEUU han invertido cantidades millonarias en PR porque ellos son los dueños. Han logrado que su propiedad en el Mar Caribe brille de color verde dólar. Los populares han demostrado ser malísimos en los negocios. Para operar el gobierno, cogen prestado hasta que él que tiene para prestarle dijo nomas y ahí el cierre gubernamental. El gran problema para los soberanistas es ¿de dónde saldrá el dinero para hacer la Isla mona bailar?

Los populares y los penepés dependen de las ayudas federales para hacer la mona bailar. Los populares se conforman que los norteamericanos sean dueños de PR, sigan enviando $$$ con ciudadanía y sin pagar impuestos federales. Los PNP proponen pagar impuestos federales, hacerse dueños de PR y tener acceso proporcional e igualitario que cualquier otro estado al tesoro federal. El espinazo de la personalidad del colonizado es la dependencia; emocional, económica y gubernamental. Para superar este defecto estructural en nuestras mentes, tendremos que convertirnos en empresarios independientes dispuestos a invertir nuestro dinero para aumentar la productividad nativa y superar las cadenas de la dependiente esclavitud colonizadora.

El año pasado los federales anunciaron el fin de la recesión en EEUU. Recientemente, Japón anunció el fin de su recesión. Aunque el desempleo todavía está alto, la General Motors anunció que, como parte del estímulo económico, está en posición de recontratar miles de trabajadores nuevamente. El clima en los EEUU es todo lo contrario de lo que pasa aquí en Puerto Rico a pesar de su crisis. El presidente Obama ha impulsado cambios hacia mayor regulación financiera. También está propiciando mayores retos competitivos en el campo de la educación favoreciendo más escuelas "chárter" y en el campo de la salud mediante la creación de un seguro de salud publico semejante al Medicare para competir con las aseguradoras privadas. Puerto Rico, además de los problemas económicos, sufre de un problema de identidad colonial.

Nunca en los 405 años de colonización por España pasamos a ser ciudadanos españoles. En el presente somos ciudadanos americanos de segunda categoría. El gran reto para nosotros en PR es el de formular un plan económico competitivo globalmente, independiente del plan económico del Presidente Obama. El populismo, como filosofía administrativa gubernamental, es el resultado inevitable del colonialismo en Puerto Rico. Los administradores coloniales han utilizado las ayudas federales para lucir bien ante el pueblo, aparentar que trabajan, comprar votos, lealtades y ganar elecciones que es su fin primordial.

Puerto Rico es y ha sido una economía dependiente de los Estados Unidos. Nosotros no reclamamos mayores poderes políticos porque esto conlleva aceptar las responsabilidades que vienen agarradas de la mano. Es más fácil mantener el "status quo" que trabajar; preferimos que lo pague el americano. La mentalidad colonizada le teme a ser competitivo ante la acumulación de capital por otros. Tampoco vive en base a los méritos de su trabajo. Sólo sabe actuar como sopla pote del caudillo de su preferencia, así como hicieron los estudiantes y profesores de la UPR para beneficio de los desconsolados populares en las escalinatas del Capitolio.

Esta actitud obstruccionista de estos legisladores opuestos a los recortes de la legislatura una vez más demuestra que los políticos en Puerto Rico se han constituido como una clase aparte del pueblo. Se consideran por encima de las leyes que ellos mismos confeccionan y aprueban. En lugar de ser representantes del pueblo, sólo representan sus egoístas intereses. El principal problema de la legislatura es su irrelevancia y no funcionalidad porque aquí quien manda es el Congreso de los Estados Unidos. La función de la legislatura local ha sido la de copiar como el papagayo las disposiciones y leyes del Congreso. Su función siempre ha sido reactiva y no proactiva respecto a nuestro futuro político y económico. Sus funciones siempre en espera de lo que se aprueba allá y aquí se entretienen con reconocimientos y estudios de los perros satos o el sapo concho. No tan sólo se oponen al cambio y la ética moral, sino que también sirven de ejemplo del vago y pordiosero que se para en cada semáforo de nuestra Isla.

Es una realidad presente y pasada que el poder corrompe. La lucha entre el interés individual versus el interés colectivo sigue estando en cuestión. Desde las guerras de las tribus africanas, las dictaduras, las sociedades monárquicas, las socialistas y las capitalistas modernas, todavía la lucha por la sobrevivencia es la ley del día. Capitalismo versus Socialismo todavía no se ha resuelto para beneficio de todos. Todos continuamos luchando entre el egoísmo individual y el altruismo colectivo. Todos creemos tener la solución perfecta pero ninguna ha demostrado serlo. Desde las dictaduras a la monarquía, a la democracia y al constitucionalismo, seguimos todos peleándonos como animales. El león rey de la selva carnívoro y el elefante herbívoro, ambos han subsistido la lucha contra la naturaleza. Debemos de todos aprender que la pluralidad de criterios es vital para la sobrevivencia. Ética y corrupción dependen del cristal con que se miren, pero ninguna escapa a la realidad del bienestar colectivo.

Hacer primera prioridad la exportación de servicios y productos como el motor del desarrollo económico para Puerto Rico es una meta loable, unificadora y un deber ciudadano de todo puertorriqueño. La modificación de las leyes de cabotaje ha estado en las propuestas del Partido Independentista así como del Partido Popular. Si el Partido Nuevo Progresista se une a estos reclamos, podremos decir en teoría que hemos encontrado una meta común consensualmente acordada. Digo en teoría porque en la realidad es una meta económica objetiva para beneficio común de todo el pueblo pero que no toma en consideración el factor humano; esto es la personalidad colonizada del puertorriqueño.

Este tipo de personalidad antepone los intereses de su partido a los del pueblo en general. El diseño y desarrollo de un modelo económico nacional con estrategias específicas para aumentar nuestra producción nacional, hacernos competitivos en el mercado global internacional para liberalizar las leyes federales que regulan el comercio entre Puerto Rico y el resto del mundo a nuestra conveniencia y tener éxito en hacer de la importaciones de servicios y productos, el motor de nuestro desarrollo económico enfrenta en la personalidad colonizada su mayor impedimento. Para hacer el desarrollo económico de Puerto Rico prioritario primero tendremos que examinar cómo nos relacionamos entre nosotros mismos y cómo nosotros nos convertimos en el primer y máximo impedimento del desarrollo de nuestra economía. Una vez aceptemos esta realidad, el conflicto del "status" perderá su "glamour".

La clave del futuro de Puerto Rico está en el trabajo de todos los puertorriqueños. Ningún cambio de "status" conlleva inequívocamente un cambio de actitudes entre nosotros y hacia nuestra productividad. Los sobres 500 años de colonización han creado una mentalidad de discordia y división entre nosotros que es ficticia y basada en la preferencia de "status". Es como si los partidos políticos nos tratan como reses y, mediante el carimbo político, puertorriqueños sólo son legítimos quienes favorecen su preferencia de "status". Todos los políticos hablan palabras huecas con respecto a nuestro futuro, pues ninguno tiene estudios científicamente hechos de cómo se afectará nuestro futuro con cada una de las formulas; todas son palabras huecas sin sustancia. Hemos sido colonia por tantos años porque nunca hemos podido producir y sostenernos en base a nuestro trabajo.

La cultura económica en Puerto Rico ha evolucionado muy poco. Hemos ensayado y practicado en distintos modos de producción con distintas naciones, pero el modelo institucionalizado sigue siendo el mismo; el modelo colonialista - originalmente de España y ahora de los Estados Unidos. Durante el período agrícola posterior a 1898, la mayor parte del pueblo trabajador era agrícola y explotado por los latifundistas locales. Rápidamente fueron estos "colmillús" locales reemplazados por los americanos ausentes; algunos muy ofendidos hoy reclaman la independencia para Puerto Rico. En la transición hacia el modo de producción industrial, el rol del colonizador lo asume el gobierno electo y es ayudado por los EEUU para su desarrollo.

Desde entonces, ha prevalecido el modo económico gubernamental tipo colonizador donde cada partido reclama su oportunidad para ser colonizador por "un día" y perpetuar la dependencia del pueblo; esta vez hacia el gobierno representante del colonizador. Los gobiernos desde entonces se han definido como máquinas para crear votos y ganar elecciones y ser los "cuasi colonizadores". La libre empresa, la empresa privada, la autosuficiencia económica, la planificación económica y el desarrollo de la empresa individual nunca han sido compromisos programáticos tanto de los súbditos, sumisos, marionetas políticos locales como de los verdaderos gobernantes de PR, los norteamericanos. La cultura emprendedora no se encuentra en el repertorio de la cultura de colonizados.

La democracia se distingue del comunismo en que en la democracia existen tres ramas gubernamentales - el ejecutivo, el legislativo y el judicial - y más de un partido político donde se divide el poder gubernamental. Mientras que en el comunismo y las monarquías, todo el poder gubernamental está todo controlado en un partido o en la familia monárquica. Los partidos en los sistemas democráticos todos luchan por tener el control de las tres ramas de gobierno y así su control ideológico. El PNP busca asegurar la mayoría en el Tribunal Supremo de su filosofía ideológica tras conseguir el control del poder ejecutivo y legislativo. Lo mismo ocurre en todos los países democráticos, incluyendo los Estados Unidos. Todos debemos recordar cómo la mayoría conservadora en el Tribunal Supremo de los EEUU le adjudicó la victoria a Bush vs. Gore y en Puerto Rico la mayoría popular le adjudicó la victoria a AAV vs. Roselló. Pensar que los jueces del Tribunal Supremo no tienen prejuicios ideológicos es un tanto ingenuo y creer que los políticos no conocen del juego de poder en los sistemas democráticos es considerarlos ignorantes.

La dicotomía entre el sector público y el sector privado es el principal obstáculo que tiene la economía puertorriqueña para su desarrollo. Esto es después del problema del status colonial. Tradicionalmente, el gobierno ha sido la principal oficina de empleos. Cada cuatro años cambian los favorecidos en la nómina gubernamental. Este modelo es ineficiente y sólo favorece a unos poco y sólo por el término electoral. Esta visión de la economía propicia el divisionismo y el antagonismo entre los distintos componentes del sistema. Puerto Rico necesita de una visión integral y de colaboración entre todos los sectores sociales para poder salir del hoyo económico que hemos estado por los pasados cinco años. Hacer el sector privado el villano social sólo perpetúa la visión populista del gobierno y no crea riquezas.

La división de argumentos económicos vs. ideológicos para resolver el problema de las Leyes de cabotaje es incorrecta. Las leyes de cabotaje, al igual que todas las leyes en Puerto Rico, están supeditadas a las leyes del Congreso de los Estados Unidos. El asunto tiene que resolverse en términos ideológicos, económicos y políticos, tomando en consideración nuestra realidad política legal colonial con los Estados Unidos.

La lógica de los buenos y los malos que me recuerda a Bush con el "axis of evil". Tanto de China como de los Estados Unidos debemos de aprender los puertorriqueños. China es un país en desarrollo donde gran parte del país todavía vive en la más denigrante pobreza sin medios de comunicación y transportación. Aunque ha superado a los EEUU en consumo total de energía, el consumo per cápita de energía en los EEUU es mayor; más individuos se benefician y tienen acceso. El salario promedio del trabajador Chino son $4.00 diarios y la participación en el mercado laboral es menor que en EEUU; que es un país desarrollado. El plan de desarrollo económico del gobierno chino, que dicho sea de paso de gran eficiencia gubernamental y dedicado intensamente a educar sus mujeres, incluye la exigencia a todo empleado gubernamental de conocer y dominar el idioma inglés con la exigencia de un número específico de oraciones en inglés por posición en el organigrama gubernamental.

La empresa privada en China se encuentra en pleno desarrollo con un grupo de millonarios incipientes que se hacen cirugías plásticas para parecer americanos y luchan por enviar a sus hijos a las universidades norteamericanas mientras viven en sus millonarias mansiones. Si sumas los negativos de China y los negativos de los Estados Unidos, el resultado es Puerto Rico; un país desarrollado, con un gobierno ineficiente, con una baja participación laboral que se resiste a aprender inglés, con un sistema educativo mediocre y abusador de sus mujeres.

No hay nada malo en ser pobre; el mal está en no hacer nada para dejar de serlo. Yo nací pobre y mi padre con un sueldo de $300.00 mensuales sostuvo una familia de 5 y allegados. Estudié y pagué mis estudios con mi trabajo. La educación y el trabajo son el medio legítimo para salir de la pobreza. Históricamente en Puerto Rico, los gobiernos, con su orientación populista ganadoras de votos no respetan la propiedad privada del pueblo. Su actitud paternalista es no conducente a estimular el esfuerzo propio, la educación y el trabajo y los ha llevado a regalar las propiedades del pueblo a unos pocos a cambio de votos. Esta actitud paternalista y compradora de votos es la que nos tiene como estamos; con una participación laboral de sólo el 40% y una tasa de deserción escolar sobre el 50%. Los hermanos Castros en Cuba ya se dieron cuenta de que esta actitud paternalista del estado sólo conduce a la creación de vagos pobremente educados que viven su vida perpetuando la "sub cultura de la pobreza", Ref. Oscar Lewis; La Vida. Debemos aprender de los errores de otros para así no seguir cometiendo los propios.

Puerto Rico carece de una visión global de la economía. Es precisamente la visión insularista la que nos tiene sumidos en el hoyo de la perenne recesión. Hoy en día, se compite con el resto del mundo. Mientras los países europeos se unen para ser más competitivos a nivel mundial, nosotros no vemos más allá de la lucha tricolor. Carecemos de una identidad nacional, multicolor e inclusiva. Estamos como el avestruz; temerosos de la lucha global y también tenemos pretensiones mágicas e infantiles de nuestros recursos, habilidades y estrategias para poder desarrollar nuestra economía. ¿Qué es lo que sabemos? ¿Cuánto dinero invertimos aquí en los jóvenes y cuánto hacia los envejecientes? ¿Qué clase de alcahuete somos nosotros parara las corporaciones norteamericanas proponiendo no se les cobre más impuestos? ¿Por qué no van a invertir aquí? Esa es la mentalidad del pordiosero profesional, no del inversionista. Invierten aquí porque la ganancia sobre el capital invertido es grande en consideración de las migajas que les cobramos. En todos los estados en EEUU, les cobran más y no dejan de invertir. O sea la solución es hacer como hace China y la India; pagarle $2.00 al trabajador para que así el inversionista invierta en el país. No le cobres un penny por venir a explotar el trabajador y llevarse sus productos a los EEUU para después re vendérnoslos a nosotros con los costos de viaje de ida y vuelta y sus ganancias. Este es el colmo del ñangotado colonialista.

Los 40 centavos de cada dólar del presupuesto federal provienen de préstamos; el déficit ahoga al gobierno. Varios estados están al borde de la quiebra. Sus sistemas de retiros carecen de los fondos necesarios. La crisis presupuestaria a nivel federal y en muchos estados es peor que un tsunami. Los cortes radicales del presupuesto federal los auspicia principalmente el Tea Party, pero la mayor parte de la población norteamericana está inconforme con el exceso de burocracia, lo excesivo del sistema tributario, la ineficiencia de gobierno y los beneficios exagerados para las uniones de funcionarios públicos. Tiempos bien difíciles se avecinan para los Estados Unidos y Puerto Rico, con una economía dependiente, no será la excepción.

Al presente, de cada dólar usado para pagar los gastos, los EEUU coge 40 centavos prestados. Los sistemas de retiros están pelaos y se está considerando permitirles a los estados acogerse a la ley de quiebras, lo que puede significar no honrar las pensiones de los retirados del gobierno incumplimiento de los convenios colectivos entre otras medidas desastrosas. Todas las ofertas de ayudas en el informe de la Casa Blanca para PR van a estar en "pausa". El Tea Party tiene en la mira el protectorado colonial de PR y vamos a tener que agradecerles la descolonización de PR a ellos. Los cortes en el presupuesto federal puede que nos obligue a decidir si nos convertimos en estado y pagamos contribuciones federales o nos independizamos y vivimos en base a nuestros propios recursos y capacidades.

Estamos totalmente equivocados sobre el concepto "democracia". Si la mayoría de los norteamericanos votaran a favor de la esclavitud, esta no sería posible. El concepto de los griegos de gobierno por el pueblo y lo que mayoría decida hace tiempo evolucionó a lo que se conoce como gobierno democrático republicano constitucionalista. Ninguna mayoría prevalece sobre un derecho asegurado por la constitución del país en referencia. Cuando conocemos los derechos que establece la Constitución de los EEUU, entenderemos cuáles derechos nos corresponden y que ninguna mayoría, por mayoría que sea, nos puede arrebatar. La libertad individual y el derecho a recibir pago por sus servicios son ejemplos que ninguna mayoría nos puede arrebatar. La Constitución se elabora para que la mayoría, por ser mayoría, no cometa estupideces contra el resto del pueblo.

Con tantos economistas brillantes aquí en Puerto Rico, es interesante preguntarse; ¿por qué no se desarrollan sistemas de energía solar y viento como economías viables y autosustentable y no desarrolladas en la Isla? Cuando los Estados Unidos estaban en recesión, las compañías petroleras tuvieron las ganancias más grandes en la historia de los EEUU. La dependencia del petróleo y el abuso contra la humanidad por parte de sus dueños tienen su final. Las nuevas tecnologías siempre son más caras en sus comienzos hasta que se abarata su producción. Ejemplos son las computadoras, los televisores HD y así muchos otros. Los que atacan las tecnologías de energía renovable y limpias encubiertamente sólo defienden a las compañías petroleras. Los avances tecnológicos les han costado el trabajo a muchos obreros no diestros, pero a pesar de esto, la tecnología sigue avanzando en contra de los intereses de unos grupos. Nuevas formas de energía pondrán en la miseria a muchas compañías de petróleo, pero abre las puertas a nuevas riquezas y oportunidades de trabajo y capital para aquellos que contribuyen en hacerlas realidades.

De locos y de poetas todos tenemos un poco; los economistas no son la excepción. Con los mismos números puede haber tantas interpretaciones como economistas comentando. Actualmente, todos los economistas en Puerto Rico se dedican a dar palos a ciegas, pues el control máximo de nuestra economía reside en el Congreso de los Estados Unidos. Ninguno en PR cuenta para pool o para banca al momento de decidir tal o cual medida que nos pueda afectar y se convertirá en ley en el Congreso. Sin embargo, todos saben y ninguno discute que un cambio de status sobre las relaciones que nos rigen al presente con los EEUU es el factor de mayor peso en determinar nuestro futuro económico. No tan sólo nuestros economistas son ignorantes de las posibles determinaciones que pueda hacer o no el Congreso de los EEUU respecto a PR, sino que tampoco saben a ciencia cierta el impacto específico en las finanzas individuales o nacionales que habría con la solución de status que cada cual prefiere y que pregonan a ciegas como papagayos y dogma infalible.

El "trickle down economy" de los republicanos como Fortuño, Reagan y Bush se ha visto que no ha servido para crear empleos. En los momentos recientes de recesión en los Estados Unidos mientras el gobierno estaba en déficit, las grandes corporaciones seguían teniendo grandes ganancias. La política de los republicanos ha sido favorecer con exenciones contributivas a los ricos con la idea de que mientras más dinero tenga, más trabajos crearán. Falso, y esto es lo que hemos visto en los últimos años. Les importa más que todo retener sus ganancias que crear empleos para la población desempleada. Al punto que uno de los hombres más ricos, Warren Buffet, ha solicitado se le asignen más impuestos, pues según él paga menos que su secretaria. Esto es lo que persigue los planes de Obama y que los republicanos han llamado guerra de clases contra los ricos; hacer que las grandes corporaciones paguen más impuestos, no menos.

Vivimos ciegamente la ambigüedad colonial en Puerto Rico. Siendo Puerto Rico una propiedad de los Estados Unidos pero no parte de, se vive en una incertidumbre en todo a lo que se refiere regulaciones económicas. El estado colonial está condenado por la comunidad internacional. El proceder del IRS, en el caso de más impuestos para las compañías foráneas propuesta por Fortuño, no puede ser obvio de carácter colonial. En otras palabras, de único beneficio para la metrópolis. Las reglas y regulaciones no son las mismas para los estados, los países extranjeros y las colonias (territorios no incorporados).

En la decisión final del IRS estará en consideración la situación política. Una vez más tendremos un ejemplo de sumisión ciega, servil e injusta en lo que se refiere a los asuntos económicos de Puerto Rico. Deciden allá; sin voz ni voto acá. La situación con el IRS plantea el temor clásico del colonizado ante el colonizador, dada la situación de carencia de control en nuestros asuntos económicos. Es representativa también de la actitud sumisa, servil y colonizada de las administraciones de carácter populista del bollo de pan con sus dos traseros que los deja comer, y que tradicionalmente las administraciones anteriores han tenido hacia los grandes intereses económicos norteamericanos. Ya es tiempo que le perdamos el miedo a las amenazas de estos gigantes corporativos y los pongamos a pagar más contribuciones por los productos que elaboramos nosotros.

La caída en la producción del café en Puerto Rico es otro ejemplo más del fracaso del colonialismo para el país colonizado. La producción económica en las colonias a nivel mundial se da en función de las necesidades del país colonizador. Los EEUU compran café más barato en Brasil y África. Ellos lo procesan en los EEUU y lo venden en PR más barato; así sacan de carrera al productor local. Los productores y la competencia de productores de café norteamericanos son la causa del fracaso del caficultor puertorriqueño; de aquí el fastidio del caficultor nativo. La lucha no es contra la administración de turno, sino contra el colonialismo. Basta ya de confundir las hojas del árbol con el bosque.

El café es sólo un ejemplo de la actitud negativa que el colonizado en Puerto Rico tiene hacia el trabajo. Así dice nuestra canción "el trabajo Dios lo hizo como castigo; el trabajo yo se lo dejo todo al buey ". Esta reacción de clase se le escapó a Marx cuando dijo que el trabajo es la fuente de todo capital y llevaría a todos los pueblos del mundo a rebelarse contra la burguesía en reclamo de la plusvalía de sus trabajos. Teoría bien articulada, pero no incluía el factor humano y sus mecanismos de defensas psicológicos. El conflicto con la autoridad es universal a todas las sociedades y tiene sus orígenes en nuestra naturaleza animal.

Esta actitud hacia el trabajo (el no recogido del café) es mejor conocida en el argot psicológico como la defensa "pasivo agresiva". La hostilidad hacia la autoridad, en nuestro caso hacia el colonizador y alcahuetes gubernamentales y administradores de la colonia, se transforma en pasividad y negatividad productiva. En la cultura colonizada se ve el trabajo como una zanganería. Aunque es muy cierto que el sistema social puede cambiar la personalidad colonizada, persiste y entorpece el cambio, como ha pasado en Sur y Centro América; ejemplos Cuba y Venezuela. Por lo tanto el cambio en la personalidad debe de iniciar el cambio macro social. No podemos perder de vista los 517 años de colonización en Puerto Rico y cómo este proceso de servilismo, sometimiento y subordinación ante el colonizador nos promueve a ser vagos rebeldes no contra el colonizador y su poder plenario, sino contra nosotros mismos y nuestra principal fuente de capital, nuestro trabajo.

El cuestionamiento sobre el rembolso de los arbitrios del ron para los territorios es sólo el comienzo del cuestionamiento mayor; las ayudas federales a los territorios sin el pago de tributos federales por los ingresos individuales. El planteamiento del Tea Party va a los efectos de que estas ayudas aumentan la cantidad a tributar para los norteamericanos y que no se benefician directamente de estas ayudas aunque es sus dineros quien las paga.

El derecho de todos a la propiedad privada es una contradicción. Tener derecho a lo que no es tuyo es no respetar la propiedad privada del vecino. La vida es una continua lucha por la sobrevivencia. Algunos de nosotros vemos en la educación y el trabajo propio los medios legítimos para adquirir propiedad privada y, a la vez, respetar la propiedad privada ajena. El planeamiento de que todos tenemos derecho a la propiedad privada ha sido ensayado históricamente por muchas sociedades. Es esa responsabilidad del estado por el derecho común a la propiedad privada lo que justifica vida en las sociedades comunistas. Esta es la distinción fundamental entre comunismo y capitalismo; derecho individual a la propiedad privada o derecho del estado a la propiedad privada. Por experiencia, hemos aprendido que aquellos que han defendido el derecho del "pueblo" hacia la propiedad privada en realidad han escondido sus egoísmos personales so color de altruismo, de aquí el fracaso de las sociedades comunistas. Al final y al cabo, el partido se queda con todo y el resto del pueblo comparte la miseria, justificados los abusos con epítetos denigrantes hacia los que no se someten a las directrices del partido.

El drama del tranque entre la Legislatura y el Presidente sólo ha sido el "kick off" de las campañas políticas para 2012. Se resumen en una lavada de manos al estilo Poncio Pilatos. El crédito de los Estados Unidos ha sido degradado de AAA hacia AA+. La razón de esta degradación es porque se considera que los cortes no son suficientes para corregir el déficit federal presupuestario. Al no ser suficiente los cortes, la degradación del crédito hará menos atractivos las notas del tesoro federal y hará más caro el coger prestado. Como consecuencia, esto obligará a mayores cortes y nadie lo podrá evitar. Pues, no hacerlo pone en riesgo el valor del dólar mundialmente. Más cortes son obligatorios y esto incluye Seguro Social, veteranos, Medicaid, ricos y pobres, envejecientes y jóvenes. Coger prestado va a ser más caro. Comprar autos, casas, usar tarjetas de crédito todo va a ser más difícil y nadie quiere hacerse responsable de lo inevitable. El juego político comenzó echándose la culpa los unos a los otros. La realidad es que ninguno tiene la culpa absoluta, pues el crecimiento económico mundialmente está en decrescendo. La única economía en crecimiento es la de China y ellos están preocupados por lo contrario. Allá están buscando la forma de disminuir el crecimiento porque esto atenta con la filosofía presente comunista. Significa más poder político para los ricos en la China; esto análogo al desarrollo de la burguesía durante el Renacimiento y la derogación del sistema monárquico. No me sorprendería que los cortes, al presupuesto de los EEUU, fueran como recomendó el pasado comité bipartita del Congreso quien fue ignorado en el pasado alrededor de los 6 TRILLONES de dólares. Quién tenga un trabajo, que lo conserve. Quién tenga algún dinero, que lo ahorre.

El Internet y sus múltiples sistemas de redes sociales no tan sólo aumentan el poder de convocatoria de los pueblos, sino que internacionaliza instantáneamente sus reclamos. Los ojos de la atención mundial se encontraban en Egipto, algo novedoso pues los movimientos revolucionarios y sus técnicas han dejado de ser exclusividad de las fuerzas armadas y la prensa editada. El ciudadano común y corriente puede filmar y publicar cualquier evento criminal que esté presenciando sin la censura de la prensa o el gobierno. Las redes sociales son el archí enemigo del insularismo. Así como el pueblo egipcio se percibe mundialmente unido entre sí en su lucha contra las dictaduras, el pueblo puertorriqueño es percibido mundialmente como dividido en su lucha contra el arcaico colonialismo en Puerto Rico.

El objetivo de las "Comunidades Especiales" de acabar con la pobreza es semejante al objetivo del comunismo a nivel internacional. También su desenlace es análogo, un fracaso. La filosofía populista estilo Robin Hood no elimina la pobreza sino que le quita a unos ricos para hacer ricos a otros. Exactamente esto fue lo que pasó en Rusia y en Cuba; los gobernantes se quedaron con las mejores propiedades. Lo paradójico es que muchos se inspiraron en Karl Marx pero no entendieron y aceptaron sus enseñanzas correctamente. Fue precisamente este genio quien hizo claro que la fuente de toda riqueza es el trabajo. La manera correcta de erradicar la pobreza en el individuo no es con dadivas y mantengo, sino estimulando su productividad mediante el trabajo. El problema grande para los políticos es que con la oferta de promover el trabajo y la superación educativa mediante mayores esfuerzos no se consiguen muchos votos. He ahí la diferencia entre política y sociología.

El Sr. Pierluisi parece vive su vida en Washington aislado de los demás congresistas norteamericanos. La misión del súper comité bipartito nombrado por Obama para estudiar cómo reducir el déficit presupuestario federal es recortar el presupuesto federal en trillones de dólares y hacer que las grandes corporaciones paguen más, no menos como propone Pierluisi con su proyecto 933A. El Tribunal Supremo de los Estados Unidos ya dictó que allá pueden discriminar contra Puerto Rico en términos de las ayudas federales porque nosotros no pagamos impuestos federales. Con pedir no se pierde nada, pues eso es lo único que usted puede hacer sin poder de voto cuando recorten el bacalao.

En Washington sólo están calentando los motores para el año eleccionario que está a la vuelta de la esquina. El margen prestatario de seguro se aumentará. La campaña ya comenzó y tiene sabor a Tea Party. El partido republicano, al igual que el PPD, tiene dos facciones; una conservadora y la otra súper conservadora. Los republicanos harán campaña centrada en disminuir el déficit federal y disminuir los gastos gubernamentales sin aumentar los impuestos. En otras palabras, cortes para el Medicaid, quizás el Medicare y el Seguro Social. Los demócratas se opondrán a estos cortes y seguirán insistiendo en el aumento de los impuestos a los ricos. El resultado será un punto medio donde se harán recortes grandes para aliviar el déficit y esto inevitablemente incluirá recortes para PR; la independencia económica hacia los EEUU puede que esté más cerca de lo deseado.

El plan económico de Puerto Rico está en Washington DC. Eso es así porque la Isla le pertenece a los EEUU desde 1898. Sólo los EEUU tiene la potestad de dirigir la economía de su colonia. Los populares nos hacen creer que nosotros tenemos control de los 21 billones de dólares federales anuales que enriquecen nuestro presupuesto. En un sistema colonial como el nuestro, no hay mejores o peores administradores sino subordinados sin participación efectiva y eficiente en la distribución y asignación de los dineros que hacen posible los servicios educativos, salud e infraestructura y que el gobierno de alcahuetes locales sirven de intermediario a los norteamericanos que caprichosamente diseñan para nosotros. Pregunto, ¿cuál es nuestro plan para conseguir poder efectivo para que los puertorriqueños podamos decidir nuestro presupuesto y plan de desarrollo económico? Yo reto a cualquier economista o estudioso de los procesos económicos que me demuestre con datos y refute mi aseveración de que si el pueblo de Puerto Rico decide pagarle al gobierno federal y no pagarle un centavo a el gobierno local estatal, sin impuestos estatales en PR, el pueblo de Puerto Rico recibirá mayores intereses y beneficios con esta inversión, comparándolo con la presente situación económica que sufrimos, el Pueblo de Puerto Rico.

Estamos chavaos pero estábamos peor; ese es el consuelo del colonizado. La comparación con el gobierno federal y otros estados es cómo comparar chinas con botellas. La colonia no tiene poder decisional efectivo para controlar su destino, menos la economía. Es esta falta de control en asuntos de estado como son la economía y el comercio lo que define el estado colonial de Puerto Rico. Nos contradecimos al decir aquí hemos hecho lo correcto y en la metrópolis no lo han hecho. Esos son complejos de superioridad que pretenden enmascarar los verdaderos complejos de inferioridad colonizados. Entonces de ser cierto ¿por qué aspirar a la estadidad? o ¿por qué no somos independientes, si aquí lo hacemos mejor que en los Estados Unidos? Otro ejemplo más de politiquería barata porque el gobernador nuestro es republicano y el presidente de los EEUU demócrata. ¿Cuál es el plan para aumentar la productividad nacional en Puerto Rico? ¿Cuál es el plan para disminuir la dependencia en las ayudas federales? Estamos tan acostumbrados al juego de la piñata federal que nos olvidamos que la caridad comienza por la casa.

Si algo bueno tuvo el informe de Casa Blanca, fue poner en blanco y negro nuestra situación como pueblo. Ante el dolor y las verdades estrujadas finamente en la cara, la mayoría decidió ignorarlo, incluyendo el partido en poder quienes, en lugar de los dos plebiscitos a manera de Casa Blanca, se diseñaron dos a su manera donde nadie quiere participar. Somos un pueblo donde la mayoría de la gente NO trabaja. Somos un pueblo gobernado a control remoto desde los Estados Unidos y la mayoría de la gente está de acuerdo. Somos un pueblo que no contamos con un plan de desarrollo social, económico viable, sostenible y autosustentable y todos toleramos esta mediocridad en nuestros partidos políticos con tal de que sigan jugando el juego de la piñata federal en la esperanza de que algo caiga en nuestras manos. Solo somos pordioseros profesionales.

Este tipo de esfuerzo comunitario bajo el liderato del periódico El Nuevo Día es muy valioso, encomiable y admirable. Tiene la limitación de tener una visión insularista de Puerto Rico. Esta visión provincial es la que ha caracterizado nuestra historia por los pasados 517 años. Para ser partícipes de la economía global hay que examinar objetivamente la posición real que PR tiene dentro del contexto de la comunidad mundial.

Cualquier plan socioeconómico para que sea efectivo y provechoso para los puertorriqueños tiene que comenzar por obtener el título de propiedad de la Isla para los puertorriqueños. Cuando nos sintamos dueños de la Isla entonces tendremos sentido de pertenencia y orgullo de que trabajamos para nosotros y no para otros. Estamos solo en el comienzo de los cortes en las ayudas federales para Puerto Rico. Los cortes grandes serán en los próximos presupuestos. Quizás ahora algunos entiendan por qué el informe de Casa Blanca vinculó el desarrollo de la economía en Puerto Rico con la solución del perenne problema del status colonial de la Isla.

Es esperanzadora una nota optimista dentro de un proceso de retroceso económico en Puerto Rico por los pasados cinco años. La caída de la economía americana, nuestra dependencia en aquella economía y la falta de poderes nuestros para participar inteligentemente en sus procesos reguladores ha sido causa directa de nuestros problemas económicos. Esta es una gran oportunidad para educar al pueblo en términos de las mejores estrategias a usar en Puerto Rico para lograr un crecimiento económico sostenido y sostenible. Esta también es una buena oportunidad para aprender de los errores del pasado, definirlos para prevenir ocurran en el futuro. Sería muy educativo para nosotros informarnos de cómo se conceptualizan las estrategias futuras encaminadas al crecimiento económico de manera que el esfuerzo colectivo sirva de factor acelerante y podamos aprender. ¿Qué es lo nos conviene hacer en Puerto Rico para lograr una economía prospera? La crítica pública, abierta y respetuosa puede enriquecer todo este proceso de recuperación económica en Puerto Rico.

Fortuño no es reelegible por las mismas razón que todos los candidatos a la gobernación no son elegibles. Esto es ningún candidato ha esbozado un plan de desarrollo social y económico para Puerto Rico, que sea viable, sostenible, autosustentable y que cuente con el apoyo y compromiso de la gran mayoría del Pueblo de PR. Ante la ineptitud generalizada aceptamos el menos malo con condición de que condone la corrupción personal a cambio del voto. La causa más noble y grande de un pueblo es la de tener el control de sus asuntos en el mismo pueblo. El control político de Puerto Rico así como su título de propiedad residen en el Congreso de los Estados Unidos. El ELA es sino un disfraz, muy apropiado para Halloween, de la situación de subordinación y sumisión colonial existente en Puerto Rico. Los grandes sacrificios que los administradores coloniales le exigen al pueblo es la de permitirle remitirles a los Estados Unidos sus ganancias, producto del trabajo de los puertorriqueños sin ningún tipo de impuestos. Es la filosofía administrativa del bollo de pan. Es un insulto al pueblo de Puerto Rico rogarles por sacrificio para que la nación más rica del mundo disfrute de las ganancias de nuestro trabajo. Ese cuento se lo creía el jibaro analfabeta de los años cincuenta. Los Estados Unidos invierten en PR porque la ganancia supera la inversión, principio básico del sistema capitalista.

De ellos debemos de aprender y superarnos dentro de sus propias reglas en igual de condiciones. Para poder dirigir nuestros destinos tendremos todos que invertir nuestro capital, en la forma que sea dinero o trabajo, con la expectativa que la ganancia supere la inversión. Ya es tiempo de cambiarle el disfraz al jibaro, de monaguillo a empresario. La clave está en la ausencia de nuestro paradigma de plan de desarrollo propio. La economía de un país no existe en un vacío existencial, sino que está fundamentada en su desarrollo histórico. No podemos planificar hacia donde nos dirigimos sino sabemos dónde estamos. Por 517 años Puerto Rico ha sido una colonia de España y recientemente de los Estados Unidos. El paradigma de desarrollo económico de PR siempre ha estado en función del colonizador. Los puertorriqueños tenemos como el avestruz la cabeza escondida en musaraña retórica y demagógica, de que nuestro pasado y presente no es colonial. Hasta el informe de Casa Blanca lo describe diciendo que PR es gobernado desde los EEUU por decretos presidenciales y actividad legislativa del Congreso y seguirá siendo así, hasta que decidamos cambiar y allá estén de acuerdo. La economía colonial está diseñada para el beneficio de la metrópolis, sus grandes corporaciones y su gobierno. Nuestros políticos y gobernantes han sido los alcahuetes, lacayos, sumisos, subordinados, cómplices, enmascara dores de este plan económico unilateralmente beneficioso para los Estados Unidos. Hay que ser bien pendanga para creerse que somos pobres porque no producimos. Ese es el engaño histórico del ELA, somos pobres porque la producción nacional no la vemos, porque se las enviamos sumisamente a los EEUU, y con lo poco que nos queda compramos sus productos.

La debacle de la USSR advino cuando los agricultores sufrían la famina, mientras que en el Kremlin estaban todos gorditos comiendo los productos de los agricultores muertos de hambre. La colonia solo les conviene a los norteamericanos y a los pseudo políticos de la colonia. Le conviene a los Estados Unidos porque Puerto Rico es un mercado cautivo sujeto a sus imposiciones sin la debida participación en la elaboración de las leyes que nos rigen. Les conviene a los partidos políticos porque su existencia depende del sonsonete del "status", una vez decidamos el "status", se van a tener que poner a trabajar en la solución de nuestros problemas. Al pueblo le conviene de una vez y por todas arrebatarles el asunto de status a los políticos, resolverlo y de ahí en adelante evaluarlos en torno a sus desempeños proponiendo y ejecutando soluciones a los problemas, que hoy no se resuelven so excusa de estar atados al status.

Es correcto decir que hay norteamericanos racistas que nos ven a nosotros solo merecer la condición de subordinados y sumisos colonizados. También los hay opuestos a los prejuicios raciales. Al igual que aquí, allá no hay una sola actitud. La visión reduccionista de un solo norteamericano es característica de la mentalidad colonial. Los EEUU es un conglomerado de múltiples etnias y razas, quizás más heterogénea que ninguna otra parte del mundo, y ahí su fortaleza. El que no entiende que la relación entre PR y EEUU es mutuamente beneficiosa es ingenuo. Si hay un país que sabe hacer negocios para ganar son los EEUU. Están aquí porque somos mercado cautivo, uno de los más grandes para sus productos, nuestra sed consumista los hace más ricos. El conflicto principal contra la estadidad es el de compartir con un estado hispano, (PR), el poder federal.

La ola migratoria de los puertorriqueños hacia los Estados Unidos se explica como cualquier otra. Es la búsqueda de mejor calidad de vida y oportunidad de trabajo mejor remunerado. Aun con un cambio de status la pobre calidad de vida en Puerto Rico no va a cambiar de la noche a la mañana. El día después de que PR se convierta en un país independiente de los EEUU o un estado más, los puertorriqueños no nos vamos a transformar en seres más industriosos, trabajadores, amantes y respetuosos del prójimo Tampoco vamos a dejar de seguir bebiendo en exceso, abusando de drogas, tampoco vamos a dejar el abuso contra las mujeres, los niños, ni el gobierno se convertirá en uno eficiente y efectivo de la noche a la mañana atendiendo los problemas básicos de vida. El respeto a la vida ajena, el pensamiento crítico no están incluidos en el cambio de status. El odio a los americanos o a los comunistas tampoco desaparecerá. Pasará mucho tiempo después de cualquier cambio de status, cuando dejemos de comportarnos como feligreses corderitos de lo que dicen nuestros líderes políticos. Seguirán sobrando razones para seguir emigrando a otras partes del mundo. Esto es solo un cuento para meterles miedo a los norteamericanos, con nosotros los puertorriqueños de que les vamos invadir sus estados sino no nos dan la estadidad.

La reducción de las aportaciones contributivas al gobierno provenientes de individuos y pequeños empresarios es el incentivo indispensable para activar nuestra economía. Este modelo da al traste con el modelo tradicional de administración gubernamental de corte populista. En lugar de quién da más ahora es quien nos quita menos. En gran medida este tipo de política administrativa gubernamental deposita la confianza y asigna una mayor responsabilidad al individuo en el manejo de sus dineros. La tradicional actitud arrogante de gobiernos anteriores de que el gobierno lo hace mejor y el individuo si lo dejan es un irresponsable, vago y malgastador de su dinero está en entredicho.

La política subyacente en esta reforma contributiva en Puerto Rico es de corte republicano donde el individuo asume una mayor responsabilidad por su futuro y va en contra del gobierno populista, a quien se le ve como un entrometido en la libre competencia del mercado. Contrasta esta política administrativa de Fortuño con la del Presidente Obama. Para muchos esta diferencia fundamental será la que explicará el que los Republicanos en los Estados Unidos retomen el poder del Congreso en estas próximas elecciones. Lo que está aquí en juego es cambiar o mantener el "status quo" de administraciones gubernamentales populistas. Si aprendiéramos de nuestros vecinos cubanos, los propios hermanos Castro públicamente han dicho que la administración populista no motiva al trabajo y por lo contrario es un criadero de vagos, cualquier semejanza con el 40% de nuestra participación laboral no es pura coincidencia.

La reforma laboral debe de comenzar con una clara definición de lo que es la labor. Los conceptos de efectividad y eficiencia deben de guiar esta definición. Nosotros en Puerto Rico tenemos una economía dependiente de la de los Estados Unidos. Como ellos son los dueños de Puerto Rico, por definición laboramos para ellos. Educamos profesionales para que emigren y llenan las necesidades laborales de la economía norteamericana, inicialmente en la agricultura y recientemente en las áreas de servicios. Nuestra economía y educación está en función de sus necesidades porque ellos son los que pagan. Podemos seguir peleándonos por los detalles de las administraciones populistas coloniales o podemos reformar verdaderamente la economía y su actividad laboral si ponemos en justa perspectiva la reforma laboral a nuestras necesidades.

La sustentabilidad económica de este proyecto (Roosevelt Road Base), así como la de Puerto Rico en general, se fundamentará en la decisión de todos nosotros de asumir la responsabilidad de nuestros destinos económicos fuera de un sistema colonial. De mantener el "status quo" colonial que al presente vivimos en Puerto Rico la sustentabilidad de este proyecto será dependiente de la misericordia del Congreso de los Estados Unidos para con este proyecto tan importante para el crecimiento económico de la Isla. No es tan solo un mero desarrollo económico para Puerto Rico sino la oportunidad de convertidos en una atracción turística de primera clase a nivel mundial. Las opciones son claras y sencillas afuera del sistema colonial. Lo hacemos en sociedad con la primera economía del mundo, los Estados Unidos, como estado e invertimos todos pagando a la federación de estados unidos impuestos federales individuales. Para así poder ser parte de la decisión de cómo se parte el bizcocho federal total, de manera que sea en justa y proporcional forma para el beneficio de nuestros desarrollos en Puerto Rico. O lo hacemos independientemente de los Estados Unidos, aumentando todas las productividades nacionales, aportando más a los fondos contributivos estatales, y solicitamos, buscamos, encontramos y pactamos con un socio internacional interesado en invertir conjuntamente con nosotros para el beneficio económico mutuo. Los dos posibles y mejores candidatos serian China y Japón, segunda y tercera economías mundialmente. De cualquier manera nosotros decidimos el futuro de este proyecto y de Puerto Rico con nuestras acciones e inacciones.

Con la industria de la caña tenemos un buen ejemplo de la economía en la colonia, cuando las necesidades del azúcar de los norteamericanos no estaban satisfechas nosotros cultivábamos la caña para luego refinarla en azúcar en los Estados Unidos y satisfacer sus necesidades. Nosotros solo se nos permitían retener un mínimo por ciento para nuestro consumo. El melado se embarcaba a los EEUU se refinaba allá en azúcar, y acá pagamos el precio del azúcar con pasaje de ida y vuelta, los costos de refinación de las grandes corporaciones norteamericanas y sus ganancias.

El estado de la pobre producción literaria en PR es solo reflejo de la mentalidad colonizada que 517 años de colonización han implantado en nuestros cerebros. Ya es tiempo de rebelarnos y dejar de esperar que otros nos resuelvan nuestro problema de baja productividad. La consigna debe ser "todos a producir cada cual dentro de sus habilidades, talentos y capacidades". Solo con un esfuerzo colectivo consensual y claro objetivo de responsabilidad en la satisfacción de nuestras necesidades seremos capaces de re programar nuestro inconsciente colectivo de sumisos colonizados.

Las 936 se eliminó del código de rentas internas federal porque los estados se oponían al mantengo federal a las grandes corporaciones y al trato preferencial a Puerto Rico. Mientras ellos perdían empleos y pagaban contribuciones individuales al tesoro federal, Puerto Rico recibía a las grandes corporaciones, les besaban el trasero por unos pocos empleos y no contribuíamos al tesoro federal. Es esta actitud jaiba la que impide el consenso y propicia el colonialismo en PR. Se quiere continuar recibiendo ayudas federales, cada vez más, sin contribuir al tesoro federal y recibiendo trato comercial preferencial y discriminatorio contra los 50 estados. Este es el colmo del colonizado; la fantasía de una súper colonia dependiente de la metrópolis, que le dice al colonizador como gastar sus dineros. El colonialismo no es una ventaja para el colonizado. Es la misma actitud del adolescente para con sus padres, libertad y autonomía con tus chavos, papá. El discurso del político maduro no debe ser muy diferente del padre prudente con su progenie; póngase a trabajar, contribuya con su comunidad y podrá hacer lo que le venga en gana con sus recursos y limitaciones. Los norteamericanos en el Congreso no son iguales a los jíbaros puertorriqueños que Muñoz engatusó con el ELA colonial.

Lo del aborto es un detalle, los 20 trillones de diferencia entre demócratas y republicanos se fundamentan en una estrategia republicana para acabar con el "circulo" de dependencia de los vagos que de acuerdo a ellos viven de quienes pagan impuestos. La Oficina de Gerencia Federal emitió un informe que establece que en el plan republicano el Medicare y Medicaid desaparecerán como son hoy. Todos con 54 años o menos no recibirán los beneficios presentes, sino un "voucher" para comprar seguro médico privado, regulado por el gobierno. Quieren acabar con la seguridad para el pobre y los envejecientes que proveen los fondos Medicaid. No lo dicen abiertamente pero todos saben que quieren acabar con los subsidios a la colonia de Puerto Rico, que recibe beneficios pero no paga tributos federales. Los días del financiamiento de la colonia están contados. Sino es en esta ronda será en las próximas, esas son las promesas de campaña para el 2012.

Los problemas de la economía en Puerto Rico no se resuelven con medidas proteccionistas. La economía presente es una de tipo colonial y esto es lo que nos tiene estancados. Una vez el modo colonial cambie y contemos con los poderes para planificar mejor nuestro desarrollo social y económico, es imperativo incentivar la creatividad y productividad nacional para lograr ser competitivos en el mercado norteamericano y mundial. La realidad es que ya muchos puertorriqueños no se sienten limitados por el mercado local y ven en los Estados Unidos una extensión del mercado laboral con mejores salarios, beneficios y calidad de vida. Con una población hispana en crecimiento en los Estados Unidos, en particular la puertorriqueña, es una gran oportunidad para los empresarios puertorriqueños exportar sus productos a este mercado norteamericano hambriento de productos de Puerto Rico. Es risible la defensa a las grandes farmacéuticas en Puerto Rico cuando estas compañías obtienen una ganancia exorbitante por dólar invertido, que no comparan ni son proporcionales a los sueldos y beneficios que pagan. Sus ganancias son mayores que las de la industria de la gasolina Si en lugar de promover la lucha irracional contra las autoridades fuésemos más creativos hasta un pastelero se hace rico vendiendo pasteles a los puertorriqueños en EEUU.

Los resultados de las elecciones del Congreso de los EEUU son novedosos en algunos aspectos y esperados en otros. Tanto Clinton como Reagan pasaron por el mismo camino a mitad de sus primeros términos. Clinton fue exitoso en sus acuerdos con los republicanos y ganó su segundo término moviéndose al centro y con sus políticas logró reducir el aparato gubernamental y transformó el "welfare a workfare" con mayores responsabilidades para el individuo. El movimiento hacia la derecha es camino fácil para los republicanos pues 60 de los congresistas fueron endosados por el "Tea Party" en abierto reto a las políticas del Partido Republicano. Para Palin el Partido republicano es un Mammoth del pasado y muchos anticipan que de ella va correr para Presidente por los Republicanos.

La idea de gobierno compartido ha tenido resultados diferentes en los Estados Unidos en comparación con Puerto Rico. Esa ha sido la historia, la esperanza y la nueva política de Obama es abrirse al dialogo con los republicanos y lograr superar el obstruccionismo de los republicanos en sus primeros dos años. La palabra de moda en Washington es "Taxes" en realidad la disminución de ellos para todos ricos y pobres. Ya Obama accedió a cambiar su posición de no eliminar los alivios contributivos para aquellos que ganen más de $250,000. Si el PPD no presenta una mejor solución que la presentada por el PNP y Fortuño del alivio en los impuestos para los individuos y pequeños comerciantes, tendrán las mismas posibilidades de salir electos que Ms. Palin.

Los siglos pasan y el comportamiento del colonizado puertorriqueño sigue siendo el mismo, anquilosado en la dependencia hacia la metrópolis, el escapismo, tribalismo partidista y la poca producción nacional. El plan estratégico económico gubernamental sigue siendo el mismo, más mantengo. Al pasar el tiempo nadie se plantea la posibilidad de un plan de desarrollo económico propio basado en nuestros recursos, sostenible, viable y autosustentable. Todos seguimos petrificados preguntándonos, ¿cuánto nos van a dar si seguimos siendo colonia, o si fuésemos independientes o estado, o quizás nos den un montón de chavos de sopetón los invertimos y vivimos de los intereses? Por eso estamos donde estamos y no progresamos. Bueno después de todo es más fácil ser pordiosero que trabajar.

Los vicios de mala administración y bancarrota económica de este programa gubernamental (Comunidades Especiales) se encuentran en la contradicción inherente a su misión y visión administrativa de corte populista. Es tanto un deber gubernamental como comunitario e individual combatir la pobreza. La manera más efectiva en nuestros tiempos de cumplir con este deber es ser responsables con nuestra educación y crecimiento profesional. El sistema colonial se fundamenta en la dependencia hacia la metrópolis y hacia el gobierno populista, esto hace de la metrópolis un benefactor a proteger. Estamos acostumbrados a que el gobierno asuma la responsabilidad de todo lo individual incluyendo la salud propia.

Luce aparente de que el Tea Party se saldrá con la suya. El Congreso de los Estados Unidos y el Presidente muy difícilmente llegarán a un consenso sobre el presupuesto. En Agosto 3 se la hará difícil al gobierno federal pagar sus todas sus obligaciones, 40% de ellas. Los pagos a los militares, el seguro social y pago a veteranos están en riesgo de incumplimiento. Nuestro gobernador como buen republicano trata de minimizar el daño, pues electoralmente les afectará más a los republicanos en EEUU este tranque. Si alguien todavía afirma que como colonia estamos mejor que los estados, que se preparen para el baño de agua helada que congelará la colonia en recesión por 517 años más. Acá serán los populares y el ELA los mayormente afectados por los daños causados por la política disfuncional en Washington, que con la inhabilidad de una sola voz y sin voto en el Congreso no podrán protegernos del Tea Party. Seguimos como buenos colonizados con la cabeza enterada en la arena, enajenados de las consecuencias de ser la "Colonia Más Antigua del Mundo Moderno".

El problema del" status" no es como si fuera un sabor de los de Baskin Robbins. ¿Cuáles son los argumentos para convencer al pueblo de que los soberanistas son mejores administradores, que los populares o los anexionistas?, ¿Quiénes tienen un plan claro, preciso, realizable y honesto para sacar a Puerto Rico de este atolladero económico y desarrollar una economía autosustentable y sostenible con los postulados de un país soberano? ¿Soberanía con subsidio americano? ¿De un país, Estados Unidos, con un déficit millonario? ¿En qué mundo vivimos, en el país de las Maravillas? Los tiempos de los falsos profetas están por ser historia en Puerto Rico. El problema no es únicamente de falta de confianza en nosotros como pueblo, sino en la falta de planes reales de individuos honestos que vean en el trabajo propio como la principal fuente de capital, estima propia y con su ejemplo motiven al pueblo a salir de la actitud pasiva, dámelo todo gratis sin trabajar, sin respetar el trabajo y las opiniones ajenas. Que no quepa duda, tanto en la estadidad como en la independencia y en el ELA soberano significarán más trabajo individual. Esta es la diferencia principal de ser colonizado y no serlo. Hemos tolerado 517 años de colonización porque en apariencias es más fácil serlo que no. Se trabaja menos pero sin dignidad y orgullo propio de que vivimos de nuestro trabajo. Abajo los colonizados, que Vivan los no colonizados.

Nada de consenso, Obama al igual que Clinton después de que los Republicanos ganaron las elecciones en el Congreso en la mitad de sus términos se movieron a la derecha. El pueblo norteamericano les envió un mensaje claro hacia las políticas conservadoras. Muchas ciudades e inclusive estados como California se encuentran casi al borde de la bancarrota por su déficit presupuestario. Muchos están haciendo lo que Fortuño hizo aquí, recortando la nómina gubernamental y aumentando las cuotas en las universidades del estado. Muchos otros están recortando servicios médicos y educativos. En la ciudad de Nueva York la gente va a tener que pagar si llaman por los servicios de emergencias resultado de accidentes de auto.

No es el ideal lo que lleva al fracaso electoral a los independentistas y soberanistas. Es por el idealismo de sus líderes y seguidores. Todos han sido incompetentes en no desarrollar el ideal hacia un proyecto viable y realista de desarrollo social- económico para Puerto Rico. Buscan desarrollar su ideal con dineros del contribuyente norteamericano, a quienes continuamente insultan. Peor aún, se han dedicado la vida a antagonizar y a demonizar a sectores de nuestra sociedad puertorriqueña. Estos sectores de la sociedad son indispensables para el desarrollo de cualquier y todo tipo de fórmula de "status". Todos los partidos políticos en PR viven embriagados por su narcisismo y no se dan cuenta que sin el esfuerzo colectivo no saldremos del hoyo económico que estamos, no importa la fórmula de "status" escogida por la mayoría. Como se ve imposible el consenso impera la ley de salvase quien pueda y cada cual que luche por lo suyo.

No es Fortuño, es el colonialismo la principal causa de la recesión en Puerto Rico, "estúpidos". Bush fue quien comenzó la intervención gubernamental en la economía de los EEUU con los fondos ARRA. Es la falta de control sobre la principal fuente de ingresos del gobierno en Puerto Rico, los fondos federales, el factor principal de nuestra debacle. Los fondos federales son para PR como el petróleo para los EEUU. Si a esto le sumamos la pobre participación de la población en PR en el mercado laboral, solo uno de cada tres capaces de trabajar, lo hace. Le añadimos a la receta la extensa corrupción gubernamental y en la población en general en PR, la economía subterránea saboteando la productividad nacional, todos escondiendo el dinero para no pagar impuestos, la mediocridad en general, la falta de creatividad productiva, la falta de interés por el trabajo, los estudios, la dependencia en el gobierno para satisfacer todas las necesidades individuales, las quejas continuas sin soluciones viables a los problemas reales, entonces es fácil darse cuenta de que hay muchas otras cosas de que hablar en lugar del tribalismo infantil tricolor.

No es lo mismo llamar al diablo que verlo venir. La soberanía es una independencia a plazos cómodos. Muchos favorecen 20 o 30 años, más bien independencia para sus hijos no para ellos. Durante ese tiempo favorecen que continúen las ayudas federales pero sin fiscalización, soberanía para hacer con los dineros federales lo que nos venga en gana. El independentismo va de picada porque no tienen solución al problema de la economía en bancarrota de Puerto Rico. El problema principal de los independentistas es que no tienen una respuesta convincente de donde van a sacar los dineros para el continuo funcionamiento de la sociedad puertorriqueña a los niveles acostumbrados y deseados por la mayor parte de los puertorriqueños.

El MUS es un fenómeno sencillo que se crea después del rechazo del PPD a la soberanía y a todo aquello que huela a independencia. Con el creciente sentimiento pro estadidad, propiciado por la polarización creada por AAV en su defensa de sus acusaciones de corrupción por la fiscalía federal, el PPD se ha dado cuenta que para ganar las próximas elecciones deberán cambiar su discurso a uno pro americano. El MUS es un nati muerto, el PIP está por desaparecer y el PPD si no se disfraza de americano, se lo lleva Pateco.

Es tan desastrosa la situación del déficit federal que muchos anticipan otra recesión en los Estados Unidos, y el final de su hegemonía y control de la economía mundial. El comité bipartito para atender el déficit presupuestario existió antes de esta ley que lo creó, y sus recomendaciones previas no pasaron el cedazo del Congreso, ahora el comité tiene fuerza de ley. Que no son dos ni cuatro, fueron 6 los millones de millones en recortes que en el pasado recomendaron. Recortes que incluyen de todo, principalmente defensa y derechos adquiridos como seguro social y veteranos, pago a los proveedores de medicare, y cortes en medicaid. No se eliminan totalmente estos beneficios pero se modifican. Se habla de poder retirarse a los 67 o 70 años como por ejemplo.

Lo que pasó esta vez en el Congreso fue lo que le pasó a AAV, que gastaba más de lo que tenía y su crédito iba a ser chatarra. A pesar de la situación económica, los EEUU todavía tienen una calidad de vida altísima y muchos buscan su educación y servicios de salud allí, incluyendo a los chinos. Solo favoreciendo la estadidad para Puerto Rico estaremos en vía de mejorar nuestra calidad de vida. La estadidad promueve el desarrollo de la infraestructura y de la tecnología norteamericana como parte de la unión. La mejoría solo se alcanzará cuando saquemos tantos políticos ineptos, corruptos e ineficientes y motivemos al pueblo a vivir de su trabajo y no del gobierno, esa es la parte difícil de lograr.

La pobreza en PR está directamente relacionada como causa y efecto con el estado colonial, donde la riqueza que generamos los puertorriqueños terminan en los EEUU. La colonia es algo así como las tienditas en los latifundios en PR que LMM tanto odió y prohibió, para luego traspasarlas a las 936 y seguir explotándonos. Por primera vez una administración gubernamental en Puerto Rico decidió ponerle el cascabel al gato, hay que trabajar y ser productivos para recibir alivios económicos. Estamos en recesión perenne porque la mayoría de la gente productiva ha decidido no trabajar, algo parecido a la desobediencia civil en la UPR, que significa no estudiar. Está escrito en nuestra cultura folklórica del colonizado "el trabajo lo hizo Dios como castigo, el trabajo se lo dejo yo al buey. Puerto Rico no es los Estados Unidos. El gobierno de Puerto Rico está subordinado al gobierno de los EEUU. Desde el Congreso, el Presidente y el Tribunal Supremo de los EU se gobierna a PR. Puerto Rico no tiene acceso directo a los fondos federales porque no pagamos impuestos. Con una deuda federal a nivel de trillón de dólares, habrá gran resistencia de coger más prestado para pagar. Lo próximo serán recortes en el Medicare y Medicaid. Ahora los estados también están sujetos a cortes y sus constituyentes le exigirán ser la prioridad a los tres legisladores de origen puertorriqueño en el Congreso. Con un pseudo congresista que diz que nos representa, todos haremos como de costumbre, para allá no vamos a mirar. Cuando se seque el charco de los fondos federales, haremos lo de costumbre, le echaremos la culpa al partido opositor, cambiamos de jinetes y continuamos el saqueo para los nuestros. Porque en nuestros cerebros no existe una realidad colonial y nosotros lo hacemos mejor con los dineros del norteamericano, que de ahora en adelante será el poco dinero.

Resolver el "status" colonial en Puerto Rico no es la bala de plata que elimina todo mal. Aun continuando siendo una colonia de los EEUU, los puertorriqueños tenemos que superar la mentalidad del colonizado de arrimaos, tan arraigada en todos nosotros. Años de dependencia colonial y continuas administraciones populistas jugando el juego de los buenos administradores con el dinero de los norteamericanos, nos obligan a darnos cuenta que las ataduras y limitaciones del colonialismo son parte de nuestra personalidad. Somos todos nosotros los llamados a cambiar esta innegable realidad para entonces poder cambiar nuestro entorno legal. Santa Claus solo existe en nuestro esfuerzo y trabajo. No tenemos que preocuparnos, los EEUU no nos van a regalar a la China ni al Japón como insinuó Bush.

Somos esclavos, sometidos y subordinados colonizados, ni más ni menos. La subordinación, sumisión y falta de poder decisional se resuelve con la descolonización de Puerto Rico. Muchos excluyen la estadidad como descolonizadora porque no visualizan hacer negocios de manera beneficiosa bilateralmente con los Estados Unidos. Los colonizadores históricamente nos han comido las tapitas y ninguno aquí parece tener los pantalones en su sitio para hablar de tú a tú con los EEUU. Vende patria son todos estos colonialistas que le dan el trasero al colonizador sin exigir igualdad de condiciones para negociar. Vende patria es quien solo piensa en el bienestar propio y no el colectivo. En esta economía globalizada y tecnológica, ¿con quién quieres hacer negocios, o es que preferimos el ocio y el mantengo? Nuestras principales riquezas naturales en Puerto Rico son el sol y los vientos necesitamos desarrollarlas para nuestro beneficio económico.

Se le está complicando el panorama a Obama, primero se oponía a aumentar el tope del margen prestatario del gobierno federal, ahora quiere aumentarlo. Sino lo aumenta la economía se hunde. Los republicanos lo tienen pillado, quieren demostrar que sus políticas son un fracaso. Ser republicano es difícil en San Juan pero peor es serlo en Washington, DC. La razón principal se llama "Tea Party" y sus posiciones de extrema derecha. Proponen recortar todo en el presupuesto excepto defensa. Ojala no se les ocurra cortar las ayudas federales para su colonia (PR). Pensándolo bien, quizás esto ayude a muchos a definirse sobre lo que realmente quieren como "status" para Puerto Rico.

La política no tiene que ver nada con medianoches ni bacalaítos. El mono baila con dinero, eso es lo que decide elecciones. Hasta que no se encuentre una mejor financiadora de nuestra economía, servicios y gente que los Estados Unidos, allá seguirán al control de nosotros. El resto son fantasías e idealismos de perros flacos. El "status quo" persistirá porque aun con la estadidad el Pueblo tendrá que financiarla con los impuestos federales sobre los ingresos personales. Además de que las funciones del gobierno estatal se reducirían ante las federales, y con tanta batata viviendo del gobierno estatal, la estadidad es un casi nati muerto. La independencia o libre asociación no cuenta para pool ni banca, porque la mayoría son unos pelaos que no tienen casi para sostenerse a sí mismos. El millón que no participa en las elecciones está muy ocupado buscando el pan de cada día y saben que con un gobierno quebrado es mejor ni mirar para allá, porque es claro que no pueden sostenerse a sí mismos.

Sin energía no hay vida. Todos dependemos de la energía, individuos, familias, corporaciones y la humanidad en general. La lucha por la sobrevivencia se fundamenta en esta búsqueda de la energía para preservar la vida. Hay fuentes de energía renovables y otras no renovables. El sol y el viento son ejemplos de las fuentes renovables. El petróleo y el gas de las no renovables. Las grandes naciones se encuentran en una lucha imaginativa pero todavía rudimentaria y cara para depender cada vez más en las fuentes de energía renovables. En China así como estados Unidos se han logrado grandes avances en el uso de estas fuentes, pero todavía no pasan de un 10% del uso total de energía. La dependencia mayor es la del petróleo, que son los residuos de sedimentados fósiles. Nuestro consumo energético es principalmente dependiente del petróleo. Con la inestabilidad política en los países del Oriente Medio los precios del crudo están por las nubes y así la gasolina. Es indispensable tener a nuestra disposición formas alternas de energía, por esto es necesario desarrollar la industria del gas en PR. Es indispensable también ser creativos e incrementar las iniciativas para mayor uso de la energía renovable usando el sol y los vientos como fuentes. La oposición a la construcción del gaseoducto es ahora y ha sido en el pasado una oposición característica de la lucha partidista, tribalita de nuestros políticos colonizados. En el pasado se opusieron el PIP y el PNP en el presente el PIP y el PPD, en el futuro quien quiere que lo proponga los otros dos se opondrán, porque esto es lo único que saben hacer nuestros políticos, oponerse. En sus vocabularios no existe la palabra consenso por el bien colectivo.

Solo en Puerto Rico se da el hecho contradictorio de un esclavo defendiendo la esclavitud. El ELA es un estado colonial que le sirve a los Estados Unidos para la manufacturación a bajo costo y venta de sus productos a precios elevados en Puerto Rico. Somos un mercado cautivo sin habilidad ninguna de regular nuestra producción económica. Nosotros no tenemos el derecho de regular el código de rentas internas federal. Código que regula nuestra producción y actividad económica. Seguimos estancados con el canto de sirenas de LMM de gobierno propio e independiente. Lo que es una realidad derogatoria es de considerarnos foráneos al comercio de los EEUU.

Lo que nos impide entrar en la economía inteligente y global son los complejos de inferioridad que tenemos y el besuqueo incondicional y la actitud sumisa ante las grandes corporaciones y congresistas norteamericanos. Ya es tiempo de favorecer el desarrollo de nuestros empresarios, nuestro sector privado, nuestro propio desarrollo intelectual y económico, alejarnos del populismo gubernamental, y perenne ataque al sector privado propio, para así insertarnos de tú a tú en la economía de los Estados Unidos y la global. Ya es tiempo de superar los complejos de inferioridad y exigir el lugar que nos corresponde en la mesa donde se reparte el bacalao para Puerto Rico, el Congreso de los Estados Unidos.

Tenemos que dejar atrás la actitud de actuar como obedientes sirvientes subordinados. Con nuestra inteligencia y propia producción económica podremos salir del hoyo económico que el colonialismo y nuestro apoyo a la colonia, ELA, nos tiene sumergidos. Dejemos de alimentar las mentes del pueblo con falsas expectativas. Falta la discusión seria de un plan de desarrollo social y económico que sea viable, sostenible, autosustentable y que tenga el apoyo y el trabajo de la mayoría de los puertorriqueños. Después de todos ya tenemos una relación con la economía número uno del mundo ¿por qué cambiarla por una con el segundo, y no mejorar la que tenemos?

Típico colonizado con mentalidad del adolescente. Papá, (EEUU), le da los chavos para vivir y quiere decirle a papá como administrar sus bienes. Debemos tenernos más respeto y amor propio, para así atrevernos a decirle a los EEUU que tienen que acabar con el sistema colonial en PR porque esto es lo que nos tiene atrás y no avanzamos económicamente. Si no quieren negociar la estadidad, que nos reconozcan nuestra independencia nacional. Entonces comencemos a preocuparnos en vivir de acuerdo a nuestros recursos y estimular la producción nacional, que parece como un "burro" terco que no se quiere mover hacia delante y mejorar.

Todos hacen mutis de los asuntos de política que plantean los republicanos. Callan porque hay demócratas que están de acuerdo. La excesiva dependencia en las ayudas federales, la burocracia federal excesiva, su ineficiencia y falta de efectividad ya cansa, muchos también favorecen una reforma radical en el sistema tributario federal y bajar el máximo a 25%. Si Obama hace igual que Clinton en su momento, que reformó el Welfare hacia Workfare, hará más cortes. Adiós a la colonia contenta.

Las corrientes sociológicas más aceptada por la comunidad de científicos sociales son las estructuralistas, en esta se ve la sociedad como un devenir dinámico de las interacciones de sus respectivas estructuras. Separar política de "status" de la economía es un disparate, ambas están íntimamente relacionadas. Separarlas es una acción politiquera para ocultar el control del colonizador, en este momento del Congreso de los Estados Unidos, y así distraer al pueblo mientras se le alcahuetea para que sigan en control de nuestra sociedad. Este es una actitud servil, sumisa, subordinada y cobarde ante el colonizador. Mientras el Congreso cuente con alcahuetes así no tendrán que hacer ningún cambio a la presente relación. La realidad es que no todos vemos la situación igual y se hará difícil conseguir consenso entre los partidos políticos, que se debaten en realidad por administrar la colonia, y no para hacernos dueños de esta con todo lo que esto conlleva. Administrar el futuro de la colonia significará mayores recortes en su presupuesto para así aliviar un poco el déficit, mayores responsabilidades para los individuos y menos dineros para gastos discrecionales, como la reforma de salud. Así que en ausencia de un consenso para reclamar control real de nuestros asuntos, lo que nos queda es unirnos todos en el lloriqueo para que no nos bajen mucho la pensión alimenticia de la colonia.

Una correlación entre variables no es indicativa de causalidad, esto es un hecho científicamente probado. El problema de la alta criminalidad en PR no está directamente y solamente causado por los problemas económicos. Existe una variable subyacente que tiene más importancia en la causalidad de los problemas económicos y de criminalidad en Puerto Rico. La subordinación política de Puerto Rico como colonia de los Estados Unidos nos incapacita del poder para planificar en base a nuestras necesidades e idiosincrasias nuestras políticas económicas, educativas y judiciales. Lo que hemos tenido en los pasados años electorales, "el quítate tú para ponerme yo", no resuelve ni los problemas de criminalidad ni los económicos. Les recuerdo que a la mona aunque la vista de sedas, mona se queda.

Ya comenzó la campaña política en los Estados Unidos. Le han permitido a Obama coger más dinero prestado para pagar las obligaciones. Con esta acción los chinos continúan su rumbo de hacerse cada vez más dueños de los EEUU. La preocupación de Obama es que para cumplir con algunas de sus promesas políticas necesita más dinero de los norteamericanos que ganen $200,000 al año. Los republicanos, siguiendo el clamor del Tea Party y del clamor popular que los llevó a ganar la Cámara de Representantes las pasadas elecciones. El clamor popular es detener el ciclo de dependencia hacia el gobierno. Esta parece ser la dirección del pueblo norteamericano en este momento. La meta es hacer que los estados dependan más de sus recursos y que los individuos de sus trabajos no de las ayudas gubernamentales. El pueblo norteamericano está muy consciente de que las ayudas por derechos adquiridos, seguro social, pensiones, cupones promueven que la gente se retire jóvenes o no trabajen y son el gasto mayor del presupuesto. Este es el lema del Tea Party, acabar con la dependencia de los individuos al gobierno. Tendremos que esperar al 2012 para ver cuáles de estas posiciones es la favorecida por los norteamericanos.

CAPÍTULO CINCO

El "status" del sistema educativo en la colonia:

El Departamento de Educación en Puerto Rico depende en su presupuesto de manera sustancial del Departamento de Educación de los Estados Unidos. Este último está en activo proceso de revolución y reforma tras aceptar la realidad de que en general su funcionamiento es mediocre, expresado así por el Secretario de Educación Federal, Arne Duncan. Los EEUU gasta más que todos los países desarrollados por estudiante excepto por Luxemburgo, Noruega, Suiza e Islandia. La proporción entre maestros y estudiantes es la más baja en la historia; los estudiantes norteamericanos en 2006 entre 30 naciones desarrolladas ocuparon las posiciones número 21 en conocimiento de las ciencias y número 25 en conocimiento de las matemáticas. En el 2009, 69% de los estudiantes de escuelas públicas en los EEUU estaban bajo nivel competente en lectura y 68% estaban bajo nivel competente en matemáticas. Estos números prueban que la educación pública en los EEUU es mediocre.

Nosotros en PR debemos de aprender de la aceptación institucional en los EEUU de este desastre educativo, no para consolarnos del nuestro sino para aprender como corregirlo. Este desastre fue tolerado en los EEUU por la ausencia de métodos objetivos de evaluación. La conocida ley NCLB, No Child Left Behind, creó por primera vez en la historia de los EEUUU instrumentos objetivos para la evaluación del sistema educativo. Con la iniciativa del Presidente Obama "Race to the Top" no tan solo se acentúa la necesidad de utilizarlos en la evaluación de los estudiantes sino también en la evaluación de los maestros y las escuelas. Con la designación de 4.35 billones de dólares y variados instrumentos de evaluación nos permitirán la comparación a nivel internacional de la condiciones de las escuelas públicas.

Se espera tener una mejor evaluación del progreso de los estudiantes a nivel individual durante el transcurso de su vida educativa, y más valiosa aun la evaluación de los maestros y las escuelas, que permita el mejoramiento de la calidad educativa en los EEUU. Con análisis estadísticos sofisticados se podrán identificar los maestros y principales incompetentes a través de estos números. En el presente la lucha grande es contra la permanencia de los maestros, pues le hacen honor al dicho de que músico pago toca peor. En entredicho esta también el funcionamiento de las uniones que muchas veces anteponen sus intereses a los del estudiantado.

El sábado 13 de marzo del 2011, el gobierno de Presidente Obama publicó un plan para la renovación de la Ley de Educación Primaria y Secundaria que se centra en tener estudiantes listos para la universidad y el trabajo, elevar los niveles de rendimiento académico, premiar el éxito, promover la innovación, y cerrar las brechas de rendimiento de las minorías poblacionales. La propuesta reta a la nación a adoptar las normas educativas que pongan a los EE.UU. en el camino de liderazgo mundial. El plan provee incentivos para los estados que adopten normas educativas que preparen a los estudiantes para triunfar en la universidad y en el lugar de trabajo, y para crear sistemas de contabilidad que midan el progreso de los estudiantes en obtener la meta de que todos los niños se gradúen y tengan éxito en la universidad.

Esta es la política pública a seguir en los Estados Unidos. El gran dilema en Puerto Rico es aceptar o no el reto del Presidente Obama. El mayor agravante es que sobre 80% de las escuelas públicas en PR no cumplen con las expectativas de mejoría anualmente esperada. La rueda no hay que re inventarla es cuestión de aprender cómo construirla usando el conocimiento actual. Con la presente administración las pruebas pasaran de ser de cada estado a ser nacionales para poder compararlas a nivel internacional. ¿Estamos dispuestos a competir con el mundo en igualdad de condiciones o seguiremos con la cabeza dentro del hoyo creyéndonos que somos el ombligo del mundo? Es difícil tapar el cielo con una mano. En Puerto Rico así como en los Estados Unidos el sistema educativo se ha mantenido al garete con poca fiscalización. Al finalizar 12 años en el sistema educativo, muchos terminan incapaces de escribir una carta sin errores gramaticales y sin preparación suficiente para completar estudios post graduados. El sistema educativo debe dejar de ser una vaca sagrada y estar sujeto a mayores controles de calidad y mejores incentivos para los maestros más competentes. La oportunidad de competir por dineros federales adicionales debe de estar disponible para todo municipio que desee competir por esos dineros. Gran parte de esos dineros van dirigidos a mejorar la lectura y escritura del inglés y competencia en la ejecución de operaciones matemáticas. No todos comparten esas metas, y debe estar a discreción de la municipalidad establecer las prioridades de su sistema. Una sociedad bilingüe en particular español e inglés será una sociedad más competitiva en este mercado global.

A pesar de que nací en San Juan y estudié parte de mi educación en el sistema público en San Juan, tuve la oportunidad de terminar mi educación elemental, intermedia y superior en Arecibo. Estoy muy orgulloso y agradecido por esta oportunidad. Estoy muy de acuerdo de que la enseñanza debe de estar atada a resolver problemas complejos de la vida diaria del estudiante. Educación inteligente es aquella que enfoca la educación con relevancia a los problemas complejos de la vida del estudiante. Solo deseo añadir que mi experiencia también fue rica en hacerme responsable de mi educación, siempre tuve el estímulo de maestros que confiaron en mí y me retaron continuamente a ir más allá del currículo establecido. Leí a Moctezuma y escritos de Freud temprano en mi educación, antes de mi educación en la Universidad de Puerto Rico en Rio Piedras, gracias a las lecturas suplementaras de mis maestros, Apolinar Cintrón, Mr. López y muchos otros. El respeto a la opinión de otros y el sentido de trabajo en equipo siempre fue básico en sus enseñanzas. Por sobre todo siempre estuvieron enfocados en crear un sentido de que éramos familia y parte de una comunidad más grande. Considero que estos son elementos esenciales para poder mejorar nuestro sistema de educación pública en Puerto Rico.

La realidad de la educación en Puerto Rico es peor que la de los EEUU. Por muchos años el sistema educativo público en los Estados Unidos se consideraba una vaca sagrada. Hasta que los estudiosos en materia educativa se dieron cuenta que comparando el gasto económico con los resultados en excelencia académica de sus estudiantes, varios países obtenían mejores resultados en excelencia académica con inversiones menores de dinero. Esto motiva la reforma del sistema educativo público de los Estados Unidos. Aprobada mayoritariamente con apoyo bipartita en el Congreso bajo la administración de Bush y defendida valientemente por el difunto Senador Honorable Edward Kennedy, hoy llamada "No Child Left Behind Act".

Quienes más se han opuesto a esta reforma en los EEUU al igual que en PR han sido las uniones de maestros. La razón es sencilla y se llama fiscalización de la calidad del producto educativo. Las pruebas, que hasta ahora diseñan los estados y las cuales el Presidente Obama quiere estandarizar para hacerlas nacionales y comparables con todos los estados, demandan un nivel de excelencia inexistente en el sistema. Nos ofrece una evaluación objetiva del nivel que se encuentra la educación pública y lo distante que están de ofrecer un producto de excelencia. La realidad es tan obvia, si las pruebas que se les dan a los estudiantes las tomaran los maestros muchos fracasarían. En este resultado de fracasados me atrevería a incluir a muchos legisladores y senadores en Puerto Rico NCLB sigue siendo en los Estados Unidos el avance más significativo, aparte de la reforma de salud de Obama, en término de derechos civiles. La exigencia de pruebas estandarizadas permite estudiar con objetividad el discrimen hacia algunos grupos en el proceso educativo, el cual es derecho constitucional. Hoy en día sabemos que si para tercer grado el individuo no sabe leer, este tendrá en el resto de su vida problemas para aprender todas las materias. Saber leer habilita al individuo al proceso de aprendizaje. Saber hacer operaciones matemáticas permite el pensamiento crítico y comparativo de las actividades de vida. El mejor ejemplo de esto está en la música que no es sino secuencias numéricas con valor rítmico. Las artes ofrecen el vehículo perfecto para enseñar una perspectiva humanista, estimular el pensamiento creativo y educar dentro de un sistema de respeto y justicia social.

La necesidad de educación especial para nuestros niños seguirá una curva ascendente. Se correlaciona esta necesidad con múltiples factores entre ellos; la pobreza, la pobre educación de los padres y madres, el incremento de madres jóvenes solteras sin las capacidades para desempeñarse eficientemente como madres, los pobres servicios médicos pediátricos y obstétricos, la mala nutrición, el aumento en uso de drogas y fumar cigarrillos en esta población. El sistema educativo en conflicto obrero patronal perenne, que tiene como consecuencia 80% de la población estudiantil funcionando a niveles mediocres, la pobre calidad de profesionales de excelencia cualificados, preparados y motivados para ofrecer los servicios educativos necesarios a esta población, y la ausencia de un sistema de financiamiento recurrente y consistente que haga posible atender todos estos problemas de manera eficiente y efectiva, agravan la precaria situación de estos servicios.

Aquí tienen los universitarios y las escuelas vocacionales en Puerto Rico la gran oportunidad de desarrollar una clase empresarial privada, para nuestra juventud, dedicada a producir y mercadear el café que consumimos. El hecho de que se importen tantos quintales deja claro que la demanda está aquí. Hacen falta jóvenes arriesgados que decidan educarse en las ciencias empresariales y de la agricultura, para formar sus propios negocios y tener éxito en la vida basados en sus recursos y habilidades en el contexto de una economía legal.

Educación sin ideología es como hablar del PPD. El Departamento de Educación es la oficina de empleos más grande en Puerto Rico. Crear un organismo independiente a los vaivenes políticos es una ingenuidad que solo se lo creen los jíbaros analfabetos de los cincuentas. Educación por definición es el proceso sistemáticamente dirigido de crear conocimientos, actitudes y destrezas en los individuos enmarcadas dentro de unas ideologías específicas, que capaciten al individuo a enfrentarse y adaptarse a las realidades cambiantes de la naturaleza social y física que lo rodea. La educación que no entienda y diseñe ofrecimientos académicos dentro las realidades sociales, económicas, políticas del individuo en su contexto social/cultural es como dar palos a ciega.

El lenguaje tiene dos funciones básicas una instrumental y la otra expresiva. El lenguaje humano tiene un sustrato común hereditario, todos comparten la misma gramática hereditaria. La función instrumental va dirigida a manipular el comportamiento de los demás. La función expresiva nos permite dejarnos conocer a los demás y a nosotros mismos. La universalidad de la raza humana es ocultada por las distintas versiones del lenguaje que nos hacen parecer distintos y únicos. Es curioso como los niños tienen más vocabulario y entienden más de lo que se les dice, que de lo que han oído. Esto es reflejo directo de esta gramática hereditaria universal. Todos nacemos con la capacidad de aprender cualquier y todos los idiomas humanos. Es una pena que este sentido de universalidad con la raza humana se pierde con la adultez. Con la jerga y la jeringonza pretendemos ser distintos, mejores y únicos cuando en realidad de un polvo venimos y hacia el polvo nos vamos.

En los tiempos de la gran depresión en los Estados Unidos la inversión en la infraestructura, carreteras interestatales, estimuló la creación de miles de trabajos no diestros en la construcción. Pero el verdadero crecimiento económico se dio mediante el desarrollo de la industria automotriz. A la General Motors se le atribuye la creación de la nueva clase media económica en los EEUU. En nuestros tiempos puede darse el crecimiento económico que vimos en los EEUU post depresión pero sin la creación de empleos deseada. Esto es así por los factores de la mecanización y la globalización de la economía. El reto mayor para la población es el de educarse al nivel del desarrollo de la necesidades de la economía. Esta nueva economía del conocimiento exige unas destrezas educativas muy superiores y en escasez en los EEUU al igual que en PR. Aquellos visionarios que se han dedicado a continuar estudios en tecnología no tendrán problema consiguiendo trabajo, sin embargo los que no tienen la educación apropiada seguirán en la fila del desempleo o vendiendo drogas. En la situación del macro cosmos de Puerto Rico hasta que no tomemos el toro por los cuernos, esto es resolver el problema del status con mayor poder para controlar el comercio en PR ya sea con la estadidad o la independencia, no tendremos crecimiento económico.

Es como si las batatas nacieron ahora y no las hubo antes, es como si la calidad del servicio educativo ha sido buena o menos buena en Puerto Rico siempre. ¿En qué mundo vivimos? El Departamento de Educación de PR ha sido desde los tiempos de Muñoz, una agencia de empleos. El robo más grande en el Departamento de Educación de Puerto Rico, la educación para nuestros niños, lo han cometido todos los partidos políticos en Puerto Rico. Desde LMM el Departamento de Educación ha sido la agencia de empleos más grande que los partidos en el poder han tenido. Han hecho del Departamento una maquinaria compra votos. Los maestros y demás funcionarios se nombran en la expectativa de su lealtad al partido que los nombró, no por sus méritos como educadores. El Departamento es un hato de batatas rojas, azules y verdes, los educadores brillan por su ausencia. Su misión es mover al partido de su predilección hacia el poder, no es el ofrecer una educación de excelencia para los estudiantes. El robo mayor es el de la educación, no el dinero. A ese robo le tiramos la toalla, todos en complicidad porque individualmente y egoístamente nos beneficiamos, en detrimento de todos los estudiantes. Luego miramos para el lado y seguimos la lucha trivial politiquera.

El Departamento de Educación es la agencia de empleos más grande en Puerto Rico, a disposición de los gobernantes en turno para consolidar su base de votos electorales. Se nutre y persiste su estructura presente basada en una visión populista administrativa donde el gobierno ofrece empleos irrespectivo de la competencia del solicitante. El panismo, el favoritismo y la lealtad al partido colonial conforman las estructuras educativas en Puerto Rico. Estamos tan acostumbrados y nos entretiene tanto la insignificante lucha partidista que nos hace incapaces de solucionar el problema señalado por el Señor Duncan, Secretario de Educación Federal, de extrema politización en el Departamento. Para buen entendedor pocas palabras bastan, pero el colonizado no lo entiende aunque lo diga el Presidente de los Estado Unidos y todo su gabinete así lo siga repitiendo consistentemente. Tenemos de una vez y por, todos los puertorriqueños, de resolver el problema de status de una manera permanente para así poder resolver los problemas educativos y de toda otra materia por sus méritos y no por los cantos incompetentes del status político, pregonados en la lucha trivial político partidista.

El idioma inglés no es un idioma extranjero en Puerto Rico, es el idioma que hablan los dueños de Puerto Rico. Es el idioma en que vienen todos los días los dólares que permiten tener en PR beneficios económicos como el seguro social, el PAN, servicios de salud financiados con medicaid, medicare para los envejecientes, becas Pell para los universitarios y fondos para la educación entre otros. Estas son las realidades que nos unen a los EEUU. Sin estas ayudas tendríamos que inventar nuestros propios sistemas de retiro, salud y educación. En lugar de verlos como extranjeros debemos de aceptar que son socios en nuestro desarrollo, a pesar de que todo comenzó como un acto de guerra. El idealismo debe darle paso a las realidades prácticas de nuestra vida presente. No seamos tan acomplejados con el inglés, son muchos los puertorriqueños que han alcanzado posiciones de honor en los EEUU.

Las escuelas "chárter "fueron creadas por la ley "No Child Left Behind" como una alternativa al problema de la pobre educación en el sistema público escolar. En los EEUU son escuelas públicas que obtienen su presupuesto del sistema público mediante una fórmula de pago proporcional a los estudiantes matriculados. La diferencia clave es que no están subordinadas a la autoridad del superintendente de escuelas, ni a los comités escolares del distrito, tampoco a las uniones. Esto les da una flexibilidad de ensayar con nuevas y formas distintas de enseñar. Se organizan mediante la formación de un grupo de individuos de la comunidad interesados en mejorar la educación, ellos son quienes diseñan un plan educativo para la escuela y se lo presentan al estado, específicamente al Departamento de Educación Elemental y Secundaria. Si el Departamento lo aprueba ese grupo de individuos se convierte en la autoridad escolar y el estado supervisa su plan de acción y el cumplimiento con las leyes estatales y federales educativas, con énfasis especial en la Ley "No Child Left Behind". El plan se aprueba por cinco años, y si no cumplen con lo prometido la otorgación es revocable. Cada escuela es diferente y algunas como la "KIPP", el éxito en las pruebas de aprovechamiento académico sobrepasan los resultados de todas las otras escuelas públicas del distrito escolar. Los estudiantes se eligen por sorteo y solo es requisito residir en la localidad donde fueron aprobadas. Otras localidades también pueden solicitar pero no son la prioridad del grupo. Su filosofía es que todo individuo tiene el potencial de desempeñarse a niveles superiores, convertirse en líderes de la comunidad, orientados al servicio público y de obtener una educación universitaria. Contando con el apoyo continuo y necesario, con la mejor calidad de maestros posible y un currículo de excelencia. Esto es continuamente evaluado para determinar su progreso y áreas que son necesarias mejorar en cada estudiante. Lo interesante de esto es que si no cumple con lo prometido la licencia es revocada.

La educación de un pueblo está íntimamente ligada a su desarrollo social. El desarrollo social de Puerto Rico ha sido castrado por el proceso de colonización que hemos sufrido por los pasados 517 años. En la colonia la planificación social se da en circunstancias de los planes de la metrópolis para su territorio. El acervo educativo de un país se da en función de las experiencias aprendidas en su propio proceso de crecimiento y desarrollo.

Si no fuese por la ley de reforma educativa del Congreso, conocida como "No Child Left Behind" no tendríamos la información y datos necesarios para describir el estado precario de nuestra educación. Estas pruebas se realizan en PR como cumplimiento de los requisitos federales para el desembolso del 40% del presupuesto del Departamento. La oposición a las pruebas y el sabotaje ha sido continua, pero se impuesto el dicho federal "no ticket, no laundry" por los federales, y las pruebas continúan dándose.

Los dineros federales asignados a la educación en PR, han servido para convertir el Departamento de Educación en la mejor agencia de empleos que se conoce en PR, actualmente la numero uno. La calidad educativa siempre ha sido secundaria, la creación y permanencia de empleos ha sido la prioridad número uno del Departamento. Especialmente para los seguidores del partido en poder. Ya es tiempo de atender el problema en su raíz y entender que para mejorar la educación en PR tenemos que tener más control de nuestros procesos sociales y eso solo se alcanza erradicando el colonialismo en PR. La calidad del maestro define la calidad de la educación en el salón de clases. Tenemos que hacer más énfasis en la calidad de los educadores, no tanto en la cantidad de empleos. Estos cambios son improbables en la actualidad dado nuestra preferencia por el populismo gubernamental.

La inteligencia no es tan solo conocimientos en nuestras memorias. Las memorias de hoy se olvidan en un mañana próximo. La inteligencia es un conjunto de operaciones mentales que nos permiten resolver problemas de la vida y adaptarnos a nuestro medio ambiente social y físico. Estas operaciones que en el pasado parecían imposibles de reproducir en máquinas hoy son una realidad con la creación de las computadoras. Se predice que la inteligencia del ser humano será sobrepasada por computadoras en un futuro próximo. Tanto es así que se predice que con la descripción específica de nuestros genomas se podrá programar en una computadora con nuestro patrón específico de operaciones mentales y nuestro cerebro individual tendrá vida eterna en esa computadora. Con este descubrimiento la ciencia prueba que el alma reside en el cerebro, que mente y cuerpo son la misma cosa.

La película" Waiting for Superman" representa un tesoro de investigaciones sobre el tema de la educación. Entre otros hallazgos presenta que la calidad de los maestros es el factor de mayor peso en la calidad del proceso educativo. La segregación de estudiantes por niveles determinados de sus asumidas capacidades "Tracking" debe ser sustituido por altas expectativas para todos, y por una alta dosis de confianza y perseverancia para con las capacidades de todos Días escolares y un año académico más largo son indispensables para mejorar la calidad de la educación. La educación no puede ser de carácter insularista y exige aceptar el reto de la competencia internacional en las destrezas básicas de la lectura, escritura, ciencias y matemáticas.

Por sobre todo tiene que ser una educación relevante a la solución de los problemas de la vida moderna, con el pleno uso y destrezas de la tecnología moderna. La inteligencia humana evoluciona y las nuevas generaciones nacen sabiendo cosas que las pasadas generaciones desconocen, debido a esto los educadores deben de tener un gran compromiso con su desarrollo, actualización y crecimiento profesional.

Los Estados Unidos se encuentran por debajo de 15 países respecto al número de individuos con una educación universitaria. Varios países como Singapur superan el número de estudiantes competentes en matemáticas. Saber leer y escribir de manera inteligente es la cualidad requisito para poder aprender cualquier ocupación u oficio. Tanto en la lectura como la competencia en la escritura los EEUU está por debajo internacionalmente en los niveles de competencia de sus estudiantes, a pesar de que muchos países invierten menos dinero. Las iniciativas de Obama; Race to the Top, intentan mejorar esta situación mejorando la calidad de los maestros, las escuelas y la tecnología utilizada en el salón de clases. El presidente admite que aunque es cierto que existe un problema de desempleo grande, también existe un problema serio de que en esta economía muchas corporaciones no encuentran los individuos debidamente preparados para ocupar los empleos disponibles y los tienen que importar de otras naciones. Sus políticas educativas no son un ay bendito más, sino unas exigencias mayores a los maestros y estudiantes para mejorar la calidad de la educación. Tres cuartas partes de las escuelas en Puerto Rico se encuentran bajo supervisión por no mejorar la calidad educativa según esperado.

Para el año 2014 todo estudiante de la escuela pública al finalizar su escuela superior tendrá que poder leer, escribir, hacer operaciones matemáticas y tener los conocimientos básicos en ciencia de manera satisfactoria. Estas son las expectativas de la ley federal "Reforma Educativa 2002, mejor conocida como NCLB. El nivel de competencia es establecido consensualmente por expertos en educación de cada estado. En el estado de Massachusetts se ha establecido que el nivel de competencia al final el 4to año de escuela superior será el que consensualmente se haya aceptado para los estudiantes del 8vo grado. En otras palabras al finalizar el 4to año de escuela superior el diploma se otorga a aquellos que son proficientes a nivel de un 8vo grado. De no obtener este mínimo, medido mediante pruebas objetivas de conocimiento, no obtendrá su diploma, solo un certificado de asistencia.

Esto tendrá que ser así para el 100% de los estudiantes irrespectivo de su origen o impedimentos físicos y/o mentales. Todos los años las escuelas tendrán que demostrar mediante medición objetiva progreso en el logro de sus metas, irrespectivo de sus puntos de origen en los niveles de competencia. Aquellas escuelas que por cuatro años no demuestren mejoría en sus logros serán sujetos de un proceso de sindicatura por el Departamento de Educación donde todo el personal escolar está sujeto a remoción de sus plazas o despido, incluyendo el principal de la escuela.

La rueda no es necesaria reinventarla. Nuestro problema es la lucha por el control de los dineros entre los rojos y los azules en el departamento de educación, los estudiantes no son la prioridad. También se desprende del informe de Casa Blanca sobre Puerto Rico que el Departamento de Educación es el patrono más grande en PR. Tomando en consideración este hecho y los señalados por el Secretario de Educación Federal sobre los millones de dineros disponibles y no utilizados por el Departamento es lógico pensar que la eficiencia y efectividad en sus funciones han sido sustituidas por un batatal político partidista. En el Departamento de Educación de Puerto Rico al igual que la Universidad de puerto Rico (UPR) existe una empleomanía en guerra política, con ambos bandos políticos representados y su misión no es la educación del país, sino la lucha tribalita, político partidista de hacer lucir mal al contrincante político. Desde los tiempos de LMM el Departamento de Educación ha sido la agencia de empleos, compra votos, del gobierno en turno. En lugar de la lucha infantil tribalita deberíamos buscar consensos para tener un producto educativo de excelencia en nuestras escuelas públicas. Muchos se plantean la necesidad de modificar los procesos de negociación colectiva, modificando mediante legislación a los derechos de las uniones. La realidad obliga a que todos estemos dispuestos a renunciar a ciertos derechos adquiridos, que de continuar nos van a llevar a la bancarrota, entonces no habrá nada que repartir. Los tiempos futuros son y serán muy difíciles, pero si continuamos con el berrinche político partidista no vamos a salir del hoyo, porque Santa Claus no existe.

CAPÍTULO SEIS

La Universidad de Puerto Rico (UPR) la mini colonia:

Ahora está claro, los payasos se quitaron las máscaras en la huelga universitaria. Esto es simplemente una lucha por el poder administrativo en la Universidad, PPD vs. PNP.

No puede ser pura coincidencia que mientras en el Congreso de los Estados Unidos se debatía el futuro político de Puerto Rico, el paro de la UPR acaparraba la atención de la población. Era como si los universitarios estuvieran enajenados del momento histórico. En los momentos en que el dialogo de todos en PR podía ser modelado por los maestros y estudiantes, ellos mantenían la Universidad cerrada para la actividad intelectual e investigativa en una lucha de poder tribalista. El estado parálisis que históricamente nos ha caracterizado por 517 años de colonización en Puerto Rico, respecto a tomar una decisión final por un status no colonial, caracterizó la Universidad. Es como si el inconsciente colectivo del colonizado tomó control de los asuntos de la Universidad.

Paradójicamente, aquellos que mucho han hablado en el pasado en contra de los efectos tóxicos del colonialismo, en este momento crucial les dieron el frío olímpico y decidieron cambiar el tema de la colonización, por el de huelga universitaria. Como en el pasado el PPD desea empezar a hablar, solo si los Estados Unidos se comprometen a hacer lo que ellos digan. La primera vez, en el pasado mataron el proyecto con la misma demanda de RHC, deja vu. Está claro que los principales enemigos de los puertorriqueños son los congresistas hispanos, parece que su sed egoísta de pretender ser la voz de PR en Congreso, se ve amenazada y el poder corrompe.

Se hace obvia la politiquería de los síndicos en la Universidad. Para algunos síndicos es cuestión de hacer un préstamo, suena a las políticas del partido popular que llevó al gobierno a un déficit de miles de millones. La lucha de poder se hace evidente entre los miembros de la Junta de Síndicos. El PPD implícitamente toma la responsabilidad de la huelga, con las expresiones de resolver el paro universitario con un préstamo de dinero. Hablan como si Puerto Rico no estuviese en una recesión económica por los pasados 5 años, es como si la Universidad fuese la Iglesia en el tiempo del diezmo. No importa que el pueblo pase hambre ellos tienen que recibir el diezmo, que el Pueblo tiene que pagar para que ellos continúen en su torre de marfil enajenados de los problemas del resto de la comunidad. Populares tratando de gobernar sin mandato de pueblo, y contra el pueblo en beneficio de unos pocos, ese es el significado real de la huelga en la Universidad de Puerto Rico.

Desde sus orígenes y al presente, la Universidad de Puerto Rico y la administración gubernamental de turno han estado en abierto y evidente conflicto. Cuando Muñoz Marín se dedicaba a perseguir los disidentes independentistas, Jaime Benítez convirtió la Universidad en un santuario de los disidentes del gobierno. Disidentes del gobierno, no tan solo del gobierno puertorriqueño sino que también le dio albergue a disidentes de otros muchos gobiernos, incluso el gobierno norteamericano. Las tendencias fascistas del gobierno popular contra los independentistas de esos tiempos eran contrarrestadas por los movimientos pro democracia y libre expresión en la Universidad. Al pasar de los años la UPR se ha convertido en el último bastión de los independentistas y soberanistas nacionales. Paradójicamente el pueblo y su administración gubernamental se han transformado alejándose de los ideales independentistas, polarizándose hacia el anexionismo. Lo que vemos al día de hoy es más de lo mismo, la lucha tribalita del colonizado. Es el mismo espectáculo que escenificaron los líderes políticos ante el Senado de los EEUU en las vistas públicas del HR 2499. Todos somos responsables del cierre de la UPR con nuestro histórico fanatismo politiquero e infantil.

El derecho a la libre expresión no se viola con la presencia de la policía en la UPR. La policía tiene la obligación de proteger a los estudiantes que desean completar sus estudios y pasar sus exámenes de fin de curso para así obtener su grado académico. Si la presencia de la policía inhibe a un individuo a expresarse libremente es indicativo de un conflicto psicológico hacia las autoridades, que nada tiene que ver con el derecho constitucional de la libre expresión.

Estas manifestaciones de huelga están justificadas dentro de una lógica primitiva, de calidad mágica, característica de la personalidad del colonizado. Es la irracionalidad de la manada de animales que todo lo resuelven eliminando al que está en la posición de autoridad. La Universidad, como un microcosmos de la situación colonial, se mantiene en pie de lucha en la absurda pelea politiquera partidista. Todos en lucha para comerse un pedazo del bizcocho federal que sabe ha situado español. La Universidad está en riesgo mayúsculo de perder su sitial como la institución número uno en Puerto Rico de enseñanza superior. Todos sabemos que la UPR admite los mejores promedios académicos, que mayormente provienen de los que estudiaron en colegios privados y los que sus progenitores con el esfuerzo de sus trabajos los tienen viviendo en un nivel socioeconómico más alto que la mayoría. La UPR se ha convertido en un nido de jóvenes con pretensiones de líderes supremos, por eso se tapan las caras. El más pobre y con bajo promedio académico, con mucho esfuerzo y ayudas económicas estudia en las instituciones educativas privadas. En la UPR no se estudia con el propósito de combatir la pobreza. La UPR, con su sistema obsoleto de tipo monárquico corre el riesgo de desaparecer en este mundo de una economía competitiva y globalizada. Los estudiantes hacen cualquier cosa menos sentarse a estudiar.

El PPD que es parte de la lucha de poder en la Universidad de Puerto Rico. El paro de la Universidad de Puerto Rico en nada les beneficia a los estudiantes y futuros estudiantes de esta honorable institución. Hay que ser bien ingenuo para no darse cuenta de que lo que hay es una lucha por el poder entre los del PPD y los del PNP. Las tribus de colonizados se tratan de distribuir el poder en la administración universitaria. La realidad es que a ningún partido político o agrupación política o cuasi política, a nadie en el país, excepto a los partidos políticos se beneficiarían de un paro o tranque de la Universidad. La Universidad debe de permanecer abierta para los que deseen estudiar y completar sus actividades académicas lo puedan hacer. Los derechos a una educación de excelencia deben de ser protegidos para aquellos que deseen estudiar y no politiquear.

La enajenación del colonizado no se limita a los asuntos del status. Días antes de los sucesos en la Legislatura en Puerta de Tierra, un grupo socialista anunció públicamente que tomarían el Capitolio y anticiparon específicamente el día. No fue coincidencia de que ese era el último día para aprobar el presupuesto del gobierno de Puerto Rico. Era la última oportunidad legal para derogar la Ley 7, de emergencia fiscal, puesta en función por esta nueva administración gubernamental. Sin embargo el partido de minorías decide abandonar el foro legal, le da la espalda al dialogo y se une a la fallida toma de la casa de las Leyes de Puerto Rico. El supuesto golpe de estado solo fue un tropezón en el camino porque no pudieron derogar la ley. Una vez más el PPD falla en su deber legal de fiscalizar el gobierno y opta por convertirse en el partido de los "Contra". Estudiantes y profesores de la UPR inflados en su ego por la "victoria" en la huelga deciden dar la estocada final, tomar el gobierno, paralizar los trabajos y sentenciarnos a no tener presupuesto gubernamental hasta que ellos decidan. La realidad es que tendrán que ponerse a trabajar para poder demostrar que son competentes en su función principal que es educar y no hacer de la UPR un circo más de la politiquería partidista, típica del colonizado.

Ahora están todos los recintos condicionados a demostrar su competencia en el área educativa si es que desean continuar recibiendo los $200 millones de dólares federales. También tendrán que demostrar que son competentes educando si desean obtener acreditación por las agencias norteamericanas. Todos sabemos que son buenos haciendo de aprendiz de político, ahora necesitamos saber si son buenos educadores e investigadores científicos. Algunos expresan una visión fatalista de la Universidad de Puerto Rico. Son los que piensan que "todo tiempo pasado es mejor". Se obsesionan en el pasado y resisten ferozmente al cambio, se resisten a aceptar el presente como es y mejorarlo en camino al futuro. Prefiere vivir del recuerdo de las memorias gratas en lugar de cambiar. La naturaleza es sinónimo de cambio y es con este cambio que surgen las respuestas ante las nuevas adversidades. El Puerto Rico de hoy no es el de los años 40s. Vivimos en una economía globalizada donde competimos con todo el mundo.

La cultura es un ente dinámico y es reflejo de lo cambiante de la naturaleza. La Universidad debe de cambiar estas posturas de la famosa jerga comunista, de la lucha de clases en la época de oro, y modificarse ante la nueva realidad de países formando uniones ej., Estados Unidos, Estados Europeos, para así poder lidiar y competir honrosamente en este mundo. La Universidad tiene que perderle el miedo a competir con las universidades privadas para poder sobrevivir los tiempos presentes. La huelga en la UPR es un síntoma de un sistema administrativo disfuncional. La Universidad al igual que el Departamento de Educación han sido un nido de políticos y allegados de políticos. La politización en la Institución se ha debido a la solvencia económica que hasta el presente ha tenido la institución. Al igual que el gobierno en general, la excelencia, eficiencia y efectividad en los servicios no es el criterio primordial de admisión para los trabajadores, pero si su afiliación política. Cada vez que cambia el partido en poder se dan cambios en nombramientos. La Universidad admite los estudiantes con promedios académicos más altos, seleccionando así primordialmente los estudiantes de niveles socioeconómicos más altos y en mayor proporción los provenientes de colegios privados. La institución tendrá que transformarse para ser más competitiva y auto suficiente para así continuar sirviéndole al pueblo y no a los partidos y movimientos políticos.

La Universidad de Puerto Rico es reflejo de la lucha fratricida tripartita de todos los puertorriqueños. Lo que hay detrás de todo esto es una lucha por el poder administrativo de la Universidad, entre el PNP y el PPD, es una lucha contra la ley siete. La politiquería arropa a todo PR, todo se ve con el crisol tricolor, nada se lucha por el bienestar del pueblo. A todos nos conviene tener una Universidad abierta donde el debate intelectual sea la orden del día y con la prioridad de beneficiar al pueblo, no a un partido o movimiento político en particular. La Universidad debe ser ejemplo de la tolerancia a la diferencia individual con preponderancia del bien colectivo. Esta lucha pequeña es la que nos ha sentenciado a 517 años de colonización en PR.

La Universidad de Puerto Rico ha sido la Meca del debate político partidista, santuario del dilema del "status". No parece mera coincidencia de que próximo a aprobarse el proyecto HR 2499 en el Congreso de los Estados Unidos, diseñado por el Honorable Comisionado Pierluisi, que definirá todas nuestras vidas se decida paralizar sus funciones. Alejándose así de su función como centro intelectual de debate de ideas. A falta de ideas creativas deciden no estudiar ni acabar sus estudios académicos de todo el año. Enfrascados todos en una lucha por el poder de la administración universitaria. Estudiantes sin completar sus grados quieren sustituir a los administradores. De administradores del bien común del país se convierten en hienas rapaces político partidistas. Este es un ejemplo claro de la falta de conciencia socio, económico y política del colonizado.

Los estudiantes en huelga en la Universidad de Puerto Rico si verdaderamente tienen el compromiso de honor de asegurar una educación universitaria para todos en Puerto Rico solo tienen un camino a seguir, asegurar que el año escolar se complete sin interrupción. Los huelguistas no quieren ceder hasta que deroguen la ley 7, cosa que no pudieron hacer los sindicatos a pesar de sus intentos de paralizar el país. El mundo ha experimentado una grave recesión y Puerto Rico después de 5 años todavía no saca los pies del plato. La torre de marfil no puede estar exenta de los sacrificios económicos que el resto de la comunidad ha sufrido. La UPR no puede ser el Vaticano de Puerto Rico, hay que abrir la Universidad y aceptar la competencia intelectual que el sector privado ofrece. Si no pueden cumplir su labor educativa con los recursos que tienen, deben ser honestos y menos egoístas y darle paso a quien pueda hacerlo. Los tiempos de crisis no son para "prima donas".

Todo en Puerto Rico está matizado por política partidista. Desde sus comienzos la huelga universitaria ha sido una lucha de poder contra los que favorecen la anexión a los Estados Unidos y se oponen al populismo como orientación filosófica gubernamental. El PPD que perdió desastrosamente las elecciones pasadas todavía insiste en gobernar sin mandato. Usan la Universidad como trinchera de lucha porque es el único bastión que el Pueblo en elección popular no les arrebató. El modelo universitario es el mismo que quieren utilizar para decidir el status de Puerto Rico, una Asamblea Constituyente, donde unos pocos dicen representar la mayoría. El país continúa en crisis financiera y en recesión por los pasados 5 años, y la solución es coger prestado aunque esto conlleve a la larga el cierre total por falta de pago de deudas y crédito. En la mentalidad colonizada la lógica es mágica y la solución al problema financiero se resuelve narcisista mente, aunque el pueblo les ha dicho que sus políticas administrativas nos tienen donde estamos, en un hoyo. Es hora de todos contribuir para el bienestar de la Universidad.

Nací en San Juan y me crié en Rio Piedras y Arecibo. Viví en los mismos años de vida universitaria y fui compañero de escuela de Antonia Martínez. La audacia creativa de la juventud se debe promover y fomentar sin embargo es vergonzoso que la lucha tribalita partidaria, partidista, y provincial sea la que prevalezca. Es indigno y vergonzoso que la Universidad de Puerto Rico con todos sus componentes se mantiene sorda al momento histórico más significativo de nuestra historia colonizada. Ojala los gritos de Antonia no se los ha llevado el viento y todos en la Universidad tomen conciencia del momento histórico como colonia. Los estudios del Congreso nos declaran posesión de los Estados Unidos subordinados a los poderes del Congreso bajo la cláusula territorial de la Constitución de los Estados Unidos. ¿Dónde están las voces de la Universidad en su labor de educar al Pueblo sobre sus realidades socioeconómicas presentes y la discusión en el Congreso sobre nuestra condición colonial?

A la verdad que la personalidad colonizada no ha cambiado mucho a pesar del paso de las centurias. El colonizado pretende resolver los problemas creando conflicto no buscando consenso. Si la agencia acreditadora de la Universidad de Puerto Rico dice que tienen un problema de déficit presupuestario crónica, la solución es no pagar la cuota impuesta. Si la agencia acreditadora dice tienen un problema de gobernanza la solución es la desobediencia civil. Si el gobierno de los Estados Unidos requiere un consenso en la población de Puerto Rico para de una vez y por todas resolver el problema colonial de Puerto Rico, la solución es promover e incrementar la anarquía y el desorden social. Entre patadas, gritos, carreras, obstrucción de la educación del pueblo, desobediencia civil y conflicto tras conflicto sucede el devenir histórico del colonizado. La conducta del colonizado la domina sus genitales no su cerebro. Ante el inminente momento histórico de decidir si dejar de ser o no colonia, se quiere demostrar que no estamos en consenso para tan vital decisión. Aquellos que históricamente han pretendido luchar contra la colonia hoy luchan para que no se discuta el tema. La pasada huelga en la UPR coincidió con la discusión del caso de Puerto Rico en el Senado de los Estados Unidos, hoy coincide con la tan anticipada discusión del caso de Puerto Rico por Casa Blanca. Tanta coincidencia hace pensar que la personalidad del colonizado lucha por perpetuar la colonia en Puerto Rico. Así transcurre la historia, los perseguidos se convierten en los villanos y los villanos son hoy perseguidos, esto es la política de los tres chiflados en la colonia de Puerto Rico.

Desde sus orígenes la Universidad de Puerto Rico se ha distinguido por su activismo político. Don Jaime Benítez hizo de la UPR el asilo de disidentes políticos de todas partes del mundo, incluyendo a los Estados Unidos. Muchas de las prominentes figuras políticas que circulan en nuestros entornos isleños han sido protegidas por esta institución. Cuando en 1952, con la creación del Estado Libre Asociado, abdicábamos a nuestra soberanía nacional, le dábamos la espalda a la Independencia y nos sometíamos sumisa y subordinadamente a la Constitución de los Estados Unidos, la UPR se convirtió en el primer frente de rebeldía y lucha contra estos actos políticos. Mientras que en los cuarenta el movimiento independentista era mayoritario hasta convertirse en nuestros días en un movimiento minoritario, el movimiento estadista ha sufrido el proceso opuesto. La UPR sigue siendo como desde sus comienzos, el lugar donde se dirime el conflicto intelectual, político social y sirve como termómetro de la tensión producida por los cambios socio políticos en PR. El proceso es el mismo, los actores son los del partido contrario al de su fundación.

El informe de la agencia acreditadoras para la Universidad de Puerto Rico es claro, sencillo y preciso. Apuesto pesos a morisquetas que haremos con él lo que acostumbramos hacer con todo lo que suene a colonizador, burlarnos usando jaibería y cantinfladas enmarcadas en la personalidad colonizada de la política partidista tribalitas. Los dos puntos sobresalientes son la actitud tradicional por años de descaro y desvergüenza de ausencia de políticas fiscales responsables y de presupuestos balanceados. No tan solo se suele gastar más de lo que se tiene sino que no se conoce a ciencia cierta con lo que se cuenta de día a día.

Entrelazado con esta actitud de incompetencia administrativa fiscal, está la incompetencia de las estructuras que gobiernan la Universidad. De este informe se desprende que aunque en el papel y el organigrama administrativo el poder supremo reside en la Junta de Síndicos, esta no es sino un sello de goma del Presidente. El Presidente actúa como un dictador con comunicación solo en una dirección de arriba hacia abajo cuando de tomar decisiones se trata. La responsabilidad fiduciaria de la junta de Síndicos brilla por su ausencia.

Dentro de este desastre de incompetencia y anarquía es fácil de entender y poner en contexto el paro y la huelga universitaria. Cuando en el hogar los padres están en conflicto organizativo los hijos campean por su respeto. Con este modelo disfuncional organizativo no podemos esperar menos de la presente sociedad en caos en Puerto Rico. Es el mayor descaro administrativo proponer como solución del problema de la huelga la creación de otra estructura, en burla y desprecio de las estructuras organizacionales presentes. Esto de por sí es una admisión implícita de la incompetencia del presidente de no poder actuar de manera eficiente y efectiva dentro de la presente estructura administrativa de la Universidad de Puerto Rico.

El origen de las universidades se remonta a los monasterios, siendo los religiosos los diestros en la escritura y la lectura. La Universidad se organiza para acoger el universo de ideas en centros donde se podía educar a la comunidad, en lugar de los distintos y diferentes talleres de aprendices sin un diseño establecido. De aquí que aprender a leer y escribir es clave para todo tipo de aprendizaje en la vida. Desde entonces las universidades internamente han debatido su misión entre posiciones conflictivas. Por un lado algunos sostienen que la misión debe ser la de abrir en el individuo un mundo de ideas ampliando así su perspectiva de vida y sentido humanista. Por otro lado muchos sostienen que el conocimiento no tiene utilidad alguna si no está ligado a la práctica de resolver problemas de la vida real. Dentro de estas dos perspectivas principalmente transcurre el día a día de nuestros centros de educación superior.

Por muchos años la Universidad de Puerto Rico ha sido caracterizada como la Torre de Marfil dedicada a crear idealistas que viven un sueño de utopías desvinculada de las realidades de la sociedad contemporánea. El Recinto de Ciencias Médicas ha sido una excepción a este patrón. Me consta de conocimiento personal como durante mis estudios en el cuarto año de medicina a través de la Escuela de Salud Pública, diseñamos los estudiantes varios programas para atender los problemas de salud pública que se exponían en aquel tiempo los autos denominados rescatadores de terrenos. Personalmente endoso proyectos de este tipo que facilitarían una contribución significativa de nuestro principal centro docente la Universidad de Puerto Rico en la solución de problemas que Puerto Rico como sociedad enfrenta en este mundo plagado de retos muy difíciles y sumamente competitivos. El reclamo de autonomía universitaria es igual al reclamo del adolescente, que quiere tomar las decisiones en el hogar de su familia sin aportar económicamente. Para lograr la verdadera autonomía tendrían que madurar y crear fuentes de financiamiento autosustentable y minimizar la dependencia casi absoluta de papá gobierno.

Es sorprendente la reacción del Presidente de la UPR ante los señalamientos de la agencias acreditadoras. Su actitud revela una tendencia dictatorial e incompetente en el manejo de personal en una organización tan compleja como la Universidad de Puerto Rico. Si la agencia acreditadora es honesta la repuesta lógica y razonable es recomendarle al Presidente que renuncie de su puesto y le deje paso a alguien con las destrezas necesarias para el manejo de los recursos humanos de una institución de educación superior como lo es la Universidad de Puerto Rico. Ninguna agencia gubernamental escapa a la politiquería, incluyendo la UPR. La incompetencia politiquera oblitera el quehacer ocupacional de todos en la colonia. Cada discurso y comentario tiene connotaciones políticas partidistas más que sustancia cualitativa. La Universidad de Puerto Rico dentro del sistema de sumisión y sometimiento colonial ha servido para adoctrinar a los individuos dentro de las bondades del sistema colonial. Indoctrinación de corte populista, así como han sido las administraciones gubernamentales coloniales. Han servido el propósito fundamental de defender la posesión territorial de Puerto Rico para los norteamericanos. Como sumisos lacayos los profesores han sido ejemplo de sumisión y carencia de pensamiento crítico, así como de miedo a la autosuficiencia que surge del trabajo propio y no del trabajo subsidiado por los federales. Hace tiempo le vendieron el alma al diablo. Con disfraces de intelectuales, estudiantes y profesores han creado un monstruo de individuos rebeldes y dependientes que le temen al trabajo como el diablo a la cruz. Hoy en día su misión se ha convertido en desviar la atención del pueblo hacia ellos y evitar el proceso de descolonización, usándose como ejemplo de las bondades de la colonia.

Hay que distinguir que esta huelga universitaria es un cantinflada de categoría. Si los estudiantes y profesores protestaran de manera pacífica y ordenada permitiendo la actividad intelectual no habría necesidad de policías en la Universidad de Puerto Rico. El cerebro lugar donde se originan las ideas no es una mogolla anárquica como antes se creía. La inteligencia para ser debidamente estimulada sigue una lógica de ordenamiento sistematizada. El cerebro recibe información interna y externa que es asimilada y acomodada dentro de esquemas perceptual motores dentro del cerebro, análogos a los sistemas de ordenamiento de información en las computadoras. La Universidad para que cumpla la función de ser creativa en la función de estimular el crecimiento y desarrollo de ideas en los individuos también requiere de orden. Los estudiantes que deseen ser administradores pueden aprender a serlo en la escuela de administración, los que deseen en el futuro ser políticos deben de asistir a Ciencias Sociales y aprender de las enseñanzas de sus expertos profesores. El problema grave en la Universidad es que se quiere hacer ver y creer que la anarquía es el procedimiento correcto a seguir para derogar esta administración gubernamental en Puerto Rico, que fue electa mediante voto popular y procedimientos democráticos.

La asepsia política inexistente en PR también ha contagiado a la UPR y se hace evidente en los que favorecen la Asamblea Constituyente en lugar del voto popular. Están ensayando en la Universidad para poder así justificar su posición ante los ojos del Pueblo de Puerto Rico. Han escogido mal el ejemplo de efectividad de tal procedimiento usando la Universidad, pues allí todos quieren ser administradores y ninguno quiere ser estudiantes y/o profesores. Muchos jefes y pocos indios, cualquier semejanza con el comportamiento del colonizado en la colonia de Puerto Rico NO es mera coincidencia.

La crisis en la Universidad es una expresión de lo difícil que es la transición de la vida estudiantil hacia el mercado laboral. Tener un bachillerato hoy en día no asegura un empleo. Por mucho tiempo el gobierno fue la principal fuente de empleos para esos bachilleratos. Con una nómina gubernamental más pequeña, una nueva economía de inteligencia y globalizada, hay que ser creativo para conseguir un espacio en el mercado laboral. Con una tasa de desempleo y subempleo tan altos en Puerto Rico todos en la Universidad deberían de juntos colaborar para para diseñar soluciones y resolver este problema tan grande en Puerto Rico. La crisis en la Universidad es una muestra de cómo colectivamente atendemos nuestras necesidades en la colonia, como perros rabiosos hambrientos. Imaginémonos el día que haya que pagar impuestos federales o el día en que las ayudas federales se acaben. Lo que van a conseguir los huelguistas es perder la acreditación, las becas federales, mantener el estado de emergencia fiscal por más tiempo y la recesión se agravará. Al parecer el PPD es experto en cierres, primero el gobierno ahora la Universidad.

La cultura de administración populista es obvia de que impera en la Universidad de Puerto Rico. Dan ejemplo de la mentalidad del colonizado que ve en el gobierno el Todopoderoso. El informe de la agencia acreditadora de la Universidad señala que el déficit presupuestario es crónico en la institución. Con un gobierno en déficit y una economía en recesión por los pasados cinco años la Universidad no tiene donde recurrir excepto a sí mismos y sus capacidades productivas. Para salvar la acreditación todos tendrán que contribuir económicamente y aceptar la realidad de que aun con los $800.00 de aumento en la cuota, la Universidad de Puerto Rico, es la opción más barata para una educación universitaria de excelencia en Puerto Rico, esto es de mantener su acreditación.

La huelga en la Universidad persiste porque la prensa usa los estudiantes para hablar pestes de la presente administración. Si no tuvieran tanta cobertura hace tiempo estarían dialogando constructivamente. La huelga es la solución por excelencia del colonizado ante sus problemas económicos. Durante los tiempos de la esclavitud el no trabajar era el único medio accesible al esclavo para modificar su condición de vida. El colonialismo es un tipo de esclavitud donde los colonizados carecen de la representación proporcional y justa en las estructuras de poder del colonizador que puedan modificar las condiciones de vida del colonizado en la colonia.

La huelga ha sido tradicionalmente el mecanismo preferido por la mayoría de la población de colonizados que vive en Puerto Rico. De la población apta para trabajar en Puerto Rico solo trabaja un 40% y de esos gran numero solo a tiempo parcial. El no trabajar en la colonia es el medio preferido por el colonizado de hacerse sentir en sus reclamos. El colonizado con poca inherencia en el proceso decisional también usa la huelga (el no trabajo o no estudio) como método más efectivo para fastidiar a los demás. Es como la actitud del perro del hortelano; que ni come ni deja comer. La huelga también ha sido tradicionalmente el método preferido por las uniones para tratar de mejorar sus condiciones de trabajo. Es análoga a la guerra y el terrorismo en contraposición de la diplomacia en la solución de las diferencias entre naciones.

La Universidad de Puerto Rico ha sido hasta ahora vista como el nido generador de ideas en la aceptación de las diferencias políticas en los tiempos en que los gobiernos en Puerto Rico se dedicaban a perseguir, abusar y hasta matar a los independentistas porque defendían su ideal. Sin embargo hoy día son los estudiantes lo que han asumido la apariencia de terroristas en ataque a la administración favorecedora de la estadidad para Puerto Rico. En este sentido se mantienen los mismos procedimientos excepto que se han revertido los roles. Es paradójico que a nivel universitario se continúe en una actitud adversa a el dialogo entre las partes, cuando tan pronto como dos semanas el Presidente Obama hará historia en Puerto Rico abriendo el dialogo entre la Presidencia de los Estados Unidos y el Pueblo de Puerto Rico, poniendo sobre la mesa asuntos que van a la raíz de los conflictos tradicionalmente defendidos por los universitarios.

Los retos de la Universidad de Puerto Rico incluyen la superación de los déficits económicos perennes en la institución, mala administración de los bienes universitarios, dependencia casi total de los dineros del gobierno central, las contribuciones del pueblo y ayudas federales, falta de productividad y creatividad económica, pero por sobre todo abandonar los estilos tradicionales generadores de conflicto en lugar de búsqueda de consensos. La lucha política es anticipada y esencial para la vida en la democracia. Sin embargo lo difícil de entender en esta lucha es el comportamiento propio. Tanto estudiantes como profesores de la Universidad de Puerto Rico deben de una vez aceptar que ellos deben de contribuir más para el mejoramiento de la Institución. Parte de esa contribución debe de ser económica, todos tenemos el deber de ayudar económicamente nuestra institución.

Ellos también tienen una responsabilidad de mejorar los procesos democráticos internos de la institución, participando efectivamente en toda estructura administrativa descrita en los reglamentos y leyes en la Universidad. Nadie debería negarse a contribuir económicamente para la salud financiera de la Institución. Los ex alumnos también tenemos una obligación y si se reforma contributivamente el deducir 100% de fondos donados, nadie tiene excusas. También tienen que entender que en la democracia no hay vacas sagradas y se aboga por que nadie esté sobre la ley. Protestar sin interrumpir el quehacer docente es una obligación de estudiantes y profesores. A nadie se le debe de impedir participar ininterrumpidamente en su proceso educativo. Quien viole este derecho contra los demás se le deben de formular cargos criminales. La juventud no da excepción para violar la ley. El respeto a la ley tiene que comenzar antes de nacer.

La raíz del problema no es financiera, ni política es personal. Solo hay malos perdedores que se resisten a abrogar la autoridad en su último bastión de poder, la Universidad, porque ya todos los otros los perdieron. Por el otro lado solo malos ganadores, quienes por sus propias inseguridades están embriagados con el poder, semejante a una adicción. La organización acreditadora de la Universidad de Puerto Rico (Middle State Commission on Higher Education) señala en su informe las faltas en el déficit presupuestario crónico en la institución y sus problemas de gobierno, entre otros. Las propuestas económicas de los distinguidos profesores para acabar con la huelga parecen ser de tipo politiquero más que unas dirigidas a resolver los problemas señalados por la agencia acreditadora. Se hacen de forma pública como políticos en busca de votos y no como parte del dialogo dentro de las estructuras presentes en la Universidad, para sí ayudar a resolver el problema de anarquía gubernamental presente en la Universidad. Es obvio que no tan solo esperan administrar la Universidad, sino también la Legislatura y el Ejecutivo. Parece que no tienen paciencia para esperar dos años más para entonces democráticamente mediante el voto popular derrotar la administración electa presente. Estoy seguro que todos favorecen la Asamblea Constituyente en lugar del voto popular para resolver el problema colonial en Puerto Rico. La matemática corrobora mi aseveración de los $240,000 - solo $45,000 los aportan ellos, los profesores, los restantes $195,000 la administración y el gobierno. Es obvio el ataque a la ley 7 y el deseo de administrar los fondos que se espera se generen de los impuestos a las corporaciones foráneas.

Esta actitud de rebeldía ante la administración presente y el electorado que la eligió creo que no los conduzca al éxito electoral en las próximas elecciones. La actitud de dependencia económica hacia el gobierno es parte de la filosofía gubernamental populista que nos tiene sumergidos en un estado colonial en recesión perenne por los pasados años. El problema del estatus de probatoria en los 10 recintos universitarios solo se resolverá con la colaboración, el trabajo propio y la buena administración de los recursos propios de la Universidad de Puerto Rico. El estado de mantengo colonial se debe de resolver en la colonia de Puerto Rico y en la mini colonia de la Universidad de Puerto Rico.

La personalidad colonizada se caracteriza por la preponderancia de las leyes del reino animal; si eliminamos al macho alfa los problemas se resuelven. Promover el desorden estudiantil, frenar el aumento en la matrícula y botar al Presidente no resuelve los problemas señalados por las agencias acreditadoras de la Universidad de Puerto Rico. El problema de déficit presupuestario debe ser la primera prioridad. Hay que diseñar formas para aumentar los ingresos de la Universidad, en lugar de protestar hace falta soluciones provenientes del estudiantado, maestros, administradores, trabajadores y la comunidad en general que se preocupan y les importa el bienestar de la Universidad. La situación es tan grave que es importante dejar de buscar ventajas políticas pues esto solo retrasa la implementación de soluciones reales y efectivas. La misma agencia acreditadoras cita ejemplos existentes en varios recintos que deben promoverse a nivel general. Segundo el sistema de contabilidad debe ser mejorado para tener información actualizada al instante. Es sorprendente como el primer centro docente donde se enseña contabilidad no cuente con un sistema computarizado moderno y eficiente, les recomiendo Quicken. La junta de Síndicos necesita adiestramiento urgente en lo que son las funciones y responsabilidades reales de dicho organismo. La diversidad de puntos de vista enriquece el espectro de soluciones si se deja afuera la lucha política tribalita colonizada. La comunicación dentro y entre el sistema debe de ser inclusive de toda la comunidad universitaria, los grupos guiados por avanzar sus egos y convicciones políticas deben darle paso a la comunidad general y promover su participación. En resumen todos en la Universidad de Puerto Rico tiene el deber de cambiar sus estilos para promover los verdaderos procesos democráticos y así ser ejemplo de una comunidad pluralista que une esfuerzos para resolver sus problemas y mantener la acreditación de nuestro primer centro docente.

La Universidad de Puerto Rico es un Centro de Estudio y Trabajo Investigativo continuo sobre nuestras realidades. La misión de estudio y trabajo debe de ser NO interrumpida. La huelga es un atentado a cumplir con los principios fundamentales del quehacer académico. Los que promueven la huelga promueven el cierre de la Universidad para incumplimiento de su misión. Ellos serán los verdaderos responsables del cierre de la Universidad por perdida de su acreditación. La Universidad de Puerto Rico no es una vaca sagrada. Esta no debe de ser juzgada por actos de fe y frases bonitas. Tenemos que re pensar su funcionamiento, metas y objetivos. Hacen falta números, criterios objetivos de evaluación. ¿Cuantos de sus graduados consiguen trabajo en nuestra comunidad? ¿Son sus ofertas educativas efectivas en satisfacer las necesidades de nuestra pobre economía? ¿Cómo se promueve el pensamiento crítico dentro de la institución y su función de resolver problemas reales de la vida en Puerto Rico? ¿Cuán relevante son sus funciones en términos de acabar con el sistema colonial que vivimos en PR? ¿Qué clase de modelaje se vive dentro de la institución en término de tolerancia a distintos puntos de vista y diferencias en solución de estos problemas?

La Universidad de Puerto Rico por ser una Universidad no está exenta de los principios básicos que rigen el comportamiento humano. Los seres humanos tenemos tres cerebros en uno, el viejo (Pons y Medula), el medio (núcleos talamicos) y el nuevo la (Corteza), esto a vuelo de pájaro. El comportamiento humano es mayormente controlado por el viejo (las necesidades básicas para sobrevivencia comer, respirar, etc.) y el medio, las emociones, miedo, coraje etc.). El cerebro nuevo, (la Corteza) es el editor, inhibiendo y estimulando al viejo y al cerebro medio. Las emociones en la colonia de Puerto Rico están altamente estimuladas por los recientes cambios políticos, donde el partido pro estadidad parece estar consolidándose como partido único para largos años, posición que históricamente retuvo el Partido Popular por mucho tiempo. La supremacía histórica está amenazada para un gran número de individuos en Puerto Rico y por ende la satisfacción de las necesidades básicas y las emociones de su feligresía. Los 517 años de colonización en Puerto Rico nos han mantenido funcionado a nivel primitivo, en base de una lucha sostenida por la satisfacción de las necesidades básicas y el placer de la lucha tribalita, tricolor, colonizada politiquera que servil y sumisamente hemos beneficiado al colonizador para mantener su poder imperial sobre la colonia. El consenso anticolonialista tan fundamental para deshacernos de este estado obsoleto, denigrante al ser humano nunca ha sido logrado por el pueblo de Puerto Rico. Esto es mucha función cortical para el cerebro subdesarrollado del colonizado. En el momento en que se aproxima la confrontación presidencial del Presidente Obama sobre si realmente queremos deshacernos del régimen colonial, son muchos los que tiemblan y esconden su miedo detrás de intransigencia. No es consenso lo que hace falta en la Universidad de Puerto Rico, es la supremacía de la Corteza Cerebral en todos nosotros.

La UPR es representativa de la actitud populista de las administraciones gubernamentales en PR. Estamos acostumbrados a elegir a quien nos da más y nos exige menos responsabilidad individual. Para el gobernador es un dilema pues se debate en sí el político que desea ser re electo y el reformador que desea un cambio de actitudes en los individuos incluyendo estudiantes y profesores, hacia mayor responsabilidad individual y menos dependencia hacia el estado. Los problemas económicos de la UPR al igual que los de PR se resuelven aumentando la productividad, eficiencia y efectividad del quehacer comunitario. El componente de servicios a la comunidad distingue al Recinto de Ciencias Médicas de los demás. La UPR debe de enfatizar la actitud de resolver problemas en lugar de quejarse y protestar de sus problemas. La caridad comienza en la casa. La UPR no es autónoma, es dependiente de los fondos del gobierno y de todos nosotros los que pagamos impuestos. La UPR no genera sus propios dineros, ni tampoco cuenta con un plan viable y práctico para generar estos ingresos. Tanto la labor educativa como la investigativa tienen un componente de servicio práctico que tiene valor de cambio para la comunidad en general, o mejor dicho lo pudiera tener. La raíz del problema de la Universidad reside en su inhabilidad de ser autosustentable. Esta es el mejor ejemplo del colmo del colonizado dependiente. Parecido a los independentistas y soberanistas que reclaman autonomía con el dinero de los contribuyentes norteamericano, la Universidad debe de asumir mayor responsabilidad y productividad para satisfacer sus necesidades.

Los $800.00 por los que luchan en contra los universitarios en la UPR solo son el símbolo de lucha contra la ley Siete. Los intelectuales que fomentan esta lucha solo representan el estereotipado, simplista, conflicto primitivo de la lucha partidista, trivializada de nuestros políticos colonizados. Es una lucha simbólica cuya agenda escondida es el intento de derrocar el estado de emergencia fiscal que declaró el Gobernador. Todo se reduce a una lucha primitiva, irracional contra las autoridades representadas en el gobierno y la administración PNP. El nivel intelectual de la lucha universitario nunca ha rebasado la lucha tricolor. Los clichés son los mismos años tras años, no hay nada nuevo bajo el sol universitario. Las consignas son las mismas y se repiten generación tras generación de clases graduadas. El debate no rebasa el nivel primario de las ideas sin finalidad práctica. El estructuralismo sociológico no tiene cabida en la acción de protesta infantil de estudiantes y profesores. Todos pelean por mandar y balancear la chequera a su manera sin aumentar la columna de ingresos con los recursos propios. Este es el mismo comportamiento en microcosmos que el colonizado en Puerto Rico exhibe, dependiente de las ayudas federales no de su propio trabajo y esfuerzo.

No hay diferencia excepto que gritan más y la rebeldía de la juventud los acompaña. Todavía espero la primera idea inteligente que atienda el déficit presupuestario económico, tradicional en la institución y que responda al trabajo y esfuerzo propio de estudiantes y profesores de la institución. Como institución y como país todavía estamos en la etapa de desarrollo de la adolescencia reclamando soberanía e independencia ante los padres (administradores universitarios y el Congreso de los Estados Unidos) pero con su dinero. Los universitarios merecen el adjetivo de mini colonizados.

Los estudiantes inteligentes, articulados, rebeldes y llenos de energía han sido utilizados por la oposición política, para tener un frente visible de combatividad y vida política, están en sus últimos aleteos de muerte. Lo han perdido todo y se resisten a aceptar la realidad de que no fueron re electos para continuar administrando la colonia, tan deseada y protegida por todos ellos. Peor que eso es la perspectiva del guisito de la colonia donde todo es gratis está próximo a desaparecer. Estudiantes y profesores están actuando como adolescentes que quieren administrar el hogar familiar nuclear sin contribuir en nada con las finanzas de la familia. Les falta mucho para madurar y ser adultos que entiendan que el UNICO camino para la Independencia económica es la autosuficiencia, eres independiente cuando produces lo que necesitas.

Yo consideraría una lucha justa (la huelga en la UPR) si estuviera encaminada a mantener la acreditación de nuestro premier centro docente. Me siento muy apenado de que la meta de todos es el cierre y la perdida de acreditación de la Universidad de Puerto Rico. Soy producto de la Universidad de Puerto Rico y me siento muy orgulloso de la educación recibida. Le agradezco a la Universidad de Puerto Rico la preparación que me ha hecho exitoso en el estado de Massachusetts, el número uno en educación superior internacionalmente. La eliminación de los ochocientos pesos de la cuota propuesta, no va a corregir la mala administración de recursos perenne en la institución, ni siquiera van a corregir el déficit multimillonario de la institución. Solo es una colateral para un préstamo y no resuelve el problema de mala administración crónica en la Universidad de Puerto Rico. Esto no va a ser suficiente para las agencias acreditadoras para mantener la acreditación. La cuota es una lucha pequeña dentro de los graves problemas en la institución. Nadie ni la administración, estudiantes o profesorado han podido articular una solución inteligente que resuelva este problema económico, excepto por seguir cogiendo prestado y que paguen los nietos. En el Recinto de Ciencias Médicas los profesores trabajan una práctica intramuros que genera los dineros suficientes para el pago de sus salarios. La educación universitaria es la mejor inversión económica que cualquier individuo o familia puede hacer. Nada le devuelve más por dólar invertido. En promedio un individuo se gana en su vida productiva de dos a tres millones de dólares más que un individuo con solo un cuarto año de escuela superior. Hay que estar ciego para no darse cuenta que esto es una lucha irracional, politiquera de ambas partes dirigidas a cerrar la Universidad, con la estrategia en mente de ganar las próximas elecciones. Todos ansían el cierre con la esperanza que le echen la culpa al contrario y sean castigados en las elecciones próximas. En la colonia todo está condicionado a ganar las elecciones, esto otorga el poder político de administrar los bienes del pueblo para beneficio de sus seguidores. El PNP ansia que el cierre sea motivo para culpar los contrarios de que por unos pesos se perdió la acreditación y las ayudas federales. Los otros piensan que le echaran la culpa al PNP y ganaran las elecciones pensando que la intransigencia administrativa fue la culpable. Nuevamente la politiquería colonialista domina la sociedad puertorriqueña.

En la UPR el problema es su financiamiento total con dineros de los contribuyentes. El vivir a costa de los contribuyentes se ha convertido en la misión de la UPR. La eficiencia y efectividad de sus servicios no tienen relevancia para esa comunidad. Nadie habla de la calidad del aprendizaje obtenido posterior a la inversión millonaria de dineros del contribuyente. Estudios recientes en los Estados Unidos demuestran que el aprendizaje promedio en términos de pensamiento crítico y la capacidad de resolver problemas significativos de la vida no mejoran mucho desde el primer año de estudio hasta finalizar el bachillerato. Las instituciones universitarias se han idealizado y sus servicios no han sido debidamente fiscalizados. Se invierten millones de dólares y la mayoría de los estudiantes no completan sus estudios. La mayoría termina en el desempleo sin poder asegurar un trabajo. Tenemos que pensar bien como se invierten estos miles de millones de dólares, en consideración de la baja productividad nacional, de manera estos dineros tengan un impacto positivo en la calidad de vida en Puerto Rico.

Los factores irracionales en las huelgas en la UPR envuelven a un grupo de profesores y estudiantes con severos conflictos con figuras de autoridad, que han sido manipulados por la oposición política del actual gobierno como clara amenaza de lo que serían capaces de hacer de continuar con los esfuerzos de hacer Puerto Rico el estado 51 de los Estados Unidos. Para lograr un saneamiento en la Universidad de Puerto Rico es indispensable ponerle fin a la lucha por el "status". Esto es lo que es la raíz de los problemas en la institución. Mientras no decidamos de una vez y por todas a tomar la decisión final y mayoritaria, la lucha continuará, no seamos ingenuos.

No se debe de convertir la "Torre de Marfil" en una vaca sagrada. En los EEUU estudios recientes cuestionan la calidad de las instituciones universitarias y cuanto aportan al proceso de aprendizaje, los resultados son decepcionantes. El pensamiento crítico no hace grandes avances con la educación universitaria. Contrario a convertirla en vaca sagrada, la UPR debe moverse hacia mayor objetividad, transparencia y responsabilidad sobre su tarea educativa. Solo unos pocos completan sus estudios porque carecen de las destrezas elementales para el aprendizaje. Al finalizar sus estudios algunos no pueden escribir una carta bien hecha y mucho menos un ensayo de veinte paginas o más. Peor aún muchos con bachillerato carecen de una ética productiva y responsable hacia el trabajo tampoco conocen de las definiciones de recesión económica, baja productividad nacional y colonialismo en Puerto Rico.

CAPÍTULO SIETE

El estado de la salud pública en la colonia:

Los datos científicos en los estudios del Medicare sobre los hospitales en Puerto Rico confirman lo que muchos han sospechado por años; es trágico enfermarse en Puerto Rico. Las hospitalizaciones por razón de pulmonía y condiciones cardiacas están asociadas a mayor mortalidad que hospitalizaciones en cualquier otro hospital comparable en los EEUU. Se refieren estos escritos a los hospitales, pero el hospital es el último recurso del sistema de salud para mantener la población saludable. Debemos pues entender que cuando finalmente llegan a ser hospitalizado es porque el sistema de medicina primaria y secundaria también ha fallado. Por muchos años, el sistema de salud aquí como en los Estados Unidos ha padecido del mismo mal que el sistema financiero, esto su falta de regulación. La regulación en el presente se lleva a cabo en las cortes mediante demandas de mala práctica. Los cuales también son espantosamente altos en PR.

Desgraciadamente nuestro sistema de salud es financiado significativamente por fondos federales, destinados a ofrecer servicios a los pobres. Por ser una colonia, no participamos justamente en la distribución de estos dineros. Sin el pago de impuestos federales, que es lo que permite el financiamiento de estos servicios, los fondos recibidos son mínimos. Ahora los republicanos amenazan disminuirlos más para reducir el déficit en los EUU. El problema básico de los servicios de salud en PR no es económico. Dos terceras partes del gasto en servicios de salud van dirigidos a atender las enfermedades crónicas y sus consecuencias en quien las sufre. La mayor parte de estas como son la diabetes, las enfermedades del corazón, la artritis y la hipertensión están causalmente vinculadas con la obesidad. La obesidad es considerada el principal problema de salud pública en los Estados Unidos.

Para nosotros la obesidad tiene un significado distinto pues usualmente decimos; está saludable, gordito y coloradito. La raíz de esta percepción equivocada, de ver la gordura como símbolo de salud y no de enfermedad se encuentra en nuestro historial de salud pública. Tan reciente como los años cincuenta las principales causas de muerte en Puerto Rico eran la tuberculosis y las diarreas. En ambas el individuo pierde peso y se ponen flaco, así que aprendimos flaco es a enfermo como gordo es a saludable. La mayor parte de las enfermedades crónicas son prevenibles al igual que la obesidad. El sistema de salud norteamericano ahora por legislación se mueve a su fase preventiva y al mantenimiento de cuerpos saludables en lugar de su presente prioridad de medicina curativa, paliativa secundaria y terciaria. El modelo de moda será estar flaco y activo, lejos de ser la Chacón.

La reforma de salud que se está filtrando a los medios noticiosos en los EEUU es semejante a la ocurrida en el estado de Massachusetts. En esta es compulsorio comprar seguro médico, y si no se multa a la persona a través de los impuestos. La multa es aproximada la mitad de lo le costaría el seguro. El gobierno provee subsidios y un plan a menos costo, financiado con dineros de los tributos federales. Cualquier reforma del sistema de salud en Puerto Rico está condicionada al futuro de la reforma de salud en los EEUU. Todos sabemos que una porción significativa de los dineros utilizados en PR para ofrecer los servicios de salud pública provienen de los fondos federales para el "medicaid". En la posible reforma en los EEUU estos fondos no van a crecer. Se estima que para cubrir el 97% de los americanos con un seguro médico se necesita mínimo de un trillón de $$$ en 10 años. De donde va a salir este dinero es el problema. Se habla de un impuesto adicional en los beneficios médicos a las personas que ganan más de $250,000, no expandir los beneficios del medicaid, obligar a los patronos a pagar parte del seguro o multarlos sino pagan, ya Wal Mart accedió a pagar, también de obligar a toda la población a pagar su seguro o multarlos, los indigentes tendrían ayuda del gobierno.

Todas estas medidas van dirigidas a eliminar la división entre el sector publico vs privado de la salud. El sector privado aumenta las primas para así compensar por la falta de pago del sector público. Parece evidente que los Senadores norteamericanos no desean que el gobierno se constituya en proveedor de servicios de salud. Tanto los médicos como los tratamientos son sujetos de análisis de calidad en los sistemas más avanzados como el del Reino Unido. En este último existe una organización que se dedica a evaluar la efectividad de los tratamientos en términos de prolongar la vida de los pacientes y disminuir la hospitalización. Ya en los EEUU algunos planes médicos sacan de sus afiliados a los médicos con los índices de salud en su población más bajos. En Massachusetts se estudia la posibilidad de cambiar la manera que se paga a los médicos. En lugar de pagar por visitas y procedimientos se considera pagar una cantidad fija por paciente. La teoría detrás de esto es que el pago se haga por la excelencia de los servicios en mantener al paciente saludable al menor costo posible. De esta manera se recompensa la salud no la enfermedad.

Definitivamente Obama ha hecho historia al conseguir que el Congreso aprobara la reforma del sistema de Salud en los Estados Unidos. Es un paso adelante en la lucha de los derechos civiles de los norteamericanos. Es importante observar que el acceso a los servicios de salud de calidad se amplía a un gran costo económico. En la reforma aprobada al igual que en el sistema de seguro social es obligatorio a todos los ciudadanos en los EEUU comprar seguro médico. Esta obligación que ahora será compartida con la población general, a la larga reducirá sustancialmente el déficit económico del gobierno federal. Esto es así pues cuando una gran porción de la población no tiene seguro en última instancia paga el gobierno. Ahora con la reforma de salud en los EEUU es una responsabilidad del ciudadano norteamericano invertir económicamente en su salud. Además de la responsabilidad individual la reforma de Obama también ataca la desigualdad en riquezas creado nuevos impuestos a los ciudadanos ricos para financiar los alcances del "medicaid "y los centros de compra de seguros.

El ganador principal con un gobierno más pequeño es aquel que paga sus impuestos y es trabajador. Menos servicios, conlleva menos empleomanía, menos gastos y eventualmente resulta en menos impuestos a pagar. En 10 años el acuerdo llegado en el presupuesto federal entre el Presidente y el Congreso ahorrará 500,000 millones de dólares. Los republicanos van hacer la promesa de menores impuestos para todos su carta de triunfo para las elecciones en 2012. Ya Obama ha prometido trabajar para re estructurar los programas de Medicaid y Medicare. El primero es el principal sostén del sistema de salud en Puerto Rico.

La Ley de Reforma de Salud de los EEUU aprobada recientemente obliga a todo el mundo a comprar seguro médico, algo que los republicanos dicen es inconstitucional y pronto se examinara por el Tribunal Supremo de los EEUU. De revocarse el plan los programas que ofrecen servicios médicos gratis a la población serán seriamente afectados. La situación de un gobierno más pequeño NO es temporera, es una realidad inevitable, que hasta en Cuba está ocurriendo. El gran reto para Puerto Rico en el 2011 será cuando los Republicanos tomen el control del Congreso y den muerte al populismo gubernamental en los Estados Unidos. El gran escándalo será la enorme cantidad de dinero de los norteamericanos para Puerto Rico, sin el pago de impuestos federales individuales por los puertorriqueños Quien no conoce su historia está condenado a cometer los mismos errores del pasado. El sistema de salud en Puerto Rico se ha desarrollado bajo premisas colonialistas. En 1952 LLM incluyó en su propuesta constitución, el que la salud fuese un derecho constitucional, tratando de asegurarle servicios de salud gratis al pueblo pagados por el colonizador. Esto no fue aceptable para el Congreso y se eliminó de la propuesta constitución, para entonces incluirse en la Carta de Derechos de Puerto Rico. Desde entonces los servicios médicos se convirtieron en la maquina compra votos más exitosa en Puerto Rico. Si no pudieron crear trabajos para todos, al menos todos tendrían seguro médico creado por el PPD. Rosselló como médico-político se dio cuenta de esta estrategia y la amplió para todos los médicos en práctica privada.

Originalmente el Congreso ofreció esta opción, y LMM y el Dr. Arbona la descartaron pues entendieron que enriquecería a los médicos. Así que optaron por convertir el gobierno en un proveedor de salud, creándose así el Centro Medico. La raíz del problema actual presenta como problema principal: ¿quién debe de pagar por los servicios médicos recibidos? La cultura popular y la de ASES, son que los servicios médicos deben ser de gratis y que paguen los gringos. Hasta ahora lo hemos podido hacer con los dineros recibidos del Medicaid. La Reforma de Salud de Obama hace los servicios médicos una responsabilidad de todos, y no un derecho popular.

Todo luce color de rosa con la creación de un seguro universal de salud en Puerto Rico, les pregunto a todos ustedes; ¿cuánto va a costar este súper aparato? ¿De dónde van a salir los dineros para costearlo? ¿Quién va a decidir que tratamientos, cuales medicinas, y por cuánto tiempo se pagará por los medicamentos? ¿Tendrán como parte del plan, un comité de la muerte, para decidir cuándo un tratamiento no es costo efectivo o se tendrán derechos permanentes a tratamientos ineficientes? ¿Serán los administradores de ese plan médicos o políticos disfrazados de burócratas? Obama presenta un mensaje de esperanza promoviendo el que la población general contribuya económicamente para mantener a flote el sistema de salud.

Para hacer una evaluación diagnostica de los problemas del centro Médico se requiere poner su presente situación en el contexto de su historia como institución. Este Centro se crea tras la decisión gubernamental, populista de la administración del Partido Popular de utilizar los fondos federales designados para la salud de los puertorriqueños en un bloque administrado por el gobierno. Aquí y en el resto del mundo los políticos han demostrado ser incompetentes en el diseño de servicios de salud. La visión populista que creó esta institución desde un principio estuvo fundamentada en el principio de crear acceso a los servicios de salud a un gran número de individuos, no estuvo dirigida a seguir principios de calidad y control de costos. Aunque aparentemente altruista la intención fundamental fue la de ganar votos y mantenerse en el poder. Desde un principio se creó un antagonismo contra los servicios médicos privados y así se evitó la competencia necesaria para estimular la mejor calidad de los servicios.

Con el monopolio de los dineros federales se castró el desarrollo de los servicios médicos privados, y a la vez se promovió la incompetencia en los servicios médicos con la protección de la inmunidad del estado. Rápidamente los servicios médicos privados aprendieron que atender personas de alto riego y procedimientos complicados en la práctica privada podían conllevar demandas costosas y desde entonces se los sacan de encima enviándolos al Centro Medico. Es donde se pueden hacer los procedimientos con mínimo riesgo económico. La dicotomía y antagonismo entre los servicios médicos públicos y privados es la razón principal del estado crónico de crisis fiscal y servicios en el centro Médico. El favoritismo politizado hacia los servicios médicos públicos impide el desarrollo de servicios de calidad para los puertorriqueños.

Los problemas del Centro Médico de Puerto Rico comenzaron desde su creación. Desde entonces arrastra déficits presupuestarios multimillonarios. Los servicios de salud han sido en nuestra historia política una de las prebendas más preciada a la hora de comprar votos. Originalmente se creó el Centro Medico resultado de aceptar las ayudas del Medicaid en bloque, en lugar de ir directo a los proveedores de salud. En lugar de estimular el desarrollo de instituciones y servicios privados el gobernador LMM y su secretario de salud Dr. Arbona optaron por el gobierno convertirse en los proveedores de servicios de salud por excelencia. El gobierno lo hace mejor que los colmillús de la práctica privada. Desde entonces con esta declaración de guerra hacia las instituciones privadas se creó el gran matadero, el Centro Medico.

Con inmunidad estatal ha servido de vertedero de los casos complicados en la práctica privada médica, que puedan conllevar demandas por malas prácticas. Con una facultad médica ausente que recibe paga de tiempo completo, pero en realidad están en sus prácticas privadas haciendo el trabajo y recibiendo dinero adicional. Cuando se complica mucho y es riego personal el paciente es referido al CM, donde le cobija la inmunidad del estado. El problema de la salud publica en Puerto Rico no es solo uno de dinero; ahora con comunidades dependientes del sistema central, acostumbradas a recibir los servicios médicos gratis a cambio del voto, la mediocridad rampante de paseo en los pasillos y una facultad medica ausente, el problema no lo resuelve ni el medico chino.

El Centro Médico en bancarrota es la creación de esa visión populista, busca votos del PPD. Estamos totalmente desconectados de lo que pasa en Centro Medico. La pobre calidad de los servicios médicos es un mal crónico en Centro Medico. Tan es así que en los años setenta el propio Hospital Universitario perdió su acreditación. Desde mucho antes se vienen publicando estudios tras estudios que demuestran que si padeces de pulmonía o problemas del corazón y eres hospitalizado en Centro Medico tienes más probabilidades de morir allí que en ningún otro hospital en los Estados Unidos. Administración tras administración no importa el color se burlan de las agencias acreditadoras moviendo equipo de hospital en hospital para así cumplir con los requisitos señalados, los informes se falsifican para tener la acreditación con tal de recibir los pagos de medicare.

Los servicios públicos de salud se diseñan en consideración de tres variables principales. Acceso, calidad y costos son estos factores. Existe una relación de balances positivos y negativos entre estas. A mayor acceso, mayor los costos, y la calidad pueden disminuir. Los programas como la capitación pretenden aumentar el acceso, controlando los costos por población. Estos programas excluyen a los médicos que tienden a aumentar los costos mediante el uso de procedimientos médicos más costosos y con cuestionable efectividad. Un seguro universal obligatoriamente tiene que atender el aumento de costos para el sistema.

Los problemas fundamentales en Puerto Rico los cuales hacen muy difícil un sistema de salud público exitoso son:

1. A la población general le importa poco su salud. Se usan los servicios de salud para atender las enfermedades que en su mayoría son producto de la actitud de desinterés por mantenerse saludable. La obesidad, el alcoholismo, el abuso de drogas y fumar cigarrillos son ejemplos de esta indiferencia de todos para mantenernos saludables.

2. La clase médica opta por la especialización en el tratamiento de las enfermedades, pues estas pagan mejor. La medicina primaria, que son los principales responsables y competentes en la medicina preventiva son los menos.

3. Las administraciones gubernamentales con su enfoque populista, compra votos hacen creer al pueblo que la salud es un derecho y no una responsabilidad. La reforma de salud del Presidente Obama hace clara esta responsabilidad y obliga a todo el mundo a comprar un seguro de salud. Es una realidad que si todos no contribuimos al sistema de salud pública pronto se irá a la bancarrota".

Jugar como una ruleta rusa con los servicios de salud, es pensar que el problema de la salud publica en Puerto Rico se resuelve con un cambio de administración. Ese es el problema principal de la salud y todos los otros servicios públicos gubernamentales. La solución cúralo todo en año de elecciones es cambiar la administración en la fantasía que esto resuelve el problema. La raíz del problema de la salud pública en PR es su politización y utilizar la salud para comprar votos eleccionarios. En todas partes del mundo los avances tecnológicos, y el costo altísimo de los productos de diagnóstico y tratamiento han aumentado el costo de la salud a niveles insostenibles. Hay que abrir los ojos y admitir que todos tenemos que contribuir económicamente para así poder continuar ofreciendo los servicios médicos necesarios que los presentes estilos de vida requieren. Continuar con la ideología populista de que la salud es un derecho constitucional y que solo requiere un buen administrador, es provocar una hecatombe masiva en la Isla.

Desgraciadamente tener acceso a los servicios de salud no significa mejor salud. Dos terceras partes del gasto en servicios de salud van dirigidos al tratamiento de condiciones crónicas. El problema de salud público número uno en los Estados Unidos es la obesidad. Si todos decidiéramos perder diez libras de peso, los índices de salud mejorarían significativamente; mucho más que instaurando un seguro universal de salud. La obesidad ha desplazado al fumar cigarrillos en términos de los costos asociados. La calidad de los servicios médicos en los EEUU es de primera a nivel mundial y la tecnología es de las más avanzadas. Sin embargo los costos de seguros médicos están por las nubes y subiendo, recientemente muchos planes aumentaron en un 20% sus primas.

Un gran por ciento de las bancarrotas individuales adviene debido a gastos por motivos de enfermedad. La razón principal de hacer obligatorio comprar seguro médico en los EEUU es detener los costos ascendentes de salud para el gobierno y la empresa privada, distribuyendo la responsabilidad de los costos a todos los individuos. La otra gran ventaja de la reforma es la de poner limitaciones a las exclusiones de cubierta a personas con condiciones pre existentes y limitar los tratamientos en consideración de las ganancias corporativas. La salud es una responsabilidad individual el acceso a los servicios de salud es una responsabilidad compartida con el estado. El presidente Obama es el primero en la historia de los EEUU de hacer estas responsabilidades, ley.

Desplazar la responsabilidad de la salud individual en el gobierno, no nos hace más saludables. La salud es una responsabilidad compartida donde tanto el individuo como el estado hacen de la salud una prioridad. Los modelos de plan de seguro universal de los países socialistas no son necesariamente los mejores. Cuando el gobierno se hace único proveedor y la clase médica es toda asalariada se ahorra en costos se pierde en calidad. En muchos de ellos surge un sistema subterráneo donde algunos médicos ofrecen servicios de calidad por dinero al contado, creando un sistema paralelo para los ricos. En países como Netherland existe un sistema dual donde el sector público cubre ciertas condiciones y el sistema privado otras. El pago del seguro dual es parte responsabilidad del patrono, el individuo y la mínima parte del gobierno.

Al diseñar un plan para Puerto Rico debemos estrechar lazos y responsabilidades entre el sector público, el privado, el individuo y el estado. El continuo antagonismo entre las partes es el factor que nos tiene sumergidos en la presente bancarrota de los servicios médicos. En términos de salud mental el dualismo de mente y cuerpo es un disparate, no son cosas distintas. La realidad es que mente sana en cuerpo sano es la manera de orientar efectivamente los problemas de Salud. La división histórica entre los servicios de salud y salud mental son conceptos retrógrados y solo contribuyen a la histórica estigmatización de las enfermedades mentales. El divisionismo falso de la personalidad colonizada se transfiere irracionalmente a todos los aspectos de nuestras vidas incluyendo la salud.

El proceso en el Congreso de los EEUU que culminó en la aprobación de la reforma del sistema de salud norteamericano tiene una gran semejanza con el proceso político en Puerto Rico. Durante este proceso los republicanos, se conocen ahora como el partido del NO. Los populares en PR se conocen como el partido de, ninguno. Los republicanos aun a sabiendas de que el sistema de salud era necesario reformarlo pues los costos gubernamentales llevarían el déficit federal a las nubes, decidieron decir NO. En PR el (PPD) que por años ha tratado de modificar el estado colonial ahora dicen que no es necesario consultar al pueblo ni cambiar el presente "status".

Todos en EEUU estarán obligados a comprar seguro médico, es una obligación ciudadana, consecuencia de la reforma de salud recién hecha ley en los EEUU. De aquí viene el ahorro en el gobierno, tener seguro de salud en los EEUU es una obligación ciudadana subsidiada por el gobierno para aquellos que no pueden pagar. Los populares se diferencian de los demócratas de los EEUU en cuanto a las responsabilidades ciudadanas. Para los populares todo es mejor si el gobierno lo da de gratis y no hay que pagar contribuciones, especialmente si se usa el dinero de los contribuyentes norteamericanos. Que viva la jaibería. La nueva ley obliga al individuo a invertir dinero en su salud.

Pronto estará en las manos del Tribunal Supremo de los Estados Unidos el plan de reforma de los servicios de salud del Presidente Obama. Paradójicamente, los republicanos se oponen tenazmente, cuando en el pasado ellos estuvieron de acuerdo con el principal asunto en controversia. En lugar de ser un derecho el plan afirma es una responsabilidad y TODOS, estamos obligados a contribuir y comprar un seguro médico. Los costos y la socialización de los servicios médicos hacen un Seguro de Salud Universal en los EEUU un sueño inalcanzable. Con el déficit presupuestario presente el gobierno federal no puede regalar un seguro médico para todos. Peor aún, en este tipo de seguro todos los médicos pasan a ser empleados del asegurador único, eliminando así el incentivo de ingresos basados en calidad de servicios.

En países como Canadá y Rusia que tienen seguro universal las listas de espera y el racionamiento son la orden del día. Aun en países como el Reino Unido con una fuerte tradición de medicina primaria, ausente en los EEUU y PR, el racionamiento es impuesto por una junta administrativa. Los medicamentos y los procedimientos médicos se controlan en base a fórmulas de costo vs días de prolongación de la vida. Si un procedimiento cuesta $$$ más y solo prolonga la vida 3 días más que otro que cuesta $, no se ofrece el servicio. La situación de Puerto Rico es difícil aun para el medico chino. Tendrían todos los médicos que aceptar trabajar para el gobierno en base a salario mínimo, cosa que es risible. La otra alternativa es buscar tener los legisladores y senadores correspondientes en el Congreso de los EEUU que defiendan el pedazo del bizcocho federal que nos corresponde".

Esta es una oportunidad única para la clase médica del país. Los médicos deberían agruparse cooperativistamente y ofrecer los servicios médicos directamente contratados por el Departamento de Salud y su brazo administrativo. El concepto de capitación no es malo bien administrado. En este modelo un grupo medico primario y especialistas asociados asumen la responsabilidad de proveer servicios médicos a una comunidad poblacional (numéricamente especificada). Por estos servicios hay una cantidad de dinero específica a pagar. Esto hace que la eficiencia, calidad y efectividad de los servicios médicos vayan a la par con su costo efectividad.

El grupo medico asume la responsabilidad de la salud de la comunidad por un costo determinado de dinero. Los grupos médicos competentes pueden hacer ofertas específicas de sus servicios para ciertas poblaciones con una descripción detallada de los ofrecimientos médicos, niveles de calidad y su costo. Si la oferta es lo que el Departamento de Salud espera respecto a requerimientos de oferta de servicios para esas poblaciones, calidad, costo pudiera darse un contrato entre el Departamento de Salud y la entidad privada médica. Este tipo de administración de servicios de salud propicia los servicios primarios, preventivos y el diseño de programas para mantenerse saludables de parte de las cooperativas medicas pues mientras más saludable se mantiene la comunidad mayores son las ganancias económicas del grupo médico. De esta manera se premia la salud no la enfermedad.

La colegiación médica debe considerarse ilegal. Mediante la colegiación compulsoria el Colegio Médico se convierte en un grupo sumamente poderoso con atributos monopolísticos. La colegiación compulsoria está en violación de las leyes anti monopolísticas. El poder del grupo medico supera el poco poder que tiene el Procurador del Paciente. Sin el poder monopolístico del colegio médico el servicio médico estará mejor condicionado a la libre oferta, a la eficiencia y eficiencia del médico individual. Aquellos que individualmente ofrezcan los servicios más eficientes y efectivos serán los favorecidos por los pacientes. El poder que da la colegiación evita que el médico se gane los servicios por sus méritos individuales. La eficiencia y efectividad del médico hacia sus pacientes y la satisfacción del paciente con su médico es lo que debe regular e imperar, en cuanto a que médicos son contratados por las aseguradoras. La actitud populista del gobierno hacia los médicos es lo que hace posible el Colegio Médico.

Llevo 33 años practicando la medicina en un sistema por cita previa. Considero esta es la manera honrosa de practicar la medicina, con claro compromiso con los derechos de sus pacientes. El sistema funciona muy bien y el paciente siente sus derechos respetados y honrados. Es un sistema objetivo de exigir compromiso de ambas partes en la relación médico paciente. En mi experiencia un 50% de los pacientes falta a sus citas, a la vez un 50% de las visitas del día son de personas sin citas con urgencias médicas que atender. Al fin de cuentas el sistema se compensa a sí mismo, pues las poblaciones de pacientes son muy tolerantes y agradecidas con los servicios que reciben.

La profesión médica en Puerto Rico no es una vaca sagrada. Se ha convertido en un grupo reaccionario que no calibra sus servicios con los cambios actuales económicos y sociales. Pocos años atrás recuerdo como existían médicos con tres o más sombreros, Jefe de departamento de la Escuela de Medicina, Jefe del Hospital Universitario y su práctica privada, todo trabajo a tiempo completo. Los bajos salarios pagados por el gobierno eran compensados de esta manera. Los tiempos donde los médicos eran tratados sin cuestionamiento de sus prácticas son el pasado. La clase médica al igual que todos debemos ser enjuiciados y sometidos a los más estrictos estándares de eficiencia y efectividad. Comenzando desde la Escuela de Medicina debemos de abandonar el desarrollo de prima donas por el desarrollo de profesionales competentes en la administración de sus prácticas, si es que desean ser exitosos en este nuevo mundo competitivo. Le digo a los médicos que se pasan protestando, digo como solía oír en el Universitario, "a llorar para maternidad".

Solo llamamos a Santa Clara cuando el temporal se avecina. Nos preocupamos por la salud solo cuando estamos enfermos, no asistimos al médico hasta que nos llega el agua hasta el cuello. Resultado de esta falta de responsabilidad individual, se manifiesta en que 50% de la población es obesa. La obesidad está directamente y causalmente vinculada con condiciones como la hipertensión, enfermedades cardiovasculares, diabetes, cáncer y enfermedades cerebro vasculares. Todas las anteriores son principales causas de muerte en el individuo. Todas prevenibles con una dieta apropiada, visitas periódicas al médico y una buena dosis de ejercicio diario. Dos terceras partes del gasto en servicios médicos van dirigidas a tratar estas condiciones.

Mayores recursos se deben de dirigir a servicios que premien y mantengan la población en condiciones físicas óptimas, que nos mantengan saludables y que sirvan para prevenir la obesidad, la inactividad física y mental. El enfoque y recompensas en los servicios de salud deben de cambiar, en lugar de tratar las enfermedades, los servicios deben de ser reorientados hacia mantener la salud. Esta es una responsabilidad individual dentro de un marco de fácil acceso a este tipo de servicios preventivos. Los médicos debemos ser premiados por tener poblaciones discretas, pre asignado y saludable. Hacia eso se mueve el modelo medico en Inglaterra, que es uno de los mejores del mundo.

La sana alimentación es un concepto distorsionado en nuestra sociedad. Por muchos años en el pasado las diarreas y la "tuberculosis" mataba nuestra gente, el que las padecía se ponía flaco. Desde entonces el que está flaco es sinónimo de estar enfermo. La obesidad surge al ingerir un exceso de calorías de lo que el cuerpo necesita para sobrevivir y estar activo. Se come para matar el hambre no para suplir la energía para la acción. El movimiento es la esencia de la vida sin embargo vivimos enajenados de nuestra naturaleza.

El hambre es motivada por la misma grasa. La grasa en el cuerpo son células vivas que secretan sustancias (liptina), que promueve el hambre para así auto sostener la célula grasa. Mientras más grasa en el cuerpo, más liptina, más hambre, más comemos, más grasa. Este es el "circulo" vicioso a romper si se quiere rebajar. Se rebaja pasando hambre. Hoy en día sabemos que el que pasa hambre vive mayor número de años. Estudiando una población en Maine, un geneticista descubrió un código genético que fue resultado de una famina en el pueblo y que les prolongó la vida a sus habitantes. Se han diseñado dietas para pasar hambre, para así prologar la vida del individuo. Moraleja no solo de pan vive el hombre, y la mujer también.

Mientras en los Estados Unidos hay siete estados que no tienen una escuela de medicina, en Puerto Rico hay cuatro. Desde los tiempos del Secretario de Salud de Puerto Rico, Dr. Guillermo Arbona se decidió que las ayudas federales, Medicaid, fueran asignadas en bloque para ser administradas por el gobierno, en lugar de ser pago directo a los médicos por servicios ofrecidos. Desde entonces la guerra contra la práctica privada médica ha sido ganada por el gobierno. Resultado de esta actitud de avaricia gubernamental, populista, ganadora de votos electorales tenemos una práctica privada no atractiva al médico recién graduado, quien recibe ofertas del doble y el triple de pago por sus servicios a la creciente comunidad hispana en los Estados Unidos. El sistema de méritos en el sistema de servicios médicos dirigidos, HMO, obliga a la continua superación profesional y el ofrecimiento de servicios competentes, eficientes y efectivos en la práctica privada en los EEUU.

La división de práctica Privada vs. Pública en los EEUU está desapareciendo a pasos agigantados. Los dineros públicos se destinan hacia proveedores privados que le ofrecen los servicios al público en general, una vez cumplen con los criterios de excelencia de las aseguradoras impuestas por el gobierno. Esta división destructora entre el sector público y privado medico en Puerto Rico ha llevado a la creación del monstruo del Centro Médico prácticamente en bancarrota. La raíz del problema está en la actitud paternalista, panista, compradora de votos de las administraciones gubernamentales. La dirección hacia donde se dirigen los servicios médicos en el Reino Unido es hacia hacer que el médico privado cumpla las funciones de los aseguradoras y fortalecer la práctica privada médica. La actitud insularista colonial nos tiene ciego de nuestros errores y los logros de los demás a nivel mundial.

El juego político de los administradores de la colonia solo los ha beneficiado a ellos y a los norteamericanos. Este quítate tú para ponerme yo de todos los políticos va en detrimento del pueblo, su salud económica, física y mental. Por lo tanto me atrevo a sugerir que el principal agente precipitante de las condiciones mentales en Puerto Rico es la clase social de los políticos colonizados y sus ciegos, fanáticos seguidores. Les anticipo que de crear un seguro de salud universal en Puerto Rico con el gobierno como único pagador, Puerto Rico se quedará sin sus mejores médicos. Para poder lograr asegurar toda la población, todo el mundo tendrá que contribuir en su financiamiento, algo que va en contra de la filosofía populista de todos los partidos políticos.

El sistema de salud creado por el Dr. Guillermo Arbona bajo la administración de LMM fue uno de corte populista. Desde sus comienzos tuvo la finalidad política de conseguir votos creando un aparato de salud donde los servicios eran gratis para todos, irrespectivo de su capacidad de pago. Ofreciendo empleos a sus allegados políticos. Las posiciones y ascensos médicos y administrativos dependían del color del partido a que pertenecías. Bajo la administración del presidente Truman el gobierno de Puerto Rico tuvo la opción de recibir ayudas federales directamente a los proveedores de estos servicios o recibirlos englobados en un pago al gobierno. LMM y Arbona decidieron que el gobierno podía ser mejor proveedor de servicios de salud que los propios proveedores y decidieron a favor del "Block Grant". La filosofía administrativa relevaba al individuo de su responsabilidad a su salud haciendo al gobierno responsable, como si fueran dioses. Resultado de esto es el problema grave, presente de obesidad y enfermedades crónicas, por la actitud de irresponsabilidad individual y las fantasías de rescate hacia los médicos.

El gobierno bajo su inmunidad ante las demandas por impericia se convirtió en el zafacón de casos complicados y se convirtió en refugio de muchos incompetentes. Los médicos, el que menos tenía dos y tres trabajos en práctica privada porque los salarios gubernamentales eran pobres y el grueso del trabajo recaían en los estudiantes de medicina e internos y residentes. La mortalidad por infecciones y el pobre manejo de pulmonías y condiciones cardiacas siempre han sido grandes defectos del sistema. Este es el otro lado de la moneda que el Pueblo debe de conocer.

Es incorrecto decir que un seguro universal de salud es sinónimo de un pagador único. Universal significa que toda la población está asegurada. Existen varios modelos para logra esto, en algunos el gobierno es el único asegurador, en otros el gobierno cubre parte y las aseguradoras privadas otra parte. La reforma de salud en los Estados Unidos usa este modelo combinado. Donde se les exige a todos comprar un seguro de salud. La reforma crea un sistema de intercambio donde el gobierno subsidia parte, los individuos y los patronos el resto. Pronto se verá en el Tribunal Supremo de los EU si el gobierno federal puede o no exigir que todos compren un seguro.

Nosotros en Puerto Rico con un déficit económico y con una recesión perenne es irresponsable prometer un seguro universal de salud. Estamos tan acostumbrados a que todo sea de gratis, y nadie pagué. Esto es un imposible. Pensar que todos los médicos en la isla estarían dispuestos a trabajar por un salario gubernamental, es una fantasía. Con este tipo de obligación hacia los médicos, es anticipable que los mejores se vayan en busca de mejor remuneración y nos quedaríamos con los peores. Una campaña para combatir la obesidad haría mucho más en mejorar los índices de salud en PR, comparado con promesas políticas insostenibles y no realizables de un seguro universal de salud en Puerto Rico.

Estamos preñados de hipócritas en PR, si el político se enferma o sus familias, corren a los servicios médicos privados no importa que se encuentren tan lejos como en Texas. Todos saben, que los servicios médicos públicos son peores que los privados en Puerto Rico. El programa Mi Salud es financiada por los federales mediante el medicaid, ese mismo medicaid que los republicanos en los EEUU quieren cortar. Si no hay dinero ahora, menos dinero habrá en los próximos años no importa quien gane aquí, PNP o PPD.

La solución a los problemas de servicios médicos en PR no puede ser que volvamos hacer del gobierno el principal proveedor de salud para todos.

Volver a aquellos centros donde la medicina de pacotilla es la receta para todos, largas filas y médicos incompetentes sin recursos para atender el paciente. El problema de salud en PR es más complicado que eso. En lugar de proponer una fantasía, como el Seguro Universal de Salud donde unos pocos pagamos por los servicios médicos de todo el mundo, deberíamos darle pensamiento más serio al problema de salud en PR.

Massachusetts es el estado en los EEUU con lo más parecido a un seguro universal, donde 98% de la población está cubierta por algún seguro de salud. Esto se lo deben a Mitt Romney, probable candidato presidencial por los republicanos. Si el Tribunal Supremo de EEUU resuelve como constitucional la reforma de Obama todo ciudadano estará obligado a comprar algún seguro de salud. La ley provee para la creación de unos centros de intercambio donde el pobre con ayuda del estado tendrá que comprar seguro. Ese es el futuro de los sistemas de salud en PR y los EEUU. El sistema de salud solo se salva si todos contribuimos con el sistema. Esta es una realidad que los expertos aceptan como inevitable.

Los problemas de salud mental en Puerto Rico, no se resuelven defendiendo las ganancias económicas de los hospitales psiquiátricos, tampoco de los psiquiatras. Todos tenemos que entender estos problemas dentro de los enfoques modernos y actualizados. Las enfermedades mentales son enfermedades del cerebro humano. Nuestro cerebro se ve afectado por factores físicos internos y externos a nuestro cuerpo. También, para sorpresa de muchos la experiencia humana cambia las estructuras cerebrales, en particular, el cómo, los árboles dendríticos de las neuronas se conectan entre sí.

Es análogo a como en una computadora existen distintos sistemas de almacenamiento y procesamiento de la información en el disco duro C. Ej., DOS, Windows y Apple. Factores como las enfermedades del resto del cuerpo, el fumar, el abuso del alcohol y drogas, la obesidad, la inactividad física, la inactividad laboral, sobre todo el conflicto interpersonal y las relaciones de subordinación interpersonal y social se han estudiado científicamente que inciden de manera causal en el origen de las enfermedades mentales, correctamente llamas enfermedades cerebrales o disfunciones de la computadora de nuestro cuerpo.

Mantenernos en buena salud física; "mente sana en cuerpo sano", mantenernos activos física y socialmente, en buena condición física, mantenernos productivos laboralmente, en especial mantener buenas relaciones de colaboración y ayuda interpersonal, social y comunitaria se sabe médicamente que ayuda a la prevención de las enfermedades mentales, y del Alzheimer también. No podemos vivir en el pasado cuando las enfermedades mentales se conceptualizaban como debilidades morales y no como disturbios cerebrales. Vincular la violencia social con enfermedades mentales es incorrecto e injusto hacia el paciente mental. Para muchos esconderse detrás de un padecimiento mental, para evitar los castigos penales por crímenes cometidos, es frecuente. Los estudios nos señalan que la población con enfermedades mentales debidamente diagnosticas no tiene un índice mayor de crímenes que la población en general.

La solución de la violencia social no se resuelve únicamente con enfoques psicológicos. De todas las ciencias, la psicología, todavía es la única sin una ley de funcionamiento establecida. Los disturbios sociales son mejor atendidos con un enfoque multidisciplinario que incluya también la perspectivas médicas. Abogar por negar estos avances científicos es sumirnos en la mediocridad y el credo filosófico de unos cuantos. La pobreza y los estados de subordinación están causalmente relacionados a el desarrollo de las enfermedades mentales y la droga adicción. Cualquier esfuerzo para mejorar la salud mental en Puerto Rico, tiene que incluir grandes esfuerzos para combatir la pobreza y el estado de subordinación colonial que sufre, e históricamente ha sufrido la población puertorriqueña. La salud como todas otras áreas del funcionamiento humano no escapa de los daños del colonialismo en Puerto Rico.

Allá para los años setenta cuando no existía la tecnología nuclear de estos días, algunos de mis maestros en psiquiatría les atribuían a la familia especialmente a las madres las causas de la esquizofrenia. Hoy en día sabemos que la familia contribuye, pero no es el único factor. Aunque la biología es un factor determinante, el ambiente funciona como agente precipitante. Las demás condiciones mentales no son excepción. Los números reflejan un 19% aproximado de prevalencia de desórdenes mentales en Puerto Rico comparados con un 15% aproximado en la población de los Estados Unidos. De los factores ambientales más estudiados y más corroborados, como factores contribuyentes en el desarrollo de las condiciones mentales y adicción a drogas se encuentran las relaciones de subordinación interpersonal. Ya es tiempo que los políticos coloniales, dejen de esconder los efectos nocivos que para la salud tiene el sistema colonial. La lucha contra la subordinación del pueblo de Puerto Rico ante los poderes plenarios del Congreso de los Estados Unidos debería de ser un factor unificador para todos los puertorriqueños, y no lo es. Esto se lo tenemos que agradecer a todos los políticos y seguidores de la guerra tribalita tricolor, ahora multicolor.

El suicidio en el adolescente en Puerto Rico, debe de entenderse y atenderse de acuerdo a nuestras presentes condiciones socioeconómicas, y la etapa particular del desarrollo humano psicológico del joven adulto. Coexistiendo con la alta tasa de suicidio de este grupo demográfico, también es importante señalar la alta tasa de desempleo, alto por ciento de deserción escolar y alta tasa de actividad criminal de este grupo poblacional. Estas condiciones inciden de manera causal hacia el suicidio. Desde el punto de vista del desarrollo psicológico del individuo este periodo es altamente complicado y difícil desde varias perspectivas. La independencia y el auto sustento es el reto mayor a superar, muy difícil estos días en la Isla. La identidad sexual es otra tarea psicológica complicada. Simultáneamente al identificar los intereses ocupacionales y sexuales de apareamiento, el individuo está obligado a encontrar su ubicación dentro del contexto social y laboral.

Dentro de esta perspectiva, el sentimiento predominante del individuo que lo induce al suicidio es el sentimiento de minusvalía, desesperanza, un sentido mayor de que es desechable y de que no es importante para nadie. Por lo tanto el factor individual más importante para la prevención del suicidio en este grupo poblacional, es la identificación de negligencia en su cuido y rechazo. La negligencia y rechazo puede provenir de muchos sitios y/ o todos. Puede venir de la pareja, de la familia, de la escuela, del jefe o compañeros de trabajo, del gobierno, del médico, etc. Esto nos compromete a todos en la comunidad de ser vigilantes contra estas situaciones de negligencia y rechazo, pues en muchas ocasiones solo el acto de reconocimiento y apoyo durante este periodo de la vida, puede prevenir una muerte por suicidio.

Medicalizar a los adictos es un disparate desde el punto de vista médico. Primero son muchas las sustancias adictivas. Para ninguna existe un medicamento que las cure. En el caso de la heroína existen sustancias sustitutivas como la metadona y el suboxone. Lo interesante es que con ellas también se desarrolla un mercado ilegal. La adicción es un problema complejo con causas biológicas, sociales y sicológicas. Una de las razones principales para las adicciones, es la ausencia de metas y significados razonables de vida y una falta de deseo de asumir las responsabilidades, que vivir en sociedad conlleva. Esto, ni el medico chino lo cura, excepto el propio individuo.

En el fracaso de corregir el problema del uso de drogas ilícitas en Puerto Rico está incluido el modelo médico. Al día de hoy no existe ningún tratamiento médico que cure al adicto. Las drogas para tratar la adicción a opiáceos como la metadona y la buprenorfina, solo sustituyen la adicción no la cura, a su vez causan una adicción al medicamento. Son medicamentos que también producen efectos secundarios, que le crean nuevos problemas de salud al adicto. Todavía ningún medicamento ha probado curar la adicción. Con estas drogas el gobierno y el sistema médico asumen la responsabilidad de los puntos, distribuyendo las drogas de manera más ordenada, controlada y disminuyendo así con la criminalidad asociada a la obtención de la droga.

Los vicios no todos están al mismo nivel, pero la existencia de todos está basada en el principio del placer. El principio del placer, se conoce como uno de los pocos principios del comportamiento humano. Adeptos a los principios del aprendizaje del ruso Pavlov, correctamente explicamos la existencia de los vicios a las drogas y a otros muchos comportamientos adictivos, como satisfacciones a los principios del placer. El consumo de drogas por el ser humano es historia antigua. La utilización de las hierbas como la coca, el opio y la marihuana ha sido utilizada por las sociedades primitivas y presentes, con propósitos medicinales, recreativos y como preparación para la guerra. La marihuana, deriva su nombre cannabis sativa por su uso en las tribus de caníbales en su preparación para el combate. El uso de drogas está íntimamente ligado a la naturaleza militarista de las sociedades. Van de mano a mano.

El término medicalización del problema de la droga es un disparate. Ni el médico chino puede resolver este problema. Esto suena a politiquería, no es un intento serio de atender el problema de la droga en Puerto Rico. Que medicina va a parar a los afganos o a los bolivianos de cultivar el opio y la cocaína. Tanto la demanda como la oferta de la droga están íntimamente ligadas al uso de drogas. Para muchos es la mejor fuente de ingresos y para otros muchos es el gran escape de una situación económica deprimida. Es una pena que funcionarios públicos en PR malgasten su tiempo en la búsqueda de una solución mágica a un problema tan complejo como lo es el problema de las drogas. El estado de sumisión y subordinación colonial es directamente causal de criminalidad, enfermedades mentales y droga adicción. Lo que si sabemos a ciencia cierta es que el factor determinante en la cura de las adicciones es el propio individuo. Tanto en lo que se refiere a opiáceos así como benzodiacepinas, el cuerpo humano tiene la capacidad de producir químicos análogos con semejante efecto. La cura está en el individuo desarrollando a su máximo los mecanismos internos. La clase médica tiene también que asumir su responsabilidad, en la creación de estos problemas de adicción, pues nosotros somos también agentes causales de estas adicciones, mediante la prescripción de muchas de estas sustancias adictivas. Todos los médicos, tenemos que mejorar los protocolos para el manejo del dolor y la ansiedad con métodos alternos a los medicamentos, como lo son la meditación y la sustitución de la droga por el trabajo, y la búsqueda de valores y significados basados en el humanismo. Cualquier otra cosa es, politiquería.

Los seres humanos de acuerdo a famosos antropólogos han sido incorrectamente denominados como Homo Sapiens cuando en la realidad el ser humano ha sido históricamente Homo Caníbales. La historia de la humanidad es la historia de sus guerras. Eliminar el uso de drogas es tan complicado como eliminar las guerras entre los seres humanos. Esta realidad ha sido aceptada por varios estados de los Estados Unidos, y ya algunos han de criminalizado el uso de la marihuana, ejemplo de esto, California, Rhode Island, Massachusetts, New Hampshire, y algunos van en la ruta de legalizarla. Sus utilidades médicas son harto conocidas, su regulación y control médico redundará en un arsenal adicional para el tratamiento médico de muchas condiciones médicas, incluyendo condiciones psiquiátricas.

Cannabis Sativa alias yerba, marihuana deriva su nombre de la práctica de los caníbales de fumarla antes de la guerra, para comerse a las tribus vecinas y violar sus mujeres. Las drogas estimulan los centros de placer en el cerebro y también desinhiben el comportamiento agresivo y sexual en los individuos. El uso de drogas para facilitar la agresividad en los militares y criminales también es harto conocido. Hace falta más y mejor investigación científica, para depurar estas drogas de sus efectos tóxicos y hacerlas más beneficiosas para la salud y la sociedad. La investigación científica de estas drogas en los Estados Unidos, ha padecido del error de enfatizar los efectos negativos, en lugar de acentuar los efectos positivos para transformar la droga cruda en una donde los efectos positivos son los predominantes. Ejemplo de esto es el uso de los derivados de la marihuana, para tratar las náuseas asociadas a la quimioterapia contra el cáncer.

La buprenorfina, es una droga creada para facilitar la reintegración del adicto a los opiáceos a la comunidad. Se administra sublingualmente, en el momento en que el adicto está en su punto de mayor desesperación y abstinencia por no haber ingerido opiáceo. Estos momentos dolorosos, inicialmente son necesarios porque es indispensable que los receptores estén completamente limpios, de manera que el medicamento funcione, bloqueando el receptor nervioso del opiáceo. Esta acción del medicamento hace de la ingestión futura de opiáceos carezca de placer. Pero los síntomas de abstinencia desaparecen. Esto le permite al individuo a re establecer sus relaciones familiares, comunitarias, educativas, vocacionales, ocupacionales, espirituales, deportivas, etc., etc., sin el "circulo" vicioso de la dependencia a la droga ilegal. Son estas actividades y significados, los llamados a sustituir el placer que el opiáceo ofrecía. La gran satisfacción para el medico es sentirse agente facilitador de la reintegración del adicto, a sus seres queridos, amores, actividades y a la comunidad en general.

Para comenzar, las pruebas de dopaje usadas para evaluar funcionarios gubernamentales en Puerto Rico deben de ser de la misma rigurosidad, precisión, especificidad y certeza, igual que las usadas por el Comité Olímpico Internacional para sus atletas participantes. Segundo se habla del problema de drogas como si fuera una sola droga y como si todas tuvieran los mismos efectos, cosa que es incorrecta. Tercero el problema de la droga no se resuelve cortando los suplidores, mientras la demanda exista surgirán nuevos suplidores. Las economías de muchos países dependen del cultivo del opio, la coca y la marihuana, Ej. Colombia, Méjico, Bolivia, Afganistán y ahora varios estados de los Estados Unidos. Cuarto y aún más grave el consumo de drogas es una necesidad biológica del cuerpo humano para lidiar con problemas tan comunes como el dolor, el estrés y las ansiedades. Desgraciadamente el problema se complica con el hecho de que la investigación científica sobre estas drogas, ha sido politizada, haciendo que sus méritos y utilidades al cuerpo humano no han sido apropiadamente investigados.

Los médicos no somos dioses, todos cometemos errores. Tampoco somos responsables del curso que tome una enfermedad o la muerte del paciente, cuando demostramos que hemos hecho el máximo y el mejor esfuerzo, estando al día con las mejores prácticas de la medicina. La responsabilidad de tratar situaciones de vida o muerte en las personas conlleva responsabilidades mayores con respecto a nosotros mismos, como personas, al igual que como profesionales del campo de la salud. No tan solo tenemos que mantenernos al día con las nuevas técnicas de la medicina moderna, pero también tenemos la responsabilidad de cuidarnos física y mentalmente para poder desempeñarnos al máximo de nuestra habilidades. Desgraciadamente, la profesión médica, adolece de muchos problemas inherentes a las extremas demandas de la profesión, como lo son abuso de alcohol, suicidio y trastornos domésticos familiares y con una alta incidencia de divorcios. Todos estos factores inciden en el problema de impericia médica. Según mejor atendamos estos problemas, menos problemas tendremos de impericia. También es cierto que un número significativo de demandas médicas se originan por pobre comunicación, y pobre relación médico/ paciente. Esta es una circunstancia bien conocida en las escuelas de medicina, y se han diseñado cursos requisitos en el adiestramiento médico para sensibilizar a los futuros médicos de la importancia de una buena relación con sus pacientes. Referir un paciente complicado al Centro Medico para así protegerse de una demanda, constituye un acto de impericia médica y el medico es responsable y demandable por tal acción. Decir que la culpa de la impericia médica es de los abogados, es como decir que la culpa de los asesinatos, la tienen los detectives. Estoy de acuerdo en que muchas demandas son frívolas, y que esta situación pudiera corregirse, con la creación de un Tribunal Judicial, especializado en prácticas médicas, que atienda las demandas por sus méritos y no en base a los costos legales.

El reto demográfico no es tan solo debido al envejecimiento de nuestra población. La emigración del sector joven mejor educado hacia los Estados Unidos en busca de mejor calidad de vida, hace una mella significativa a la productividad nacional. El sector envejecientes, también necesita asumir una mayor responsabilidad por su salud física y económica. Se está observado un patrón de retiro más tardío en envejecientes saludables. Ejemplo de esto es que el trabajador más viejo del mundo al presente, es un puertorriqueño. Dos terceras partes del gasto de los servicios de salud están dedicados a atender las enfermedades crónicas, resultados estas de la obesidad, que dicho sea de paso están en aumento en la Isla. Este patrón está íntimamente ligado a la falta de ejercicio rutinario. Significativo también es señalar que es necesario un cambio de actitudes, de la común dependencia del paternalismo gubernamental hacia mayor responsabilidad individual.

Una vez más queda demostrado que los ciudadanos americanos viviendo en Puerto Rico, Vieques y Culebras ostentan una ciudadanía americana de "pacotilla". Los estudios médicos claramente demuestran que el gobierno federal erró en la estimación de los daños a la salud de los viequenses, a consecuencia de las maniobras militares obsoletas que se practicaron por años, sin la debida protección médica hacia la vida humana en Vieques, Puerto Rico. Reciente se han dado cuenta y quieren esconder el sucio debajo de la alfombra. El Presidente Obama debe tomar la iniciativa y tomar mayor responsabilidad de los daños causados a la salud de los ciudadanos americanos viviendo en Vieques y ofrecer los remedios para su mejoramiento. Este es el momento de apoyar nuestros hermanos de Vieques y Culebras, y en consensos todos, exigir que el gobierno federal atienda las necesidades de salud, de las poblaciones afectadas por las maniobras militares y venenos para la vida humana y natural en Puerto Rico.

Mente y cuerpo son la misma cosa. La definición del genoma humano ha abierto las puertas a la inmortalidad del ser humano. Muy pronto, a un costo razonable, cada cual podremos tener acceso a la especificación de nuestro propio genoma. Hoy en día el costo es exorbitante, al nivel que la tecnología está desarrollada. Según se desarrolle mejor la tecnología se abarataran los costos. Con esta información a mano eventualmente podremos ordenar partes de reemplazos de nuestros cuerpos, que han sido dañadas por una que otra razón. La reproducción de cada órgano de nuestros cuerpos ya está programada a darse en el futuro, de acuerdo a la complejidad del tejido. La vida es la resultante de los procesos antagónicos de vida y muerte, inherentes en nuestros cuerpos. A cada minuto nuestros cuerpos destruyen tejidos y construyen tejidos de reemplazo.

El principal obstáculo para nuestra inmortalidad proviene de la religión y su oposición a las investigaciones de las células madres. Su posición es que no es incumbencia del ser humano sino tarea de Dios decidir la vida y muerte del ser humano. No son misterios, estos días solo son mitos religiosos, que entorpecen el conocimiento, desarrollo y creación de la vida humana. Estamos tan asustados con el descubrimiento de que ya podemos crear vida, ¿Hasta cuándo la Iglesia tendrá los derechos exclusivos y secuestrados de crear vida? Ya son varios los estados que le han dado paso a estas investigaciones, siendo Massachusetts vanguardia al definir el genoma humano.

E= MC2, existo, he existido y seguiré existiendo. La muerte como final no existe. La materia no desaparece, solo se trasforma. La muerte nos acompaña a diario en cada parte del cuerpo, mi cara de hoy, no es la misma de ayer, cada célula del cuerpo muere a diario y son reemplazadas por nuevas aunque distintas y transformadas. Cada día muere el ser, y renace el ser a diario. Vivimos el día de la resurrección, a diario morimos. No tenemos final solo trasformación eterna. La bondad y la felicidad eterna, están con nosotros siempre. Sería tardío encontrarla el día de la muerte médica. Vivimos la vida perdidos porque no nos conocemos, somos Dios, somos vida eterna, somos la perfección tan buscada y no encontrada, hasta que nos descubrimos.

No todos reaccionamos a eventos traumáticos de la misma forma. Es en las etapas tempranas, cuando se observan las reacciones intensas de tipo emocional y de comportamiento, necesario un intenso apoyo a las víctimas con todos los recursos médicos necesarios. También es muy importante dejarles entender que estas reacciones intensas emocionales son normales dentro del contexto y la intensidad del desastre. La mayor parte de los individuos expuestos a un desastre mayor no desarrollan condiciones psiquiatritas permanentes. Esto lo vemos continuamente en los desastres naturales así como en los actos terroristas y catástrofes. Es difícil predecir a ciencia cierta, quienes tendrán huellas permanentes, pero si sabemos que muchos tienen condiciones pre existente, que los predisponen mediante un debilitamiento de sus defensas físicas y psicológicas. Enfermedades físicas, mentales pre existentes, pobreza física, educativa, mala nutrición, exposición a violencia doméstica, abuso físico, emocional y sexual son ejemplos de estos factores predisponentes. Una vez el individuo evidencia un desorden emocional que dura más de lo normal y esperado es importante conocer de la fisiología del miedo. El miedo a un evento especifico, que si no es inmediatamente tratado, con exposición desensitizante tiene la tendencia a generalizarse. Se comienza con un miedo específico, y se generaliza a una personalidad cobarde a la vida en general. Si los mineros vuelven al trabajo en la minas, sitio de sus tragedias, o no, es importante que los que desarrollen desordenes psiquiátricos sean desensitizados al miedo a trabajar en las minas, para así evitar mayores incapacidades ocupacionales.

La homosexualidad ha existido desde los mismos orígenes de la vida. Está presente en todos los componentes del reino animal. La diferenciación entre los dos sexos es más un hecho cultural que biológico. El ser hermafrodita es un ser humanos que posee ambas capacidades sexuales y sus respectivos órganos reproductivos masculino y femenino. Para hacer más clara las semejanzas y complicar más el antiguo pernéeme absurdo conflicto culturalmente creado de la guerra entre los sexos, es necesario revisar la biología. Para comenzar desde el punto de vista embriológico, todo embrión femenino o masculino, pasa inicialmente por una fase femenina. En otras palabras en el origen de nuestro cuerpo todos fuimos primero mujeres. Desde la perspectiva anatómica toda estructura relativa a las diferencias de la identidad sexual tiene su homólogo en el sexo opuesto. Las labias, el escroto; los ovarios, los testes; el pene, el clítoris y así semejantemente todas y cada una de la estructuras aparentemente diferentes tienen sus homólogos en ambos sexos. La obvia y manifiesta diferencia es el resultado del balance hormonal. En todos y cada uno de nosotros existen hormonas femeninas y masculinas. La preponderancia en el individuo de un tipo en particular de hormonas hace que el fenotipo de la estructura sexual se parezca más o menos al sexo femenino o masculino, Esto es, a mayor hormonas femeninas, mayores senos, menos bellos faciales y así etc., etc... En otras palabras todos tenemos el potencial de lucir femeninos o masculinos dependiendo del balance hormonal propio.

Desde el punto de vista genético, todos los cromosomas son idénticos en ambos sexos, excepto por uno. La mujer es xx y el hombre es xo. Muchos afirman que el "o" en el hombre es inhibitorio del análogo "x" en la mujer; en otras palabras los hombres somos sólo mujeres inhibidas cromosómicamente. Desde el punto de vista antropológico, el primer ser humano fue una mujer, Lucy. En el libro las siete caras de Eva vemos como el estudio del DNA mitocondrial valida esta hipótesis antropológica. Que no son terroristas homofóbicos, aquellos que cometen crímenes contra los homosexuales, solo son cobardes que no se atreven cometer suicidio porque le temen a su verdadera sexualidad y se desquitan cobardemente con el prójimo.

Este proyecto de ley propuesto en la legislatura de PR para prohibir la contratación de mujeres para inseminación y preñez, no va dirigido a atender ninguno de los múltiples problemas existentes en Puerto Rico. Su intención es la de politiquear apelando al conservadurismo social, que ve que todos los males sociales se deben a la falta de valores sociales. Es la misma táctica que utilizó Bush en los Estados Unidos. Es una visión calcada del Partido Republicano de los EEUU que por años se opusieron a la ingeniería genética. El futuro de la medicina se encuentra en la manipulación del DNA (Acido Desoxirribonucleico). El secreto de la cura de las enfermedades se encuentra en este tipo de ingeniería médica. Esto no se trata de mercadear con seres humanos, se trata de hacer realidad el sueño de tener progenie a parejas infértiles, de alto riego e incapacitados para concebir. Los procedimientos deben estar altamente supervisados medicamente, y debidamente recompensados de manera que la calidad del procedimiento sea de primera. Son muchos los padres y madres que sufren de las imperfecciones de su material genético, y a su vez sus hijos, por no tener acceso a esta alta tecnología, y el recurso de matrices saludables. Debe de haber una ley que les prohíba a los políticos a practicar o regular la medicina sin conocimientos, educación ni licencias. Mi recomendación a la senadora Lucy Arce es que cuando proyecte interferir en asuntos médicos vaya a las organizaciones médicas a buscar consejo no a las iglesias. La prohibición hecha ley, no va a detener el mercado de óvulos y matrices. Así como ocurrió con el alcohol, la prohibición abrirá las puertas al mercado negro del material genético y de las mujeres. Las mujeres y hombres dentro de ese esquema no tendrán la supervisión médica necesaria en esas circunstancias. Lo que dará a lugar a mayores desperfectos, malformaciones y anomalías en estos seres humanos, aumentando así los costos de los servicios médicos especializados, los costos de educación especial y más importante que toda la calidad de vida de estos seres, sus madres y padres. Lo que más me ofende del proyecto de ley es la aparente intromisión de la Iglesia en los asuntos médicos cuando en realidad están predicando la moral en calzoncillos. Si de explotación sexual alguien es culpable es la Iglesia Católica. Del Papa para abajo tendrán que estar condenados a una vida de penitencias por los abusos sexuales contra niños, que ahora no quieren que nazcan, pensando que la tentación de la pedofilia desaparecerá en el clérigo.

La separación del Estado y la Iglesia es terreno fértil para desarrollar y proteger conductas sexuales desviadas como lo es la pedofilia en los clérigos. La independencia de criterios de evaluación, se hacen necesarios para proteger el que la Iglesia pueda regirse por prácticas anti humanas, contrarias a todo el conocimiento medico científico de las necesidades del ser humano. El contacto físico entre humanos es indispensable para el desarrollo físico y mental del ser humano. La Iglesia Católica proscribe este contacto físico y hace la abstinencia requisito para alcanzar el favor de Dios. Estas conductas están propiciadas por la política de celibato, negación de la actividad sexual como una normal, y aceptable como fuente de placer, crecimiento y desarrollo normal del ser humano. Estas prácticas anti humanas, anti sexuales, anti placer físico denotan cualidades sado masoquistas de quienes las practican y las promulgan. La obstrucción del desarrollo normal del cuerpo humano mediante las prohibiciones sexuales y limitaciones con el contacto físico entre humanos, ocasiona que esa energía sexual reprimida, necesaria para el cuerpo, su crecimiento y desarrollo, se exprese patológicamente contra quienes están próximos y subordinados a la autoridad eclesiástica. La Iglesia está obligada a aceptar que las prácticas de abstención física y sexual son antinaturales y tendrán que ser modificadas si se quiere verdaderamente resolver el problema de la pedofilia de sus curas.

El desorden de hiperactividad y atención (ADHD) es sin duda una condición disfuncional del cerebro humano. Pruebas modernas nucleares y radiológicas han demostrado deficiencias cerebrales en las áreas del cerebro que controlan la actividad física y la atención. Se han demostrado diferencias significativas en la actividad en estas áreas del funcionamiento de los neurotransmisores cerebrales, como dopamina, serotonina y norepinefrina. Se han identificado genes que contribuyen al componente hereditario de la condición, y se encuentran bajo estudio. Es una condición principalmente de pobre y corta atención, hiperactividad e impulsividad y combinaciones de estos síntomas. Esta condición puede presentarse coexistiendo con otras condiciones cerebrales como desordenes depresivos y bipolares. La causa no está totalmente establecida, pero existe evidencia médica de que factores hereditarios, fumar o beber alcohol durante el embarazo, exposición del joven a plomo y otros tóxicos ambientales e ingestión de preservativos en alimentos contribuyen causalmente a la condición. Es de aparición temprana en el desarrollo del individuo y puede persistir durante la adultez. El tratamiento básico va dirigido a normalizar el funcionamiento de los trasmisores nerviosos y a minimizar los factores tóxicos en la dieta.

El autismo es un desorden del cerebro humano y está categorizado y descrito en el Manual Diagnostico de Condiciones Psiquiátricas DSM 1V-TR en su código 299.00, y que publica la Asociación Psiquiátrica Americana. La idea de que la mente y el cuerpo son entidades distintas data de información obsoleta de muchos años pasados. Con los avances tecnológicos presentes, los sustratos físicos de estos llamados desórdenes mentales se están cada día descubriendo y documentándose, el autismo no es la excepción. Es interesante la observación de que famosos y prominentes científicos han admitido padecer de esta condición. Muy interesante también es oír de ellos, que la manera en que ven el mundo es diferente y su perspectiva matemática es una característica sobresaliente de esta condición cerebral, con evidente transmisión genética.

CAPÍTULO OCHO

Criminalidad, Corrupción Gubernamental y el Tribunal Supremo en la Colonia:

La cultura de la gallera está bien arraigada en nuestra legislatura. Todos se conocen muy bien y saben que este sistema de boletos y contribuciones obligadas al partido político son cultura establecida en nuestro sistema político por mucho tiempo. Hace muchos años, mientras laboraba como asesor a la Comisión Industrial, me di cuenta que mis pagos se atrasaban porque era de los pocos que no buscaba el pago directamente con el pagador y no hacía la contribución monetaria al partido, por todos esperada. La cultura del encubrimiento es una norma en el sistema social en PR porque el problema de la corrupción es endémico.

Si al salir de mi casa observo que al carro del vecino le faltan las cuatro gomas y veo a cinco individuos llevándose cada uno un aro con goma y el quinto delante de todos ellos pero sin ninguna, a todos los conozco por nombre y apellido. A las varias horas llegan los detectives de la policía e inician su investigación y me preguntan por los nombres de los sospechosos y yo me niego a ofrecer nombres. Llega el día del juicio y encontraron a cuatro de los sospechosos culpables y testifican ellos que se dieron cuenta que yo los había visto, con toda probabilidad me sentencien a mi como culpable de ser accesorio a un crimen cometido.

¿Por qué el contralor en Puerto Rico debe estar por encima de la ley? ¿Por qué no se le encausa como accesorios del crimen cuando no menciona los nombres de los sospechosos de corrupción en el gobierno y salen culpables en los tribunales? ¿Por qué hay dos varas, una para el contralor y otra para el ciudadano? La realidad es que se trata de figuras públicas y, aunque los nombres puedan ser sometidos a un juicio por la rama judicial, el juicio de la opinión del pueblo es el meollo de la democracia. Si en el juicio en los tribunales salen inocentes o culpables por la razón que sea, el no tener conocimiento popular de las acciones en tela de juicio de estos individuos es promover la ignorancia del pueblo al hacer su juicio político mediante el voto. La función de un buen contralor debe de ir más allá de encausar criminalmente los corruptos. También debe ser una responsabilidad del contralor informar al pueblo sobre sospechas de corrupción de manera que el ejercicio del voto sea uno educado. Esta inconsistencia no es sino una muestra más de que la corrupción está institucionalizada en Puerto Rico aun dentro de la agencia que se supone la combata.

Es halagador oír que públicamente oficiales gubernamentales como la Presidente de la Cámara y el Secretario de Justicia se expresen en contra de estos procedimientos. Sólo falta ver si las palabras son seguidas con los actos correspondientes. Vivimos en una sociedad colonial donde la política es un negocio y no un deber ciudadano. De la política viven muchos que en el mercado libre serían unos fracasados. En un sistema colonial como este, robar es de prestigio pues asemeja al individuo con el legendario Robin Hood. La lucha contra el poder del colonizador matiza toda actividad política y social.

Muchos ven en la injusticia del sistema colonial la justificación para la corrupción. No tan sólo debemos de todos hacer esfuerzos para acabar con la corrupción gubernamental haciendo públicas nuestras propias experiencias, sino que debemos de una vez y por todas unirnos en una lucha frontal contra las injusticias del colonialismo para que así de esta manera los corruptos aprendan que la honradez paga mejor que el crimen.

Tratar de armonizar el Código Penal con la Ley de Ética Gubernamental mediante legislación en Puerto Rico con tal de atacar fuertemente la corrupción gubernamental es un paso positivo. Yo le añadiría a ese código que todo funcionario gubernamental sospechoso, con evidencia verídica de corrupción gubernamental, quede impedido y excluido de asumir ninguna otra posición gubernamental. Los grados más altos de honestidad y transparencia gubernamental son los requisitos mínimos que debemos esperar y exigir de nuestros funcionarios de gobierno.

Las leyes contra la corrupción gubernamental frecuentemente se convierten en letra muerta porque los que son los guardianes de estas leyes se rigen por el código de silencio. Como la mafia, algunos legisladores a sabiendas no delatan a los corruptos compañeros del hemiciclo. Este código del silencio también tiene que ser condenado y todo aquel que supo, no dio parte y denunció a tiempo los actos de corrupción también tiene que ser castigado criminalmente como un acto grave y ser excluido de función y posición gubernamental alguna, incluyendo consultoría a agencias de gobierno. Sólo de esta manera se dará una verdadera reforma gubernamental.

Tras conocer que la oficina del Senador Martínez estaba alambrada por el FBI, la actitud del presidente del Senado Thomas Rivera Schatz denotó paranoia. ¿Quizás si las paredes del Capitolio tuvieran oídos, el comportamiento autoritario del presidente tendría controles? La arrogancia en su comportamiento le va a traer problemas al gobernador y al PNP; a la vez que le anticipa una vida corta políticamente hablando al Presidente. ¿Qué pudieran decir estas paredes alambradas que el pueblo no conoce?

En el campo del saber sociológico, se conoce que una comunidad organizada es la mejor defensa contra el crimen. No tan sólo sirve para combatir el crimen sino que también la organización y coordinación comunitaria se asocia con mejores índices de salud. Una comunidad unida conoce de las necesidades y vicisitudes de sus compueblanos. Conocen al adicto, al que roba, a las personas decentes y obedientes de la ley. Es precisamente este sentido de grupo e identidad comunitaria lo que protege a la comunidad de la satisfacción egoísta e individual y de la criminalidad. Desgraciadamente, nuestras comunidades se encuentran divididas sin unión por el bien común. El carimbo colonial nos tiene separados por colores - el rojo, el azul y el verde -ninguno dueño de la nacionalidad sino definidos por su preferencia de colonizador (los españoles o los norteamericanos). Durante todos estos años, nuestros ojos sólo miran hacia afuera y hacia el exterior. Ya es tiempo que aceptemos nuestra identidad que tiene un poco de cada uno de nosotros diferentes, haciéndonos únicos en el mundo todos Puertorriqueños. La pelea pequeña entre nosotros es necesario sustituirla por la lucha por el bienestar común en la supervivencia de nuestra vida como pueblo único en el mundo entero.

En la evolución de la organización de las sociedades, la relación con la autoridad juega una función central. Sociedades mejor organizadas experimentan menor tasa de criminalidad. Grupos sociales que se alejan del ordenamiento social general y forman sus reglas de funcionamiento propio son tierra fértil para la violencia y el suicidio: Ref. "Emile Durkheim". Este es el estado de situación con el colonialismo en Puerto Rico. En el caso del colonizado el conflicto se acentúa, pues la autoridad está ausente del territorio. La ausencia crea el terreno fértil para el desafío y propicia el estado de anomía social que vivimos los puertorriqueños separados de nuestra identidad común nacional.

Para agravar aún más este estado de desafío perenne a las autoridades, el pensamiento del colonizado se orienta principalmente del idealismo filosófico. El colonizado no respeta el triángulo de las necesidades básicas del ser humano en el prójimo. Con sus ideas pretende ganar sus luchas por el poder que van dirigidas a satisfacer sus necesidades básicas de manera egoístas sin respetar el bien común. Aunque se comparten semejanzas con la metrópolis, la colonia tiene problemas únicos que resolver. Número uno es crear un mecanismo de comunicación directa entre el pueblo colonizado y el colonizador. Segundo, unificar y dirigir todos los colonizados en la lucha contra la pobreza. Esta última es el factor primordial en el surgimiento de la violencia a través de los tiempos en todas las sociedades.

Entristece leer que alguien quien no vive aquí, como el Secretario de Justicia de los Estados Unidos el señor Eric Holder, se dé cuenta de la magnitud del problema de la corrupción gubernamental y aquí no lo aceptan como cierto. La corrupción en Puerto Rico es sistémica; término que implica el envolvimiento de todos los sistemas sociales y se la debemos gracias al sistema colonial que ha vivido la Isla por 517 años. Esto no es cuestión de erradicar un tumor del aparato policial; lo responsable es cambiar este sistema de funcionamiento colonialista que propicia la economía subterránea en compensación de la falta de poderes para diseñar y controlar nuestra economía.

La subordinación y la sumisión ante el Congreso de los EEUU propician que se burlen las leyes en las cuales no tenemos participación justa y proporcional en su confección. Al no sentirnos parte en su elaboración, esto se convierte en una invitación a crear las propias a sus espaldas. Este es el estado de anomía social que vive el colonizado en Puerto Rico. La corrupción también es un problema endémico aquí, pues refleja una gran prevalencia de casos a través de los tiempos. La noticia de los policías corruptos no debe de causar asombro, pues la realidad es que la corrupción en Puerto Rico es generalizada y ha existido por varios siglos. Es característico del colonizado negar su historia y con ellos la piratería en PR para los tiempos de España. Este sistema de corrupción popular ha sido modo operante en PR por siglos. El colonizado compara con la esposa del marido infiel; siempre son los últimos en darse cuenta de la situación.

La corrupción es parte del folclor municipal, colonial y nacional. A espaldas del jefe, todo el mundo hace lo que le venga en gana. Desde los tiempos del coloniaje español, se conocía este modo operante como el gobierno del baile, baraja y botella. Ante la impotencia de influenciar racionalmente la autoridad colonizadora, el colonizado se defiende burlando los reglamentos, leyes y deberes ciudadanos. Si se investigan, ¿qué por ciento de las viviendas en PR se construyeron con los debidos permisos de construcción?, se darán cuenta que es la minoría. La mayoría no tienen título legítimo de propiedad.

La violencia y la falta de respeto a los derechos ajenos es el quehacer diario entre familias, amigos, vecinos y agentes comunitarios en todo Puerto Rico. La personalidad colonizada no busca consenso y trata de imponer por todos medios, incluyendo la violencia, sus opiniones. Vivimos en un estado de guerra civil entre nosotros. La personalidad colonizada es narcisista y autoritaria en su proceder social. Se encuentra en todos nosotros por nuestro bagaje histórico de ser colonizados por los pasados y presentes 517 años de colonización en Puerto Rico.

La abstención electoral en nuestra población puede que tenga que ver con la pérdida de confianza del pueblo en sus líderes políticos. La corrupción entre ellos es rampante; se encuentran en una lucha tribalista sin sentido ni consideración al pueblo. Tratan al pueblo como estúpido y el mentir es la orden del día. Los acuerdos se hacen a puerta cerrada; no guiados por méritos sino por panismo y favoritismo partidista. El discurso carece de sustancia y sus propuestas son irreales y fantasiosas. En la mente de muchos políticos, la economía, la sociedad y la cultura nada tienen que ver la una con la otra. La situación colonial es un epíteto y no una condición con consecuencias funestas para la sociedad puertorriqueña. Sus consecuencias no son analizables para muchos de ellos y están ausentes de sus análisis del estado de situación presente.

La confianza en los políticos en Puerto Rico hace tiempo se perdió. El sistema electoral en PR está basado en prebendas; ¿cuánto me das tú a cambio de mi voto? Todos mienten uno con sus promesas falsas y los otros con su compromiso de apoyo electoral que, a última hora, es secreto y nadie sabe a dónde fue a parar. No se hacen las pruebas de drogas ilícitas entre los políticos porque van a ser muchos los positivos. Si hay algún puertorriqueño en PR quien no conozca algún político que huela o fume yerba, que tire la primera piedra. La economía subterránea, basada en el tráfico de drogas, tiene raíces profundas en las estructuras de gobierno; nadie le pone el cascabel al gato porque se depende de estos dineros para el funcionamiento económico en general, incluyendo la lucha troglodita partidista.

No hemos llegado al fondo del barril; sólo estamos rasgando la superficie con la corrupción entre nuestros políticos. De día a día se opera dentro de esquemas corruptos que han sido institucionalizados durante muchos años. El sistema de favoritismo político y corrupción está presente en todas nuestras instituciones; no se salvan ni las iglesias. Todos sabemos en Puerto Rico que él que no tiene padrinos no se bautiza. Desde el pago de multas, contribuciones, préstamos, cuotas y muchas otras obligaciones financieras, están sujetas a esquemas corruptos de recaudación. La defensa común de los políticos, como todos recordamos, es que se discrimina contra ellos porque el resto del mundo lo hace. El recuerdo más reciente fue el ex gobernador cuando enfrentaba cargos federales de corrupción e impunemente dijo "Sila también lo hacía", o cuando iban a acusar a Castro Font y el amenazó con descubrir a sus secuaces corruptos.

Desde los tiempos de los españoles, la corrupción ha sido una institución que forma parte de nuestro entorno cultural, en aquellos tiempos representada por la piratería. Actividad que en aquellos momentos contaba con el endoso y apoyo de los gobernantes. El colonialismo tiene los efectos en los individuos como la prohibición del alcohol tuvo en los Estados Unidos. Esta crea toda una industria millonaria al margen de la ley que sirve como burla y adaptación a las actividades restrictivas del colonizador. Es escandaloso pensar que del ingreso bruto nacional una cuarta parte proviene de la economía subterránea, así como menciono un prominente economista en la reciente vista pública del Task Force de Obama en San Juan. Mientras persista el colonialismo en Puerto Rico, continuaremos produciendo los nuevos piratas. No hay que ser un genio para entender el por qué la Banca, Salud, la Universidad, Educación y otras muchas instituciones en Puerto Rico se encuentran al borde de la bancarrota.

Son muchos en la isla que se les escapa la realidad histórica del pirata Cofresí. La corrupción gubernamental tiene sus origines en las injusticias del sistema colonial. La colonia le sirve económicamente al colonizador, en nuestro caso somos un comercio cautivo de los Estados Unidos; en realidad, uno de los más productivos para las corporaciones norteamericanas. Cuando Sears en los EEUU estaba casi en bancarrota en Plaza las Américas, tenían ganancias exorbitantes.

Los gobernantes sólo son y han sido los alcahuetes de las corporaciones norteamericanas. La corrupción gubernamental no se erradicará hasta en tanto y cuanto exista un sistema colonial como el que existe actualmente en Puerto Rico. Si las ayudas federales dejaran de recibirse en bloque y fueran directamente al Pueblo, muchos de nuestros políticos dejarían sus posiciones. La corrupción gubernamental se nutre de la "mordida" recibida por los favores a las grandes corporaciones y por el desvío de los fondos federales dirigidos al pueblo hacia el bolsillo personal de nuestros políticos. La tercera gran fuente de dinero de los políticos es la protección oficial ofrecida a la economía subterránea de la droga.

Cuando de corrupción se trata, todos nuestros políticos están cortados con la misma tijera. La corrupción es la mejor defensa psicológica de los cobardes colonizados contra los abusos del colonizador que no se atreven agarrar el toro por los cuernos. Él que esté libre de pecado, que tire la primera piedra. Que siga la fanfarria fanática de los políticos colonialistas y sus incrédulos adeptos que continúan encubriendo a los corruptos en sus partidos políticos.

De buenas intenciones está plagado el camino al infierno. De lo que se trata el problema de las supuestas comunidades especiales es de corrupción gubernamental. Ante este tema, muchos prefieren cambiar el tema de la corrupción y la desaparición de millones de dólares de los contribuyentes y justificarlo con buenas intenciones. En ambos partidos políticos principales lo ven como un mal endémico que, si no se practica, le da la ventaja al adversario. Vivimos en una cultura donde se acepta como normal y práctica justificada. La corrupción es como la homosexualidad en nuestros políticos; se condena, se critica y públicamente se censura pero privadamente, y tras bastidores, se practica a diario. El pueblo conoce de este estándar doble de nuestros políticos y tras bastidores, todos nos preguntamos, ¿cuál es el más mentiroso y el más ladrón?"

La corrupción en nuestro sistema gubernamental es parte integral del funcionamiento en la colonia de Puerto Rico. El colonialismo es un acto ilegal frente a las leyes internacionales. Somos colonia por consentimiento mutuo por tantos años porque disfrutamos de los beneficios que la ilegalidad de la colonización trae para los colonizados. La ilegalidad del funcionamiento en la colonia, donde ni se permite la libre expresión del pueblo de Puerto Rico frente al representante legal del colonizador (el Congreso de los Estados Unidos) contra el colonialismo, es combatida con corrupción criolla y con una economía subterránea exitosa.

Los beneficios de la piratería moderna, representada en un gobierno corrupto que condona la criminalidad, es obvio que es para beneficio mutuo del criminal y del sistema judicial que lo absuelve. Enjuiciar negativamente nuestro sistema judicial por los federales, es también tomar la judicatura local como chivo expiatorio de un problema mayor, que es el colonialismo presente en Puerto Rico por los Estados Unidos. Este sistema de ilegalidad contra el pueblo de Puerto Rico es apoyado y mantenido mediante los actos corruptos de los funcionarios federales y locales a nivel de las Naciones Unidas.

La complicidad de nuestros políticos con los federales para mantener vivo este sistema de esclavitud colonial hasta el presente, los hizo hacerse de la vista larga por mucho tiempo sobre estas realidades. Es más fácil ver la paja en el ojo ajeno que en el propio. No hay que ser clarividente ni un Sherlock Holmes para saber que nuestro sistema gubernamental padece de corrupción sistemática por muchísimos años. Lo que sí es ingenuo es pensar que esto no está directamente relacionado con el sistema colonial existente en Puerto Rico. Es ahora que se comienza a hablar de este secreto que todos conocemos y ha sido mantenido en el silencio consensualmente por los federales y las autoridades estatales.

La corrupción es parte de nuestra cultura colonizada en Puerto Rico por los pasados 517 años. La vemos como normal, excepto cuando la descubren en el prójimo o adversario político. Ha sido el comportamiento adaptativo y evolutivo ante la opresión y marginación de los gobiernos coloniales en PR. Todos sabemos que el que tiene padrinos en PR se bautiza, así lo expresamos como algo normal en nuestra cultura. Describimos algunos políticos como los Robin Hood de PR. Esta transformación histórica en nuestra personalidad social tiene profundas raíces, y así como la yerba mala será difícil de matar.

La corrupción es un mal generalizado en Puerto Rico y no distingue partido político, nivel social y, paradójicamente, económico hasta los ricos roban. Con un problema endémico y sistémico como este, ya es tiempo que los científicos sociales comiencen a hacerse las preguntas de rigor. ¿Si todos lo hacen, no será posible que haya causas subyacentes al individuo que propician este comportamiento criminal? ¿Tendrá este comportamiento criminal alguna correlación con la situación anti democrática e ilegal de las prácticas colonialistas en Puerto Rico? ¿Porque seguimos ignorando el elefante del colonialismo en nuestra sala?

La corrupción está institucionalizada en Puerto Rico y comienza desde la cabeza; el gobierno de los Estados Unidos. El sistema colonial en PR se sostiene de la corrupción disfrazada de benevolencia. Se reciben ayudas federales sin pagar impuestos federales a cambio de silencio contra denuncias de colonialismo en PR. Las necesidades económicas de un país son utilizadas para retener la propiedad adquirida en los tiempos en que el imperialismo y el colonialismo eran aceptables para la comunidad internacional. Todas las grandes potencias lo practicaban y era mediante estas prácticas contra los países más débiles que crecían los imperios.

En reacción a un escrito y su visita a Puerto Rico del asistente al Secretario de Justicia Federal en relación a su informe sobre la corrupción en el Departamento de la Policía de Puerto Rico, yo le escribí la siguiente carta:

Distinguido Sr. Pérez (Asistente al Secretario de Justicia Federal en Derechos Civiles):

En mi humilde opinión ya usted comenzó con el pie izquierdo. Primero, la policía de Puerto Rico no le pertenece al pueblo de PR, sino al partido político de turno. Segundo, la policía de PR no es comparable con la de Los Ángeles. El pueblo de PR está dividido en dos: aquellos que entienden que la constitución de los Estados Unidos debe de cobijar todos los derechos constitucionales de sus ciudadanos y aquellos que se oponen al sometimiento a la constitución norteamericana.

Usted no tiene idea de lo politizada que es nuestra sociedad y sus administradores quienes no cuentan con el derecho y poder de decidir nuestro futuro. El mejor ejemplo de a lo que me refiero es el motivo de su visita. Usted viene a discutir el informe del Departamento de Justicia Federal de un territorio que no participó en la elaboración de la ley que le da autoridad y jurisdicción a Justicia Federal sobre la policía estatal en PR.

Le anticipo encontrará mucha hipocresía haciéndole creer que estamos en la misma página sobre derechos civiles cuando en la práctica las leyes y derechos civiles en PR están diseñados más acorde con el derecho español, que el norteamericano. Muchos le dirán que es sólo una inconsistencia interna menor y aparentarán estar de acuerdo con usted pero tan pronto de la espalda y regrese a los EEUU las cosas se seguirán haciendo a la criolla.

La violación de los derechos civiles de los puertorriqueños por la policía de PR es sólo una instancia menor del mayor problema de derechos civiles en nuestra tierra donde no participamos de manera justa y representativa en la elaboración de las leyes que regulan nuestras acciones y destinos. Bienvenido a la Colonia más antigua del mundo en tiempos presentes, frase del Honorable y difunto ex Presidente del Tribunal Supremo de Puerto Rico, Honorable José Trías Monje.

Atentamente,

Guillermo González

Si de figuras decorativas y show mediáticos estamos hablando, el superintendente actual de la Policía de Puerto Rico es el más pequeño e intrascendental. ¿Cuál fue la ley nuestra que le dio inherencia y jurisdicción al Departamento de Justicia Federal sobre los asuntos de la policía estatal? ¿Cuál fue el político electo por nosotros que le solicitó a justicia federal la investigación federal sobre la policía? ¿Dónde se aprobaron las leyes que dirigen nuestros destinos y funcionamiento diario gubernamental? Aquí la figura decorativa principal es el Pueblo de Puerto Rico que no cuenta ni para pool o banca en lo que respecta a decidir cómo nos gobernamos. El show mediático principal es el de aquellos que le hacen creer al Pueblo que tenemos gobierno propio.

Todos nuestros políticos son elegidos en un concurso propagandístico mediático de baile, baraja y botella para asumir las posiciones que enmascaran la realidad de que tenemos un poder extremadamente limitado de decidir nuestros asuntos nacionales. Los políticos colonizados y la prensa colonial han sido los principales encubridores de la realidad colonial puertorriqueña. Si alguien es principal responsable de este desorden, son ellos. Sólo buscan conseguir un chivo expiatoria lavarse las manos como Poncio Pilatos sobre los verdaderos problemas de corrupción y violación de derechos civiles en Puerto Rico.

El informe sobre la policía de Puerto Rico hecho por el Departamento de Justicia Federal este año, 2011, es mucho más abarcador y consecuente para Puerto Rico de lo que luce a primera vista. Primero, describe patrones de comportamientos corruptos y en violación de los derechos de muchos ciudadanos que han existido por mucho más de tres administraciones gubernamentales. También señala que la incompetencia de la policía la explica el hallazgo que los policías obtienen sus puestos y ascensos por razones de favores políticos y no por competencia en el desempeño de sus funciones o verdaderos méritos profesionales.

El departamento de Educación, la policía, los tribunales estatales, la UPR y los hospitales - todos están bajo supervisión federal. Cualquier parecido con una sindicatura del gobierno estatal por los federales puede que no sea mera coincidencia. El informe del Task Force de Obama nos hizo una anticipación de este proceso de mayor envolvimiento y fiscalización federal de nuestro gobierno. Todo evidencia corrupción gubernamental en cuanto centavo y dólar nos envían, incluyendo seguro social, educación, salud, comunidades especiales, FEMA y otros muchos otros billones de dólares. La imagen es de un país en guerra civil donde mueren a diario ciudadanos y nadie presenta una solución viable; realista para acabar con la criminalidad. Todos se llenan la boca insultando al prójimo sin ofrecer soluciones, en actitud antagónica y por nada cooperativa y/o colaborativa.

Tanto lo hemos gritado a los cuatro vientos, "mal gobierno", que el dueño de la casa ha decidido ponerla en orden porque los inquilinos no se ponen de acuerdo por el bien común. Ahora es palos si bogas, palos sino bogas. En sus fantasías pretendían que EEUU hiciera como hicieron en Irak y destronaran a nuestro Hussein, Fortuño, en lugar de mayor fiscalización de los fondos federales por los mismos federales. El lobo federal está tocando las puertas de la colonia. ¿A cuál de los tres cerditos partidistas se comerá primero?

El éxodo de talento es preocupante, el ingreso de miles de inmigrantes de niveles socioeconómicos y países más pobres que PR también lo es. La isla se ha venido transformando demográficamente rápidamente, así el nivel de mediocridad y corrupción gubernamental, alza criminal y aumento de la economía subterránea. Mientras tanto los puertorriqueños seguimos embriagados en la infantil lucha por poder tribalista tricolor pretendiendo que sabemos lo que pasa en PR, desconocedores de nuestra propia realidad.

El sistema colonial en Puerto Rico es una forma arcaica y deshumanizante al individuo. Puerto Rico le pertenece legalmente a los Estados Unidos y como tal imponen sus leyes y forma de gobierno sin consideración de nuestras idiosincrasias. Peor aún, nosotros no contamos con la justa y proporcional representación que defiendan nuestros intereses. Vivimos un engaño institucionalizado hacia la propiedad privada. Gobierno tras gobierno pregonan la mentira de que los puertorriqueños somos dueños de PR cuando no es así.

Además de esta mentira institucionalizada, la política pública hace de la posesión de privada un crimen. Ha sido tradición hacer villanos todo aquel quien posee capital en PR; se les llama los colmillús, los blanquitos, los guaynabitos, etc., etc., despectivamente. Hasta que no aceptemos nuestra realidad colonial y forma de organización medieval primitiva de estilo

"Robín Hood", estaremos condenados a la deshumanización y frecuentes crímenes contra nuestros hermanos en la práctica privada.

Es irónica la defensa a corazón partido de muchos de nosotros del estilo constitucional del Tribunal Supremo en Puerto Rico hasta el presente. Ha sido ese mismo tribunal el que ha validado y encubierto la falta de participación plena del pueblo de PR en las leyes que rigen nuestros destinos. Son los mismos que por 59 años han defendido el colonialismo norteamericano contra los puertorriqueños. Han sido los máximos defensores del ELA y su sumisa subordinación a los poderes del Congreso de los EEUU.

La historia y vida de los partidos políticos en el mundo de los países democráticos se debate en una continua lucha por el poder. Es ingenuo pensar que la rama judicial está exenta de esta lucha por el poder de las restantes dos ramas gubernamentales, el ejecutivo y la legislativa. Así como Antonin Scalia fue instrumental en la victoria de Bush contra Gore y Hernández Denton en la victoria de AVV versus Roselló, es fácil de anticipar que uno de esto futuros seis jueces en mayoría estadistas será instrumental de darle la victoria a uno de los de sus partido. No se puede vivir en una democracia tratando de pretender ser una monarquía, o una dictadura o un país comunista con un solo partido dominante. Hay que comenzar a oler las rosas del jardín de la democracia.

A pesar de nuestras tristes realidades coloniales, es refrescante y esperanzador leer cómo nuestros valores de responsabilidad cívica ciudadana no han muerto del todo en la Isla. Nos recuerda las imágenes de aquel jíbaro hospitalario honrado que aunque pobre, siempre tenía una taza de café para el vecino. Es triste sentir la frustración de los funcionarios públicos ante la continua ola criminal en la Isla. Para muchos la causa principal es la droga, su tráfico y su ilegalidad. Miopes que no se dan cuenta que la dependencia a drogas y la criminalidad tienen un agente causal común; la subordinación y sumisión a una autoridad injusta colonial. Autoridad que nos trata como seres infrahumanos, no respetando nuestros derechos democráticos de poder político para controlar nuestros destinos.

Lo triste del caso es que esta situación ha durado 517 años por consentimiento mutuo nuestro. Ya es tiempo de reconocer que el roba alcantarillas del pueblo es producto de nuestra creación. Es inconcebible pensar que si se lo permitimos a las ricas metrópolis españolas y norteamericanas, no se lo vamos a perdonar al pobre tecato puertorriqueño al robarse una que otra alcantarilla pública. ¡Ay Bendito!

Es tiempo de abrir los ojos y darnos cuenta de lo primitivo e inmaduro del desarrollo de una sociedad colonial como la nuestra. Seguimos negando la realidad de un modo social que ha sido condenado por la comunidad internacional. Las colonias como Puerto Rico han sido depravadas de un desarrollo autónomo donde la responsabilidad de la vida se enfatiza a nivel individual y propio. En la colonia todo se resuelve insultando al estado y evitando la responsabilidad propia.

Nos comportamos como animales y somos el hazme reír de todos viendo en televisión nacional como un legislador puertorriqueño trago en mano acosa sexualmente a una joven interna en una Convención del partido a nivel nacional. Que por su aparente edad, podía ser su hija, su cara de terror significa más que mil palabras y excusas ofrecidas por su acosador que alegó no saber hablar bien inglés. Aunque para muchos es un bochorno, para otros muchos es motivo de orgullo ver un puro macho conquistador de las "promiscuas gringas". La cultura de la ley de la selva es la norma en las colonias. Los líderes son escogidos por ser los más atractivos machos dominantes. El colono le rinde culto a la sexualidad como si fuera el atributo máximo que todos aspiramos a lograr; no importa no tener destrezas vocacionales, ocupacionales o educativas. Lo importante es sólo ser un gran bellaco.

Los actos criminales no están sujetos a un itinerario de trabajo. La corrupción y la conducta inapropiada de los legisladores no son noticias. La noticia es quién los comete dónde y cuándo. Los legisladores, tanto los de aquí como los de allá, son maestros en el engaño popular. Las destrezas histriónicas son requisitos para su elección. Además de lo impropio de la conducta de los legisladores, también resalta su ingenuidad en el estado de los asuntos de fiscalización hacia los legisladores. La interna en el caso del legislador besucón era parte del equipo investigativo de actos de corrupción por los cuales han sido acusados varios legisladores norteamericanos en el estado que se llevaba a cabo la convención. El muy zángano legislador puertorriqueño besó el micrófono y la cámara humana que los investigaba.

Que se cuiden estos representantes gubernamentales porque aparentemente hay micrófonos y cámaras investigándolos donde menos esperan.

Los jueces del Tribunal Supremo en Puerto Rico son seres humanos como cualquier hijo de vecino. Sus acciones están influenciadas por sus ideologías, valores y preferencias. Todos sabemos que el juez Presidente es un Popular que ha dedicado toda su vida profesional a defender el "status" colonial del ELA. Veremos si le pasa como a su predecesor, el Honorable José Tiras Monje, que la proximidad de su muerte le sirvió como pentotal sódico y antes de morir confesó que Puerto Rico es La Colonia más Antigua del Mundo en los tiempos presentes. Mientras tanto, estamos justificados en no confiar en su aparente y supuesta imparcialidad colonialista.

Fue precisamente el Honorable José Trías Monge quien nos advirtió que el ELA es la Colonia más Antigua del Mundo. En todas partes del mundo los jueces de los tribunales supremos son seres humanos que suscriben ideologías de sus preferencias. Todos sabemos que el sistema legal jurídico se fundamenta en el sistema de adversarios, donde ideologías contrarias se debaten. Lo que se debate ideológicamente en el Tribunal Supremo de Puerto Rico es la lucha entre el proceso de asimilación de PR hacia los Estados Unidos versus el mantenimiento del colonialismo en PR por los EEUU con sus cómplices en el Tribunal Supremo.

La historia del Tribunal Supremo en Puerto Rico ha sido quien, hasta ahora y por 59 años el Tribunal, estuvo controlado por un partido político en Puerto Rico, el Partido Popular Democrático, PPD. Este tribunal en control de este partido político ha actuado como alza colas de ese partido, aceptando como válidas "estupideces" como la alternativa de ninguna de las anteriores en plebiscitos de status en PR, los pivasos a favor de AAV para gobernador por el PPD cuando fue obvio que el PPD perdió el resto del gobierno y esa posición, y también condonó los gastos ilegales en campañas políticas para beneficio personal de AAV. Ese tribunal ha estado históricamente parcializado a ese partido político y su presidente es miembro del partido PPD.

Yo me pregunto, ¿los jueces del Tribunal Supremo de los EEUU son iconos de qué? ¿Del poder del colonizador sobre el colonizado, de la supremacía ficticia de los Ponce de León y Diego Salcedo ante los incompetentes indios

Taínos, de los Scalia, Thomas, Roberts y sus poderes plenarios sobre la pobre, subordinada y sumisa isla de Puerto Rico? Hay que ser bien sumiso colonizado para creerse que son dioses.

Durante la depresión en los Estados Unidos, como al presente las grandes corporaciones controlaban la actividad política y económica. Las propuestas de Roosevelt eran vistas como una intromisión indebida del estado en la economía de libre empresa, tipo Adam Smith, por su corte populista. La legislatura se alineó con las grandes corporaciones y no con el Pueblo de los Estados Unidos. Más que una defensa judicial del Tribunal Supremo de los EEUU, fue una defensa a las grandes corporaciones norteamericanas.

De las medidas adoptadas por el Tribunal en los EEUU, surgieron muchas carreteras que hicieron a la General Motors íconos de riqueza, creando la clase media norteamericana. El Tribunal Supremo de Puerto Rico ha sido fiel, incondicional y sumiso defensor del estado colonial que representa el Estado Libre Asociado. Hasta casi su muerte, el ex presidente de nuestro Tribunal Supremo el fenecido Honorable Trías Monje defendió el ELA como un sistema no colonial. De esto es de lo que trata el amañar la Corte Suprema de Puerto Rico con jueces estadistas, es una embestida contra el colonialismo y sus tradicionales defensores del ELA para Puerto Rico.

Todos en Puerto Rico sabemos que todos somos distintos ante la ley. La ley se implanta según la interpretación que le del partido en poder. La interpretación cambia cada cuatro años; es sólo un cambio de turno para los favorecidos de cada partido. La corrupción en PR está institucionalizada y ilegitimada con los partidos políticos. Todos descendientes del pirata Cofresí. Las leyes y delitos son subjetivamente interpretados de acuerdo a los prejuicios individuales de quien las interpreta.

El portavoz del Partido Popular en la legislatura, el Sr. Ferrer, parece que se confesó con el arzobispo político, Roberto González Nieves, y éste le impuso la penitencia de pregonar ataques, asaltos y derramamientos de sangre en Puerto Rico, bajo esta administración del partido de oposición al PPD. Los dos se deberían de ir a llorar para maternidad y dejar el sensacionalismo que en nada contribuye a la paz en nuestro país inundado de violencia y criminalidad. No es casualidad que el fenecido y Honorable ex Juez Presidente del Tribunal Supremo, José Trías Monje, esperó terminar sus funciones en el Tribunal para hacer la denuncia de que el ELA es una colonia; así descrito en su libro, Las Penas de la Colonia Más Antigua del Mundo. Su juramento fue de fidelidad a la colonia y así se comportan el legislador y el arzobispo. Tanta bazofia con el nombramiento de jueces pro estadidad en el Tribunal Supremo de Puerto Rico y lo que resienten es que los nuevos jueces no son fieles al "status" colonial, tan venerado y bendecido por ellos. La colonia se les esfuma en sus narices y todavía no se ponen los "pantalones" en su sitio para luchar por un "status" no colonial, estadidad, independencia o libre asociación. Tanta pleitesía a la colonia y miedo a los colonizadores, con su actitud servil, sumisa y subordinada debería darles vergüenza y considerarse un pecado capital. La historia los condenará al "Infierno" de los colonizados.

La actitud típica del colonizado en PR es la de sólo ver y creer únicamente legítimos sus preferencias políticas personales. Por años la sociedad puertorriqueña ha estado cambiando hacia mayores simpatizantes hacia los Estados Unidos. La independencia se ha convertido en mala palabra y aún los soberanistas no se atreven decirla. La necesidad de control de la rama judicial y el Tribunal Supremo de Puerto Rico de parte de los estadistas, hay en gran medida que atribuírsela al PPD. El ataque de AAV hacia el tribunal federal y la decisión del Tribunal Supremo favoreciendo los pivasos en gran medida crean la necesidad del contrario (PNP) de tener control de la rama judicial.

El no admitir que el Tribunal Supremo de Puerto Rico ha sido históricamente defensor del ELA es una hipocresía y falta de honradez. Existe al presente miedo a la pérdida de control político del Tribunal Supremo de parte de los defensores del ELA; estos lo reducen y ven este control por los estadistas como abusos de parte de los defensores de la estadidad. Esta estrategia de control es necesaria, políticamente hablando, tras la polarización creada por AAV y Miranda del PPD hacia la independencia de Puerto Rico de los Estados Unidos y sus rechazos al sistema jurídico federal; la cual ha asustado a muchos, populares incluidos.

Vivimos en una cultura de encubrimiento donde no sólo el modificar el derecho a fianza será necesario para traer honestidad, respeto a la ley y humanidad en nuestra sociedad. Paso a paso es como se camina en la comunidad. Se sabe quién es quién roba y asesina. Nadie habla hasta que el crimen le toca la puerta y, cuando esto ocurre, reclamamos el derecho de justicia propia como la del criminal; derecho tan protegido por todos los partidos políticos en Puerto Rico. Es parte de nuestra cultura encubrir el crimen y no importa su magnitud.

La criminalidad es un problema humano social complejo que exige soluciones complicadas y multidimensionales. Para combatir la criminalidad rampante en la Isla, es necesario combatir la pobreza tanto económica como intelectual, el ocio, la falta de amor por el trabajo, la falta de respeto al prójimo y a la propiedad privada, la falta de orgullo por la autosuficiencia personal y la falta de identidad nacional integrada, irrespectivo de la preferencias por el "status" político de la Isla. Es muy importante también combatir la estúpida pelea entre hermanos que se fundamenta en nuestras preferencias por el colonizador; el español o el norteamericano. No somos un granito de arroz en el Mar Caribe sino una parte del todo que es la humanidad.

Central a estos esfuerzos es primordial entender que nuestra verdadera naturaleza es animal, para así mejor comprender el problema de la criminalidad en PR. Central al agrupamiento social-animal es la relación con la autoridad y sus distintos niveles jerárquicos. El comportamiento injusto de las figuras de autoridad ocasiona y propicia conducta criminal. Las relaciones de subordinación y sometimiento a autoridades abusadoras e injustas es causa de criminalidad, violencia y hasta guerras. Somos colonia y lo hemos sido por los pasados 517 años. Nunca en nuestra historia social hemos tenido el control propio de nuestro ordenamiento social; esta es la raíz del problema. Nuestra relación colonial de sumisión y sometimiento a los poderes plenarios del Congreso de los EEUU es el eje donde se propicia y desarrolla la criminalidad, la corrupción política y la pelea infantil entre hermanos, divididos de acuerdo a la preferencia al sometimiento por tal o cual colonizador de nuestra triste historia colonial. La criminalidad es la resultante de la hostilidad redirigida inapropiadamente hacia nosotros mismos resultado de nuestros vanos esfuerzos por superar la injusticia de la subordinación colonial.

Una comunidad unida y organizada supera el crimen. En la colonia de PR toda la comunidad está dividida y desorganizada por la condición de colonizados; tricolor. El verdadero control está en los EEUU. Aquí nos peleamos entre nosotros para aparentar que nos mandamos. Nos neutralizamos nosotros mismos, haciéndole el trabajo más fácil a los EEUU para mantener el control en su territorio. Por más bichotes, líderes comunitarios o políticos del partido opuesto que matemos, el verdadero control o poder en la comunidad lo sigue reteniendo los EEUU en el Congreso.

La descomposición social no es un mal de reciente aparición en Puerto Rico. Recordemos los tiempos en que los españoles gobernaban la Isla en la filosofía del baile, baraja y botella. Tampoco es un mal exclusivo de uno que otro partido o individuo. Es un mal generalizado que permea en todas las esferas y estratos sociales. La criminalidad y la desorganización social están científicamente asociadas con situaciones de subordinación social e interpersonal.

La paranoia y el miedo a la asimilación arropan y caracterizan la sociedad colonial. No es una novedad que los federales quieren federalizar su territorio. Mediante este proceso, presentan soluciones para combatir el crimen en la Isla. El sistema de justicia local ha sido el encubridor más grande de la corrupción en PR, incluyendo el crimen mayor de legitimar la ilegalidad del colonialismo en PR. No fue el sistema estatal quien encarceló al Dr. Botet, Dr. Kuri, Fajardo, Misla, Dubón y otras docenas de corruptos que estaban viviendo como reyes en nuestra sociedad; tampoco quien destapó la tapa de la tiendita del PPD y el esquema corrupción de las agencias de publicidad y las grandes corporaciones nativas comprando favores y preferencias para sus grupos en concubinato con nuestros corruptos gobernantes. Nuestro sistema judicial es un sistema que puede aprender mucho del sistema federal de la INTERPOL, del FBI y cualquier otra agencia competente para así disminuir la cultura de corrupción y criminalidad que se vive en la colonia de Puerto Rico. Claro está que se puede aprender mucho de los maestros del encubrimiento anti democrático del colonialismo en Puerto Rico; el sistema federal norteamericano.

El colonialismo es el medio ambiente que propicia la violencia en Puerto Rico. Es esta presente condición colonial tan condenada por la comunidad internacional la que propicia la explotación del prójimo. La actitud de que en cualquier ambiente de "status" se puede combatir la explotación del prójimo; es como decir que no importa si es mar o tierra, podemos criar verduras y peces y no importa donde los sembremos. El colonialismo es la explotación de un país en beneficio de las metrópolis.

Los comentarios de los líderes de los partidos políticos principales sobre las posibles influencias indebidas del narcotráfico en la legislatura parecen toda una formal invitación para adecentar a los partidos de posibles relaciones con el narcotráfico. En realidad suena más a una advertencia a cuidarse y protegerse mejor para que no los descubran. Esto es lo que nos tienen acostumbrados nuestros gobernantes. Roselló nunca se enteró de tantos pillos que tenía en su administración y que fueron culpables en el Tribunal Federal por corrupción. Aníbal tampoco se enteró de lo que hacían todos aquellos que fueron convictos por actos ilegales para sus beneficios personales y que trabajaban bajo su supervisión. Esta aparente ingenuidad se la puede creer algún que otro fanático y cómplice, pero no el pueblo. Si los partidos no tienen inteligencia suficiente para tirar al ruedo sus corruptos, sólo son uno más de estos gobernantes cuasi ignorantes y encubridores.

La invasión militar de los EEUU en PR no fue un acto ilegal, sino un acto de guerra. Los norteamericanos les comieron las nolitas a los españoles y les quitaron sus posesiones, deteniendo así su expansión fuera de sus fronteras. Esta ha sido la historia de la humanidad y las naciones, el imperialismo. Hay que dejar el lloriqueo y vivir la vida como se nos presenta. Lo que es ilegal es mantener una forma de gobierno a control remoto desde Washington de corte colonial para Puerto Rico, donde nosotros no controlamos de manera justa el proceso jurídico que nos afecta. Nosotros somos cómplices y culpables de este atropello por favorecer sumisa y subordinadamente la supremacía de los Estados Unidos hacia nosotros. También somos culpables porque nos oponemos continuamente a acabar el régimen colonial, sólo para evitar que cualquier solución anticolonial que no sea la nuestra tenga éxito. Los ilegales somos nosotros y queremos seguir siéndolo con nuestro comportamiento irracional de lucha dividida partidista.

Es típico y usual el conflicto de identidad del colonizado en Puerto Rico encarnizado por el legislador norteamericano de origen puertorriqueño, el Sr. Gutiérrez vs el Comisionado Residente, Sr. Pierluisi. Ser o no ser puertorriqueño. ¿Quién es más puertorriqueño, mi hermano o yo? Aquel que nació en Puerto Rico o quien es de padres puertorriqueños pero nació en EEUU? En sustancia ambos están de acuerdo; en PR existe un problema de derechos civiles y son ellos en el Congreso los responsables de estas violaciones.

Ninguno puede reclamar inocencia, pues ambos tienen las manos sucias auspiciando el sometimiento de toda la población en PR a sus leyes y dictámenes sin justa y proporcional voz y voto con quien nos gobierna el Congreso de los EEUU. Ambos son unos alcahuetes, hipócritas, mercenarios y violadores de los derechos democráticos del pueblo de Puerto Rico. Sin embargo, a ambos hay que agradecerles que el tema de Puerto Rico se ponga en relieve y en atención del pueblo norteamericano durante sus discusiones y debates en el Congreso. Muchas gracias a ambos.

CAPÍTULO NUEVE

Sociedad y Personalidad Colonizada:

S i difícil es el estudio de la personalidad, mucho más difícil es el estudio de la interacción de la personalidad y la sociedad donde el individuo se desarrolla. ¿Cuál es causa y cual es resultado? La contestación a la pregunta está científicamente evidenciada. Ambas son causa y efecto de cada cual. El individuo con su personalidad única hace su interpretación e interacción con la sociedad un reflejo de su ser. Simultáneamente, la sociedad y su historia hacen a los individuos distintos a los de otras sociedades con circunstancias históricas y socioeconómicas diferentes.

En este libro he representado mis estudios de estas interacciones entre individuo y sociedad utilizando como foco de atención Puerto Rico, mi personalidad en interacción con otros individuos y mis observaciones sobre la sociedad puertorriqueña y el comportamiento de los puertorriqueños. No cabe duda en mi mente que el vivir en una sociedad que cuenta con 517 años de colonialismo ha transformado mi personalidad en una colonizada. Definir las características únicas de estas transformaciones y las circunstancias históricas causantes ha sido mi inspiración.

El estudio de la personalidad propia es comparable a mirarse al espejo. En muchas ocasiones nos agrada lo que vemos; en otras, no. La relevancia de su estudio estriba en que sirve de guía para el crecimiento personal y el auto superación. Yo soy de los individuos que piensan de que la vida no tiene sentido en sí. El sentido de vivir se lo damos cada uno de nosotros con nuestros proyectos de vida esfuerzos, fracasos y éxitos. Tanto los fracasos como los éxitos y las correcciones que hacemos en virtud de nuestros errores describen nuestros sentidos de la vida. Sin sufrimientos no sabríamos lo que es la felicidad; sin muerte no hay vida, y sin planes la vida no tiene sentido.

La libertad humana es solo un ejercicio de lograr nuestras ambiciones en lucha continua con las limitaciones de la naturaleza, tanto física como social. El crecimiento y desarrollo personal se da en función de la contante resultante de estas interacciones del individuo y el ambiente que nos rodea. Tanto el individuo como su ambiente son parte integral de esto que llamamos vida. La vida no existe independiente el uno del otro. Hablar de la personalidad individual sin hablar de su contexto social es irreal; ambas existen en función del contrario.

Hablar de la personalidad del puertorriqueño y obviar la historia de colonización nacional en Puerto Rico es de ignorantes y no de científicos. La colonización de Puerto Rico es causa del desarrollo de nuestra personalidad colonizada y, a su vez, la sociedad colonial está causada y perpetuada por nuestras personalidades. Esta relación dialéctica causal nos obliga a aceptar que nuestra historia como pueblos nos hace colonizados de mentalidad y personalidad.

Esta es la historia y la realidad de nuestra castrada nación y personalidades. Castrados todos nación y personalidad, porque hemos carecido de la libertad de experimentar nuestro crecimiento, desarrollo personal y nacional dentro del marco de un proceso propio auto definido. Nuestros desarrollos han venido en función de lo que los españoles y norteamericanos han definido para nuestras vidas. Algunos siguen fieles a las expectativas racistas católicas de los españoles, otros a las expectativas racistas protestantes de los norteamericanos, pero ninguno a las expectativas de desarrollo mediante la autodeterminación.

En nuestra historia como pueblo, ningún colonizador, el español o el norteamericano, ha honrado para con nosotros el derecho inalienable de todo pueblo a la autodeterminación política. Paralelamente, nunca el pueblo de Puerto Rico ha tenido una voz de consenso en reclamo de nuestro derecho inalienable a la autodeterminación política. Todos somos responsables y cómplices del crimen contra nuestra nacionalidad e identidad. Colonizados y colonizadores hacemos posible nuestra realidad colonial.

Somos como los cobitos aislados en una concha propia en búsqueda del bien individual, no el colectivo. Con la lucha partidista, trivial y sectarita nos mantenemos aislados de nuestros semejantes como si no fueran cobitos como nosotros. Andamos como el jaiba haciéndonos creer que lo hacemos mejor que los demás y estamos en el mejor de los mundos. Mientras nos alimentan y nos dejen vivir en su territorio sin el pago de impuestos federales le lambemos el ojo. Después de todo, no era tan difícil como me creía al principio al decir que describiría lo que es la personalidad colonizada en Puerto Rico.